本书为故宫博物院"英才计划"项目成果
该项目得到北京故宫文物保护基金会学术故宫万科公益基金会专项经费资助

故宫还可以这么看

HIDDEN NARRATIVES
A FRESH LOOK AT THE PALACE MUSEUM

果美侠　杨婉丽　姜倩倩　赵嘉慧　编著

机械工业出版社
CHINA MACHINE PRESS

本书旨在通过100篇故宫主题文章，从专业视角出发，用妙趣横生的选题、深入浅出的表达、通俗易懂的语言，传播具有深度的文化知识，向各年龄段的读者展示故宫的丰富内涵和独特魅力。

本书共分为四个部分，分别是紫禁历史篇、建筑构造篇、华彩文物篇、中西交流篇，每个部分包括25篇文章。这些文章不仅涵盖了故宫的历史沿革、建筑特色、珍贵文物，还展示了故宫在国际文化交流中的重要作用。通过这些内容，读者可以全面了解故宫的多重价值体系，感受其深厚的历史底蕴和丰富的文化内涵。

图书在版编目（CIP）数据

故宫还可以这么看 / 果美侠等编著. -- 北京：机械工业出版社，2025.8（2025.9重印）. -- ISBN 978-7-111-78954-3

Ⅰ.K928.74-53

中国国家版本馆CIP数据核字第20254HU802号

机械工业出版社（北京市百万庄大街22号　邮政编码100037）
策划编辑：饶　薇　穆宇星　　责任编辑：穆宇星　于翠翠
责任校对：王　延　张　征　　责任印制：任维东
封面设计：王　旭
北京宝隆世纪印刷有限公司印刷

2025年9月第1版·第3次印刷
260mm×240mm·19印张·2插页·508千字
标准书号：ISBN 978-7-111-78954-3
定价：168.00元

电话服务　　　　　　网络服务
客服电话：010-88361066　机　工　官　网：www.cmpbook.com
　　　　　010-88379833　机　工　官　博：weibo.com/cmp1952
　　　　　010-68326294　金　书　网：www.golden-book.com
封底无防伪标均为盗版　机工教育服务网：www.cmpedu.com

院长寄语

《故宫还可以这么看》由故宫博物院研究馆员果美侠带领学者团队精心编撰，是故宫博物院第一批"英才计划"项目的成果，也是依托学术研究开展故宫遗产价值阐释与传播的有效实践。

2021年，故宫博物院在万科公益基金会的支持下开始实行"英才计划"项目，旨在促进学术积累在资深学者与年轻一代之间的传承，切实加强故宫博物院学术带头人在科研人才后备力量建设方面的作用，更好地保护、研究、挖掘、阐释故宫文化遗产，弘扬中华优秀传统文化。

2019年，故宫博物院创新提出"平安故宫、学术故宫、数字故宫、活力故宫"建设体系，以此推进故宫博物院各项事业高质量发展。《故宫还可以这么看》的出版便是"四个故宫"建设的生动实践。这本书以故宫学者的专业视角，通过妙趣横生的选题、通俗易懂的语言、深入浅出的表达，传达故宫承载的中华优秀传统文化。这本书不仅体现出故宫人对"学术立院"理念的坚守，更将文化遗产保护与社会服务相结合，让故宫文化遗产在现代社会中焕发出新的活力，增强公众对中华优秀传统文化的认同感和自豪感。

2025年是故宫博物院建院100周年。在这个充满历史意义的年份里，《故宫还可以这么看》的四位作者撰写100篇文章，全面回顾紫禁城从明清两代的皇宫转型为人民的博物馆的完整历程，探索故宫这座承载了中华五千年文明的伟大建筑遗产的构造细节，挖掘文物背后的故事和文化价值，介绍故宫在国际文化交流中扮演的重要角色。通过紫禁历史、建筑构造、华彩文物和中西交流四个篇章，读者可以全面领略故宫文化的历史根脉与时代价值，还能感悟到过去的百年间，生于变革时代的故宫博物院如何与国家命运、民族存亡休戚与共，如何始终致力于保护、研究、传承、弘扬珍贵的故宫文化遗产。

《故宫还可以这么看》不仅是作者献给读者的一本书，更是一座桥梁，连接着过去与未来，连接着中国与世界。期待这本书能够让更多的人了解故宫，爱上故宫，共同守护这份宝贵的文化遗产。走过百年历程的故宫博物院，正在着力建成国际一流博物馆、世界文化遗产保护的典范、文化和旅游融合的引领者、文明交流互鉴的中华文化会客厅，还将全力践行全球文明倡议，为构建人类命运共同体贡献一份力量！

故宫博物院 院长

前　言

《故宫还可以这么看》的出版构想，萌芽于我们在 2022 年推出的"抖来云逛馆"项目。彼时，人们在疫情后普遍接受了博物馆的线上传播形式，我们便携手抖音策划了 200 期面向青少年的科普短视频，讲述故宫历史、建筑、陶瓷、钟表、服饰等多个领域知识。

视频上线后，我们收获了超乎预期的热烈反响，总观看量累计约 1.3 亿次，观看者纷纷留言说"长知识了""仿佛身临其境参观故宫""佩服古人智慧""中华文化博大精深"……这些真挚的反馈，让我们对传播专业知识这件事，产生了巨大信心。观看者并不抗拒专业内容，传播效果好不好的关键在于如何"阐释"。

2023 年，我联系到机械工业出版社，与编辑探讨将这些视频内容转化为文字读本出版。大家觉得这个想法很好，但尝试下来认为可以更进一步：与其简单转化，不如依托故宫博物院深厚的学术积累，也结合我在故宫博物院"英才计划"课题中的研究方向，重新创作契合图书媒介特性的全新内容，让故宫以更生动的样貌走近公众。

根据时间周期和进度安排，我们敲定在 2025 年故宫博物院建院百年这一特殊时期，推出这本面向大众的故宫文化科普读本，通过新颖的角度、严谨的考证和丰富的插图，从掩藏在宏大历史叙事下的细小切口入手，引领读者从多个角度领略故宫承载的中华优秀传统文化。

全书共有 100 篇文章，分为紫禁历史、建筑构造、华彩文物、中西交流四个篇章，由四位作者分别撰写。虽然每位作者各有侧重，文字风格也不尽相同，但我们秉持着共同的创作理念：以独特有趣的专业视角，阐释故宫有关的专业知识，并将其与文化遗产价值和时代精神建立关联。

紫禁历史篇：我们从紫禁城六百年历史中选出代表性事件，让读者了解其背后鲜为人知的宫廷趣事，洞察那一时期紫禁城里乃至中国社会的发展状况，从中找到我们与古人一脉相承的文化基因。比如，"上班"这个词竟源于紫禁城的军机处，军机章京严格遵守着"早八晚三"的上班制度，若是白天里有没干完的事情，便要移交当日值夜班的同僚接力"赶工"；乾隆皇帝六下江南，着迷于江南美食、园林、装修等，于是就带了大量"旅游纪念品"回家，造就了此后紫禁城中南北交融的建筑特色；清末光绪皇帝的大婚办得看似热闹，实际却是他与慈禧博弈换来的结果；而当日风光入主后宫的隆裕皇后，日后又以皇太后的身份宣布了清帝的退位诏书；神武门上镌刻着"故宫博物院"的石匾深入人心，但它却并非 1925 年建院时的第一块匾额，其中的曲折变迁与社会时局变化息息相关。

建筑构造篇：我们从辉煌宏大的紫禁城宫殿建筑中，选出观众参观时容易忽略的或是没有机会近距离观察的建筑细节，以及在新时期建筑大修中发现的古建秘密，让读者从砖石的缝隙间，窥见古人的建筑美学与营造智慧。比如，文渊阁作为清宫藏书楼，三层楼宇的空间布局暗藏玄机，顶层被设计为一个大开间，底层则特意"面阔六间"，以便暗合"天一生水，地六成之"的寓意，祈盼阁中藏书免于火患；在太和殿、神武门等重要建筑的屋顶正脊处，至今仍藏有古人放置的镇殿宝匣，承载着驱邪纳吉的殷切祈愿；故宫"千龙吐水"的壮景广为流传，但紫禁城排水可不全靠螭首上的小孔，而是得益于由屋顶、墙体、台基以及地面、地下结构所构成的全方位排水系统。

华彩文物篇：我们从故宫博物院珍藏的庞大文物体系中，选出约 150 件文物，打破按时间序列与类别划分的形式，将它们"乱序"组合，勾勒出中国古人在衣、食、住、行以及科技、艺术等方面的生活剪影。看似毫无关系的文物被关联到一起，往往会令人产生奇妙的发现与思考，比如，将青铜镜、镜匣、胭脂盒、仕女图等文物放在一起，可以看出人们自古以来对美的追求，并由此联想到"女为悦己者容"到"女为己容"的观念转变；将乾隆时期大型玉雕与不起眼的火镰片放在一起，可以揭开当时大型玉雕的制作工艺之谜，甚至牵连出一桩宫廷贪腐案。当我们不执着于讲述文物的物理属性时，便可将思考的尺度延伸得更远，比如从唐代韩滉的《五牛图》讲到走向世界的造纸术，从宋代张择端的《清明上河图》讲到造船与航海，从清宫戏本《劝善金科》讲到出版与教育。

中西交流篇：我们聚焦紫禁城里的中西交往，关注明末清初以紫禁城为核心的西洋技艺人在其中扮演的重要角色。在利玛窦带入紫禁城的众多礼物中，万历皇帝唯独喜欢两件自鸣钟，且成为历史上第一位见过机械钟表的皇帝。自此宫中钟声不绝，中西文化借此往来不断，让我们有了观察文明互鉴的独特窗口。中国皇帝征召西洋人入宫服务，在天文、绘画、钟表和医学等领域，与中国传统的观象授时、宫廷绘画、器物制造及御药研制不断碰撞、交融；西洋画师进入宫廷，在原本千篇一律的正面朝服画像外，丰富出各种不同风格的侧面肖像；西洋人带来的"神药"治好了康熙皇帝的疟疾，还把巧克力及其煮制的药方留在了宫廷；康熙、雍正、乾隆三位皇帝对望远镜、天球仪等"西洋玩意儿"爱不释手，竟也与西洋人探讨西方几何学与光学原理。更令人意外的是，明末清初并非只有西洋人来华，中国人也随着西洋人远赴欧洲，成为早期远行去了解欧洲风俗的"留洋人"。

当然，所有这些，除了作者自己的研究心得，也包括我们在许多故宫学者研究成果基础上的知识转化。如果有读者对相应成果感兴趣，书中的推荐阅读，为大家提供了专业线索。这既是学术严谨的要求，也是我们对一辈辈故宫学者的致敬。从深入到浅出，正是创造性转化与创新性发展的精髓，也是博物馆"阐释"的要义所在！

这是一本关于故宫过往与当下的书。

读者选择这本书的理由不尽相同：或许是想留一份"百年故宫"的纪念品，或许是想获得有关故宫的专业认知，或许是想通过阅读享受与过去对话的片刻宁静……

无论你出于何种缘由翻开这本书，都将开启一场奇妙、惊喜、丰富的故宫之旅：你会看见历史，也会在历史中看见自己。

故宫博物院 研究馆员

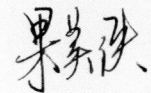

目 录

院长寄语
前　言

Chapter One

第一章
紫禁历史篇

赵嘉慧

- 012　朱棣搬新居（上）
- 014　朱棣搬新居（下）
- 016　长生不老的幻想
- 018　朱翊钧的"奋斗"与"摆烂"
- 022　御门听政的兴衰
- 024　明清皇帝"写检讨"
- 026　金殿与仕途
- 028　良莠不齐的大内侍卫
- 030　清代皇子"上学"记
- 032　清代皇室战天花
- 034　崇庆皇太后"过生日"
- 036　出入清宫的"上班族"

- 038　弘历的"江南旅游"纪念品
- 042　清宫正月唱大戏
- 044　清宫太监的真实处境
- 046　紫禁城最后一场皇帝大婚
- 048　消失的建福宫
- 050　清室善后文物大盘点
- 052　"故宫博物院"匾额有几块
- 056　他们都是故宫人
- 058　炮火中的奇迹
- 060　人民的故宫
- 062　故宫换新颜
- 064　景仁榜上有谁名
- 066　国宝的归途

第二章
建筑构造篇
姜倩倩

Chapter Two

- 070　到底几间房
- 072　建筑混搭风
- 074　木头最怕火
- 076　暖暖过冬天
- 078　凉凉度夏日
- 080　屋面巧排水

- 082　排水一体化
- 084　空间扩大法
- 086　隐私保护法
- 088　脚下有惊喜
- 090　水井各不同
- 092　柱子延年术
- 094　斗拱大力士
- 096　金瓦哪里寻
- 098　屋顶藏宝物
- 100　门里有门道

- 102　窗户怎么开
- 104　金砖无黄金
- 106　架在顶棚的井
- 108　开在天上的花
- 110　隔而不断的隔断
- 112　不只是背景板
- 114　不起眼的石头
- 116　被忽视的底座
- 118　以次充好为哪般

Chapter Three

第三章
华彩文物篇

杨婉丽

- 140 喝酒的风雅
- 142 家中必备几大件
- 144 雅室何须大
- 146 可移动的小书房
- 148 无处不在的香
- 150 扬帆去远行
- 152 海洋生物画谱
- 154 薄薄一张纸
- 156 读书人最爱的印刷术
- 158 古人眼中的星辰大海

- 122 皇室爱收藏
- 124 毛诗图与学诗堂
- 126 文字的秘语
- 128 清镜照新妆
- 130 精不精致看首饰
- 132 皇帝的经典造型
- 134 皇帝的非典型装扮
- 136 食中觅暖意
- 138 饮茶的讲究

- 160 丹药与火药
- 162 宫廷里的另类瓷
- 164 乾隆皇帝的纪念碑
- 166 大玉瓮与小火镰
- 168 接着奏乐，接着舞
- 170 虚实之间的货郎

第四章
中西交流篇

果美侠

- 174 第一位宫廷钟表修复师
- 176 无处不在的钟表
- 178 钟表的使用：从皇宫到民间
- 180 皇帝的赏赐
- 182 西洋人的各式穿搭
- 184 一变三的画珐琅花篮
- 186 从意外烧出的透明珐琅碗说起
- 188 皇宫里的中西医交汇
- 190 皇宫里的西洋药物
- 192 红票与信票

- 194 清宫与大象
- 198 觐见礼的争论
- 200 康熙的胡子与乾隆的眉毛
- 202 洋画师画皇帝
- 204 从插屏画到卷轴画
- 206 西洋画师笔下的中国人肖像

- 208 铜版画入宫廷
- 210 高瞻远瞩政清明
- 212 清宫玻璃器与皇家玻璃厂
- 214 眼镜中的大不同
- 216 扇子中的中西交流
- 218 宫廷里的西洋翻译
- 220 藤萝通景满屋开
- 222 清初也有"留洋人"
- 224 秘闻见证者

附录

明代皇帝纪年表

清代皇帝纪年表

Chapter One
History
故宫还可以这么看

第一章
紫禁历史篇

赵嘉慧

朱棣搬新居（上）

明朝建文四年（1402），燕王朱棣通过"靖难之役"推翻了他侄子朱允炆的统治，在南京奉天殿即皇帝位。次年，即永乐元年（1403），朱棣宣布"以北平为北京"，将北京定为"陪都"。在南京的深宫之中，朱棣逐渐产生了迁都的念头。

朱棣是明朝开国皇帝朱元璋的第四个儿子，于洪武三年（1370）被朱元璋册封为燕王，洪武十三年（1380）就藩北平，作为藩王拱卫皇帝。

洪武三十一年（1398），朱元璋去世，朱允炆即皇帝位，以次年为建文元年。为了巩固中央集权，朱允炆与臣子密谋削夺诸藩，危及朱棣。于是朱棣以征讨掌权的臣子齐泰、黄子澄为名，发起"靖难之役"，"靖难"指平定叛乱。四年后，朱棣的军队攻破南京，朱允炆自此下落不明，而朱棣则于建文四年（1402）即皇帝位，以次年为永乐元年。

▲ 杨令茀摹《明成祖朱棣像》轴

▲ 天子守国门

朱棣即位时，明朝已在南京定都三十多年，朝野上下居安而不思危，更不愿远征塞外。然而朱棣力排众议，营建北京皇宫并迁都，以天子戍边宣示维护国家统一的决心。迁都北京后，朱棣不仅多次御驾亲征，稳定国家统一和民族交融的地缘政治格局，还委派郑和下西洋，加强中外友好往来。

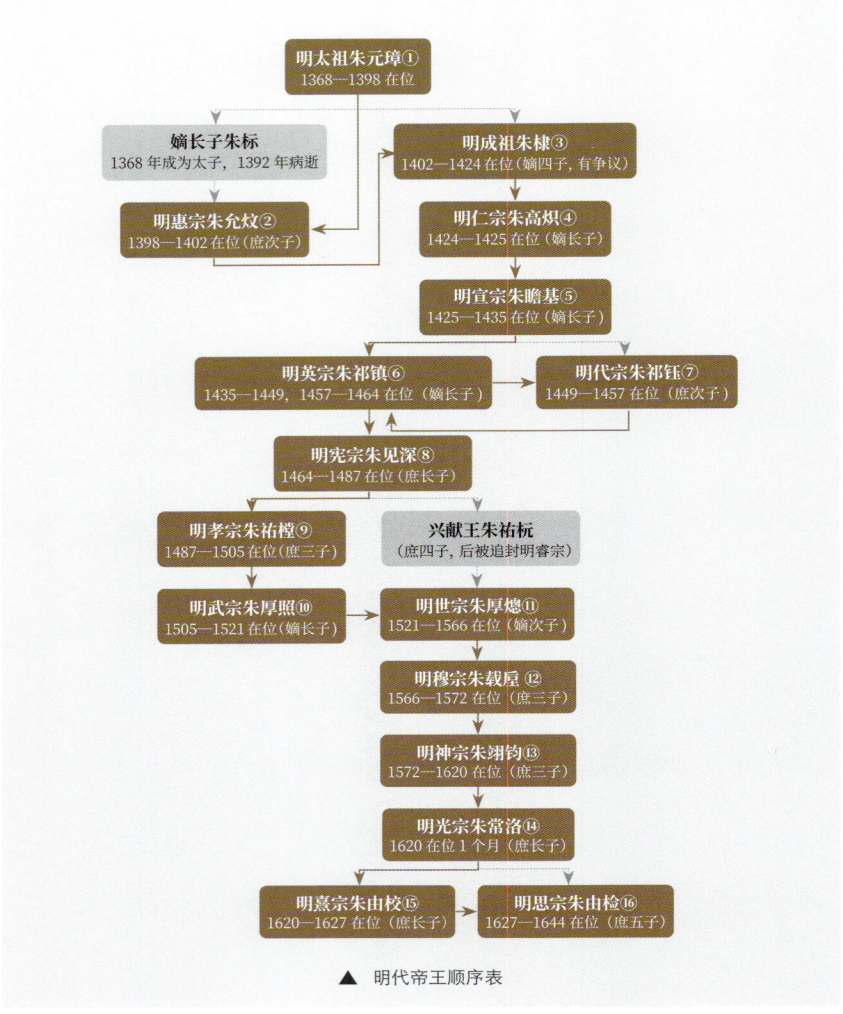

▲ 明代帝王顺序表

旧居地基陷

其实朱棣的父亲，明朝开国皇帝朱元璋就曾有过迁都的打算。这是因为南京皇宫，这座朱元璋在还是"吴王"时期修建的新宫，其地基是在燕雀湖附近填湖而成的，这样的地质条件导致宫殿建成没过几年就出现了地基下沉的问题。此外南京的地理位置偏居东南，不利于统御全国。洪武二十四年（1391），朱元璋派太子朱标巡视关中等地，考虑迁都，朱标却在途中感染风寒，于次年去世，后来朱元璋便放弃了迁都的打算。朱棣即位后重新面对南京宫殿地基下沉的问题，"方迁都时与大臣密议，久而后定，非轻举也"。

▲ 杨令茀摹《明太祖朱元璋像》轴

新居北定址

对于朱棣来说,北京是他作为燕王时的驻地,具备稳固的政治根基;北京作为军事要地,能够有效抗击北部蒙古残部,促进北疆和关外稳定,防止国家分裂;迁都北京有利于开发北方经济,平衡南北发展进程;而且那里曾是金、元两朝的都城,多年来作为统一多民族国家的政治文化中心,已具备较为完善的城市架构。永乐四年(1406),朱棣诏令"期以明年五月建北京宫殿",由泰宁侯陈珪掌缮工事,安远侯柳升、成山侯王通辅之,工部尚书吴中规划,开启了北京皇宫的筹建工程。

采木多艰辛

按照规划,北京皇宫将以木结构建筑为主体,因此木材是最为重要的建材。其中,建筑的主体框架,尤其是梁、椽、柱、枋等,须得用最为上乘的材料,为此朱棣专门派遣官员分散到全国各地采买楠木。"照得楠杉大木,产在川贵湖广等处,差官采办,非四五年不得到京",为什么采办木材需要这样长的时间?其一是产这些木材的树木大都生在"险峻之地",采伐难度大。其二是由于这些木材大都产于南方,为了将其从产地运至北京,需要经历山区放排、水源地流放、顺长江转淮河、顺淮河转运河至通州,或海运至塘沽等环节,因此耗时格外长久。

建材何处存

采办来的木材需要先行堆放存储,于是在拟建的北京皇宫周边形成神木厂等存放建材的"工地"。根据清朝《春明梦余录》记载,彼时神木厂还堆放着永乐年间遗留下来的"神木",即围长五尺以上的特大木料,其中最大的木料直径接近2米、长度超过13米——如果有人骑马从一侧经过,对面的人竟完全看不到,可见其巨大。木材只是建材的一部分,存放建材的"工地"也不止神木厂,还有堆放柴草的台基厂、烧制黄绿琉璃砖的琉璃厂、烧制黑色琉璃砖的黑窑厂……如今,这些"工地"的实体已不复存在,但是它们却化作北京市的一个个地名,历经六百余年,融会在民众的日常生活中,恒久流传……

▲ 当今北京市的"台基厂"路标

▲ 当今北京市的"琉璃厂"路标

设计延古制

明中都皇宫与南京皇宫都是在沿袭汉唐传统的基础上,依照《周礼·考工记》与"择中立宫""左祖右社"等古制而建。所谓明中都皇宫,位于朱元璋的家乡临濠,如今的安徽省凤阳县,于朱元璋洪武二年(1369)开始建设,洪武八年(1375)罢建。北京皇宫的设计不仅比对南京皇宫的规模,而且很大程度上参考了明中都皇宫的格局,在此基础上又有发展,最终成为中国古代宫殿建筑的集大成者。

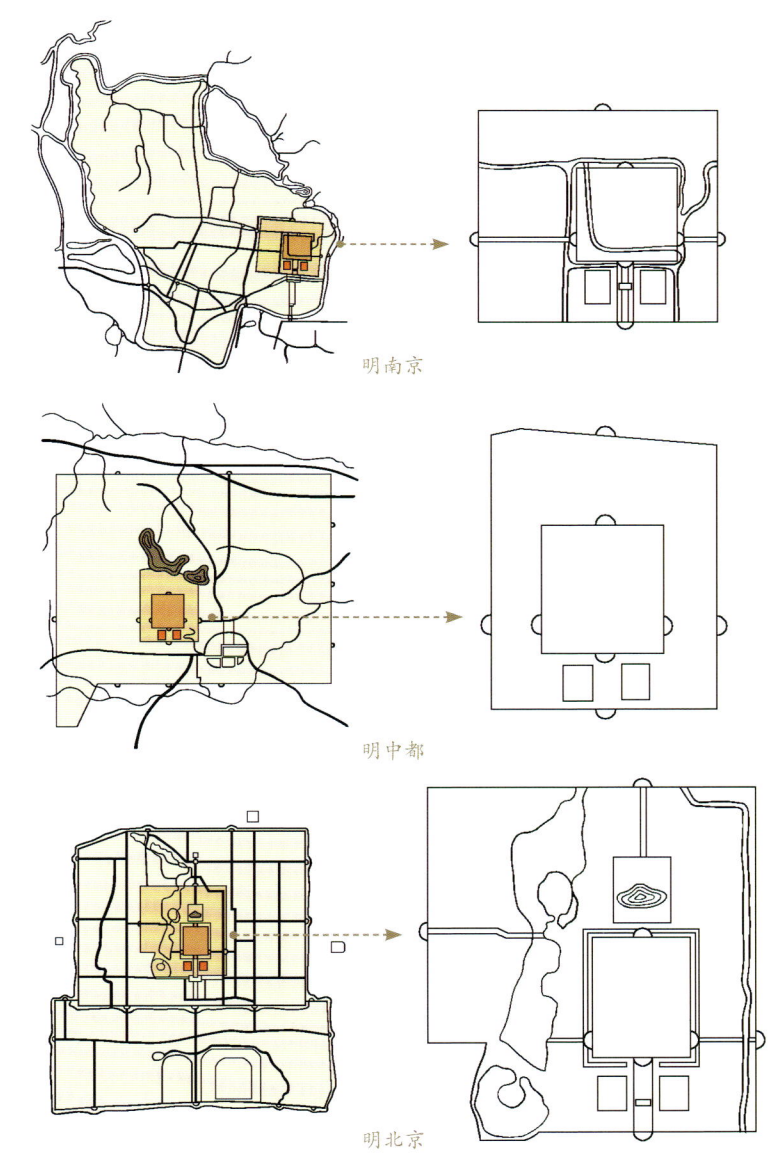

▲ 明南京、明中都、明北京皇城对比图

朱棣搬新居（下）

北京皇宫的建造在永乐四年至永乐十四年（1406—1416）间经历了长达十年的前期准备工作，过程包括规划设计、备材储料、清理遗存等工作，自永乐十五年（1417）起进入集中营建的阶段，朱棣本人还于该年来到北京，亲自坐镇营建施工。

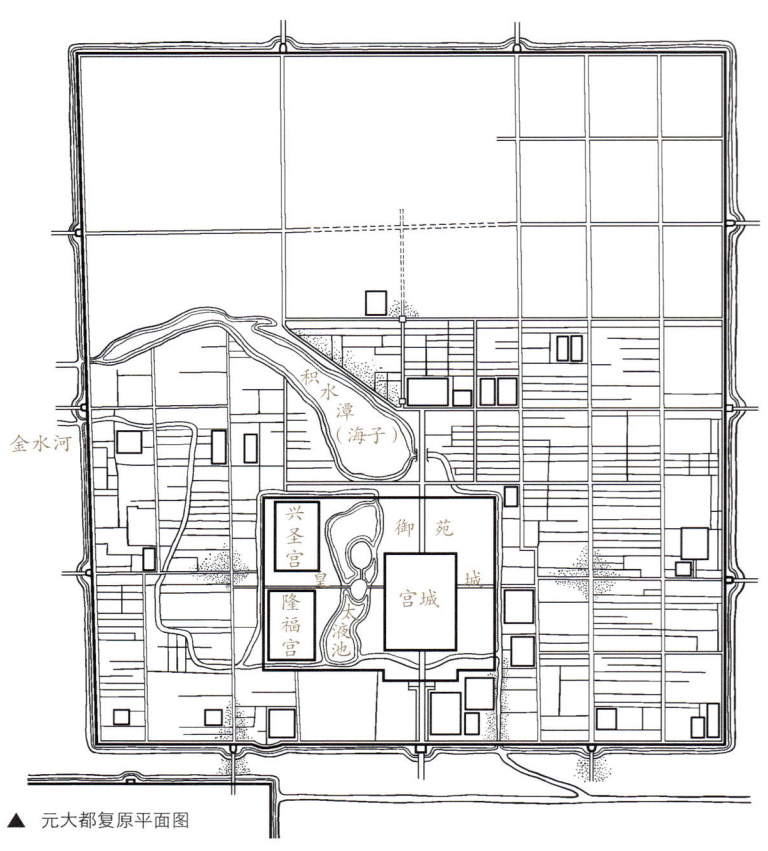

▲ 元大都复原平面图

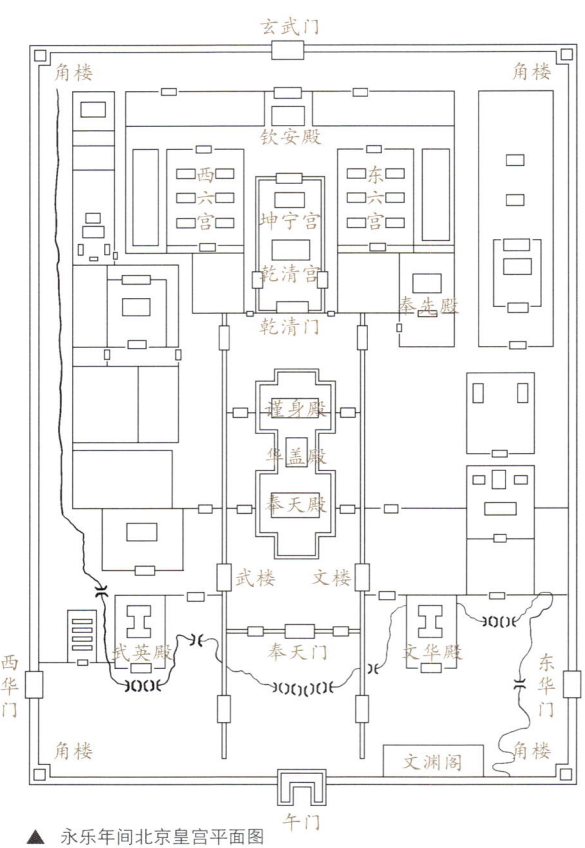

▲ 永乐年间北京皇宫平面图

工匠齐会聚

永乐四年诏"天下诸色匠……期明年五月俱赴北京听役，率半年更代"。根据单士元《从紫禁城到故宫》，这些从全国各地征集来的能工巧匠，分为"轮班"和"住坐"两种，他们同为雇佣工人，有定期和长期之分，分别由工部和内官监管理。其中，一批优秀的工匠脱颖而出，例如：蒯祥本是苏州香山帮木工，凭借高超的技术获得赏识，作为朱棣扈从队伍的成员被征调到北京，在这里他超群的技艺得以施展，历任营缮所所丞、工部主事、工部右侍郎、工部左侍郎；瓦工杨青曾是一名参与营建北京皇宫的普通瓦工，后来官至工部左侍郎；还有工师蔡信，木工蒯福、蒯义、蒯纲等工匠，均因出色的技艺青史留名。

劳工大征调

建造北京皇宫的工程需要耗费巨大的人力、物力、财力，无论是采木伐运、采石转运，还是开窑烧砖、烧琉璃瓦、烧石灰等，都需要规模庞大的劳工，《明史》称"工作之夫，动以百万"。这些劳工的来源多元，除了无偿征调的农事闲暇时期的民夫，还有驻扎在北京近郊的营军、由太监指挥的卫军、本负责各地戍卫的班军，以及服劳役的囚犯等。

拆旧与奠基

由于北京皇宫的位置选在元代皇宫的旧基之上，建造北京皇宫首先需要拆除元代皇宫。相传北京皇宫正北高十四丈、周围约为二里的人工建造土山——万岁山（清代改称景山）就是将拆毁元代皇宫留下的渣土，在原元代北苑"青山"上堆放而成。这座"大内之镇山"作为中轴线部署的最高峰，不仅加强了朝廷坐北朝南的威势，还改变了过去元代皇宫坐南向北的形势和中轴线由南向北的布局。拆除元代皇宫后，工程进入建筑施工最为重要的打地基环节。其中，北京皇宫的北部是在原大明殿区域的旧有夯土基础上改建，这种情况下的工作量比开挖生土更加困难。从开挖土方到层层夯筑回填，再到打地丁、砌筑拦土、安柱礩、细打灰土地基等，工序繁杂，极为耗时。

新居终落成

经过十年的前期准备，北京皇宫终于达到正式营建的条件。永乐十四年（1416）大臣向朱棣奏报"北京至上龙兴之地……良材巨木已集京师……伏乞上顺天心，下从民望，早敕所司兴工营建"。自永乐十五年（1417）起，经过三年的集中营建，恢宏的皇宫日渐成形。永乐十八年（1420）三月，朱棣"诏在外军民夫匠于北京工作者咸复其家"。此时北京皇宫的营建活动应已进入尾声，仅存一些彩画晾活、金砖打磨涂油、殿内铺陈、植花植树之类的收尾工作。同年十二月，北京皇宫正式竣工，"凡二十年，工大费繁，调度甚广，工作之夫，动以百万""凡庙社、郊祀、坛场、宫殿、门阙，规制悉如南京，而高敞壮丽过之"。

礼宴贺新宫

永乐十九年正月初一（1421年2月2日），朱棣亲至太庙祭祀，皇太子朱高炽前往天地坛（后改称为天坛）祭祀，皇太孙朱瞻基前往社稷坛（今中山公园）祭祀，黔国公沐晟前往山川坛（今先农坛）祭祀。随后朱棣来到奉天殿（今太和殿）接受朝贺，大宴群臣。来自西亚、东南亚等十多个国家的使臣受邀来此参加大明的朝会大典，同朱棣一起庆祝新年和新皇宫的落成。这一天标志着北京皇宫正式启用，也意味着明代正式迁都北京，自此原京师应天府改称南京，北京顺天府则成为新的京师。

▼ 午门

长生不老的幻想

从明朝到清朝，紫禁城里曾经居住过24位皇帝。他们脾气性情各异，才能禀赋有别，人生观、价值观也大不相同。其中，嘉靖皇帝朱厚熜是一名颇有政治头脑，但为追求长生不老而炼制丹药、大兴宫观、日事斋醮，后期更是长达二十多年不上朝的极具争议性的人物。

▶ 明·《明世宗朱厚熜像》

沉迷炼丹的皇帝

朱厚熜本是兴献王朱祐杬之子，因为他的堂兄正德皇帝朱厚照去世时没有子嗣，就按照"兄终弟及"的传统继承了皇位。朱厚熜在即位之初的少年时期，就为"延年已疾"而"崇奉诸教"，受到群臣劝阻。朱厚熜早期以焚修祈祷为主，并不服食丹药。嘉靖十八年（1539）后，在陶仲文等人的诱导下，他日益荒废朝政，投入大量时间、精力、财力以设斋建醮、炼制金丹，以期获得神明庇佑、延年益寿、超越"天命"、得道升仙。

▲ 清·《胤禛道装双圆一气图》轴

清朝雍正皇帝胤禛也是一名痴迷炼丹的皇帝。多位专家根据史料推测，胤禛58岁（1735）暴卒于圆明园就与服食丹药有直接关系。

炼丹难寻龙涎香

朱厚熜所服的丹药由什么制成？明朝博物学家谢肇淛等人指出"红铅丸"涉及乳粉、辰砂、乳香、秋石等材料。此外，朱厚熜有时还需要一种珍贵香料——龙涎香，即被冲上岸的抹香鲸的分泌物。嘉靖二十一年（1542）前后，朱厚熜开始对龙涎香给予高度关注，然而内库中所藏无多，并且由于明朝实施海禁，马尔代夫等地的龙涎香无法流入中国。起初，朱厚熜专门命户部派遣官员前往云南、广东、福建等地，试图从民间高价收购，然而直到十多年后的嘉靖三十五年（1556）都收获甚微。嘉靖三十六年（1557），主事王健向朱厚熜建议，可以要求外国海船"凡有龙涎香投进者方许交商货买"，将提供龙涎香作为外国海商与明王朝开展贸易的前提。而此时外国海船可以到达的地方其实就只有濠镜澳（今澳门）至广州一带，而且以葡萄牙人的船为主。因此，最终明朝官员从濠镜澳的葡萄牙商人手中获得了龙涎香。这相当于为葡萄牙商人打开了在华贸易权，一定程度上推动了葡萄牙人定居于此。

朱厚熜追求长生不老，这一时期的宫廷器物上遍布象征福寿、吉祥的图案，据学者陈丽华的研究，"常见的有龙、凤、鹤、羊、狮、鹿、麒麟、松树、瘦竹、梅花、灵芝、仙桃、牡丹、寿石、珊瑚、宝珠、犀角、祥云，以及八卦纹、'万'字纹、'回'字纹等""形成了繁缛、细腻、工巧、华丽的新特点，吉祥图案乃是层层布局，道道重叠，几乎无处不施，无处不刻"。

▲ 明嘉靖·彩漆戗金银锭式盒

此盒通体朱漆地，饰以戗金彩漆纹，盒形似银锭，盒上图案包括龙凤、珊瑚、海水江崖、"万"字纹、八卦纹等。

▲ 明嘉靖·剔红寿字松树纹箱

四季常青的松树被认为是"长生"的象征，此箱上雕刻的图案是松树枝干盘曲形成的"寿"字，突出福寿祥瑞的主题。

▲ 明嘉靖·剔红松竹梅鹤纹圆盘

此为套盘（共三盘）中最小的一个。清朝乾隆皇帝弘历曾玩赏此盘，并于乾隆五十五年（1790）在盘底留下御制诗"雕盘精亿几层牢，想为醮坛叠置高。可笑尔时称瑞者，鹿生子与获仙桃。"嘲笑嘉靖皇帝求仙祈祷，谋求长生。根据题诗，此盘或是明朝宫廷醮坛供器。

大兴宫观为求仙

在追求长生不老的道路上，朱厚熜除了服食金丹还大兴土木，在紫禁城及西苑营建了大量宫观，用于供奉神像和祈祷。御花园内的钦安殿与整座紫禁城同期落成，是供奉道教玄武大帝的宫殿。朱厚熜为钦安殿增建围墙，使之形成一个独立院落，以方便经常在此焚修祈祷、举行仪式。位于紫禁城北的大高玄殿，约建成于嘉靖二十一年（1542）。这里是朱厚熜时期皇家斋醮活动的中心场所。据晚明太监刘若愚《酌中志》所述，大高玄殿内无上阁（清朝称乾元阁）的配殿象一宫中，曾供奉着朱厚熜依照自己容貌而造的象一帝君像，所谓"象一帝君"便是他给自己取的尊号。

宫女的复仇联盟

相传朱厚熜性情暴戾、喜怒无常，宫人常被残酷责罚。学者猜想他还为炼丹而摧残宫女，不堪凌辱的宫女明知是死罪，却仍采取了极端的反抗手段。嘉靖二十一年（1542）十月的一天夜里，朱厚熜在乾清宫熟睡，杨金英等十多名宫女合谋对其施展绞杀。然而，由于宫女在慌乱中把绫布打成了死结，无法按照计划将朱厚熜缢死，皇后得以及时前往施救，宫女的复仇行动以失败告终，史称"壬寅宫变"。朱厚熜险些在宫变中被勒死，这使得他更加恐惧死亡，更频繁地求仙炼丹、兴建宫观，并移居西苑理政，在此隐居近二十五年。嘉靖四十五年（1566），朱厚熜于乾清宫去世，长生不老的心愿终究幻灭。朱厚熜的崇道行为给明朝政治造成深刻影响，对此，明史评价"明自世宗而后，纲纪日以陵夷，神宗末年，废坏极矣。"

▲ 钦安殿外景

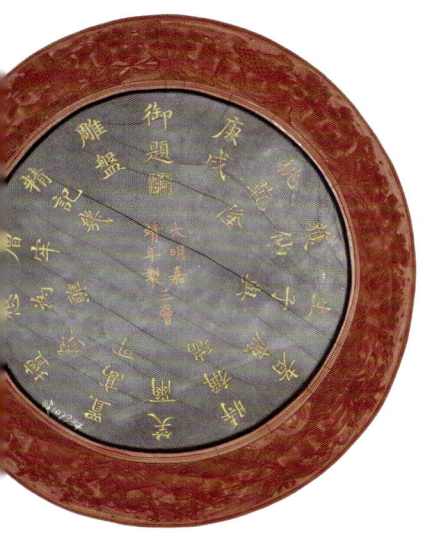

▲ 明嘉靖·青花三羊纹碗

此碗是嘉靖年间景德镇御窑厂专为宫廷烧制的瓷器，碗的外壁绘有三羊，寓意为"三阳开泰"。三阳开泰源于《周易》，始于三阳交的"泰"卦，象征着天地交泰，被视为最吉利的一卦。

▲ 明嘉靖·青花芝桃仙鹤符箓纹盘

嘉靖、隆庆、万历年间，青花多用"回青"。回青是一种进口青料，内含铜和钴的金属氧化物，使用回青制作的青花瓷蓝中泛紫，鲜艳明丽，独具风格。

▲ 明嘉靖·青花八仙图葫芦瓶

葫芦是道教的圣物，被视为通往"仙境"的法物，也是存放丹药的容器。

朱翊钧的"奋斗"与"摆烂"

在中国古代农耕社会,降雨情况会影响作物收成与百姓生计,直接关系到社会稳定乃至国家兴衰。明朝万历皇帝朱翊钧在位期间,北京地区就多次遭遇降水相关的气候问题,他对待这类问题的不同反应体现出其理政态度的逐步转变。

步祷祈雨证心诚

万历十三年(1585),"京师自去年八月不雨",朝廷多次举行祈雨的大雩礼,依然没有等来降水。面对严重的旱灾,朱翊钧为了表示对"上天"的虔敬,决定亲自前往南郊的天坛圜丘进行祈雨。他在祈雨仪式前三天由乾清宫移居武英殿开始斋戒,前一天在奉先殿默告祖先。祈雨当天,朱翊钧"步祷于南郊",步行走完了5公里左右的路程。百姓被允许沿途观看,"无不举首加额,欢呼颂圣德焉"。此外,朱翊钧还免除"天下被灾田租一年"。一个月后,北京终于下雨,民众更是感念皇帝的德行。不过祈雨终究只是古人的迷信活动,当时宛平县玉河乡(今北京市门头沟一带)不仅下雨,还下起了大冰雹,"伤人畜以千计"。

▲ 明·余士、吴钺《徐显卿宦迹图》册之"步祷道行"

《徐显卿宦迹图》册是明朝官员徐显卿根据个人亲身经历,请画家余士、吴钺绘制的宦迹"回忆录"。其中,"步祷道行"记录了万历十三年(1585)四月十六日朱翊钧步祷祈雨的场景。画面中皇帝步祷的道路两旁,左边是文官,右边是武官。

◀ 明万历·掐丝珐琅甪端

甪端是中国古代神话传说中的形象,被描述成能够日行万里、通晓四方语言、专为英明帝王传书护驾的瑞兽。甪端陈设在帝王宝座两旁,用以彰显圣主在位。

降旨切责无实措

万历十四年（1586）开始，朱翊钧因希望立宠妃郑贵妃所生的儿子为储君，而与大臣们开始了国本之争。这场君臣之间的博弈进行到万历二十九年（1601），最终还是以立皇长子为储君而告终。在此期间，本就身体不好的朱翊钧逐渐开始"摆烂"，小病大养，借病怠政，常年不上朝、不及时批复奏章。万历三十二年（1604），北京地区连日大雨引发水灾，朱翊钧虽表示愿意赈济灾民，但当群臣跪在文华门前请求他施以实际的政措时，他的反应却是"降旨切责"。

▲ 明·孙隆"清谨堂"乐女墨

明万历年间，徽墨制作进入鼎盛时期，文人士大夫争相制墨自娱。织造内臣孙隆便制作了多种署名"清谨堂"的墨品，贡入宫中取悦皇帝。明朝姜绍书《韵石斋笔谈》记载："织造内臣孙隆'清谨堂墨'款式精巧，剂料极一时之选，曾进上方，神宗爱重之。"

▲ 明万历·黑漆描金药柜

▲ 明·余士、吴钺《徐显卿宦迹图》册之"轮注起居"

万历十三年（1585）十月，徐显卿由国子监祭酒迁少詹事，充日讲官，在皇极门（太和门）外起居馆参与轮注起居。图中描绘北京城遭遇特大水灾，紫禁城中太和门广场被淹的场景。

消极怠政无批示

万历三十五年（1607），北京及周边地区本被以为会有旱情，朝廷为此还举办了祈雨活动，谁知一场特大暴雨突然来临。这场猛烈而持续的降水活动造成通州的运河和昌平的沙河泛滥成灾。洪水来袭，六月二十四日，长安街积水达五尺，即超过1.5米。七月初六，皇城以外地势低洼处的水深则有一丈多，即超过3米。就连以排水系统发达著称的紫禁城里都出现颇高的积水，东华门附近的城墙因此坍塌了130多米长。"雨霁三日，正阳、宣武二门外，犹然奔涛汹涌，舆马不得前，城堞不可渡，诚近世未有之变也"。在此情况下，工部右侍郎刘元霖提出，可以减少织造、烧造的费用，用作清理修缮，但是朱翊钧不予批示，之后才按照大学士的建议，下令工部疏通水道。

置身事外不理会

万历三十九年（1611），强降水的情况再次发生，且这次受灾范围较大。"自徐州北至京师大水""连日大雨不歇，满城皆水""辇毂之下，洪流漂荡，房屋倾颓，九衢罢市，万室无烟，啼号之声与狂飙猛雨相为凄惨，盖缙绅不免，况于小民？"大学士叶向高奏请按四年前的定例赈灾，但是朱翊钧视若无睹、不予理会，直到第二年的三月方才赈济京城的流民。

充满矛盾的皇帝

万历皇帝朱翊钧在位 48 年,是明朝统治时间最长的皇帝。他早慧聪颖,学习刻苦,十岁即位后在张居正的辅佐下施行改革,开创了"万历中兴"的景况。但这位曾经励精图治的皇帝,后来却因国本之争等问题逐渐对朝政失去兴趣,在执政后期转变成不参加经筵、不及时处理大臣奏疏导致政务瘫痪、"二十年不上朝"、被批评为"明之亡,实亡于神宗"的任性皇帝。万历四十八年(1620),朱翊钧病重去世,终年 58 岁。在他统治期间,国家政治虽然没有出现明显崩溃,但是因种种积弊潜藏下来而形成的结构性危机,加速了明朝的灭亡。

▲ 明·《明神宗朱翊钧像》

素三彩是一种瓷器釉彩的名称,制作方法为在未上釉的素胎上,施以黄、绿、紫彩进行烧制,不用或少用红彩。素三彩在明成化时期已初具形制,正德时期享有盛誉,万历素三彩器出现色地叠烧工艺,如黄地三彩、绿地三彩等。

▶ 明万历·素三彩团龙瓶

五彩瓷是彩瓷的一种,颜色不限于五种,但一定包含红彩,是在已高温烧成的白瓷或已绘制局部图案的青花瓷上,以红、绿、黄、紫、黑、蓝等彩描绘图案纹饰,再经彩炉低温烧成。按照生产工艺的不同,五彩可分为釉上五彩和青花五彩两类。五彩是在宋元釉上加彩的基础上发展起来的,成熟于明代。万历年间的彩瓷一改成化时期疏朗、优雅、宁静、秀气的风格,转而变得浓艳、热烈、繁复、华丽。

▲ 明万历·五彩镂空云凤纹瓶

▲ 明万历·五彩鸳莲纹提梁壶

▲ 明万历·五彩云凤纹葫芦式壁瓶

御门听政的兴衰

紫禁城不仅是皇帝的"家",还是皇帝的"会议室"。明清皇帝如何与大臣商讨国家大事?影视剧里皇帝在太和殿"上早朝"是否符合史实?不"上早朝"的皇帝就一定存在懒政行为吗?

朱棣露天"开早会"

早在明朝开国皇帝朱元璋时期,就有了皇帝每日临朝的制度。朱棣搬到北京皇宫后不久,奉天殿、华盖殿、谨身殿(今太和殿、中和殿、保和殿)作为皇帝处理政务的场所,被毁于雷击。朱棣将此视为"天意",并不立即重修,而是将议政的场所转移到了奉天门(今太和门),除节日、丧日之外,每天清晨在此"上早朝",即御门听政。此外,奉天门前的左顺门(今协和门)、西侧的宣治门(今贞度门)也曾用作御门听政的场所。但是从明朝中期开始,内阁首辅负责带领内阁大臣处理大部分奏折,皇帝逐渐不需要临朝议政,当起了"甩手掌柜"。

玄烨勤政复早朝

清袭明制,顺治朝仍然在太和门进行御门听政,但是同样因为内阁制度的存在,"早朝"的形式大于意义。康熙六年(1667),勤勉的康熙皇帝玄烨在亲政的第一年就发布谕旨,规定御门听政的场所改至乾清门,且要"日以为常"。在门廊下露天办公、栉风沐雨不免辛苦,但是清朝皇帝认为,自己作为"天子",露天听政更能将自己勤政爱民、兢兢业业的姿态展示给"天帝"。皇帝御门听政不仅要经受气候的考验,在时间管理上也颇具挑战性。春夏季节,皇帝要在5点左右起床,6点之前赶赴乾清门,在卯正一刻(即6点15分)开始御门听政。秋冬季节的北京寒冷非常,皇帝早上6点左右起床,7点多就要赶到乾清门会见各部大臣。

▲ 太和门(明奉天门)

在"金台捧敕"中,徐显卿作为奉敕官进行颁旨,黄幄内是明神宗朱翊钧。

▲ 明·余士、吴钺《徐显卿宦迹图》册之"金台捧敕"

▲ 清康熙·掐丝珐琅夔龙纹暖砚盒

北方冬季户外天寒地冻,为了防止墨汁结冰,砚体下层的盒内可储热水或烧炭,使其成为有加热功能的暖砚。

▲ 清康熙·大红水波纹羽纱单雨衣

▲ 乾清门

胤禛优化效率高

雍正皇帝胤禛一方面延续御门听政，另一方面创新推出各部门"轮班奏事"的议政制度。在这一制度下，各部门长官轮流单独来向皇帝当面奏报政务，不仅大大提升了保密性，而且减轻了大臣的负担，有效地提升了效率。此外，胤禛利用西北用兵的契机设立了"军机房"，方便随时召见大臣研究军政大事并能保守军事机密。雍正十年（1732）军机房正式改称"办理军机处"，简称"军机处"，逐渐成为凌驾于内阁之上的、国家真正的政务中心。在此背景下，御门听政制再次形式化，并逐渐退出了历史舞台，如咸丰皇帝在位11年只进行了48次御门听政，平均一年才不到5次。不过皇帝的工作强度并没有因此降低，他们每天清晨虽然不用前往乾清门"上早朝"，但是需要轮流接见各部大臣、召集军机大臣议政，一点都不轻松。

▲ 清·红漆皮奏折匣

奏折也称折子、奏帖等，始于清初，为宫廷机密文书。奏折匣通常由皇帝赐发，匣内原有的钥匙分别在宫中与具折的官员手中，以保机密。

奏事处是清朝呈递奏折、传宣谕旨的机关，由御前大臣兼管，其下有奏事太监、奏事官，分为内奏事处、外奏事处，有官员约30人。奏事处的职责主要有五项，即接收奏折题本、传宣谕旨、办值日班次、递"膳牌"、递如意及贡物。

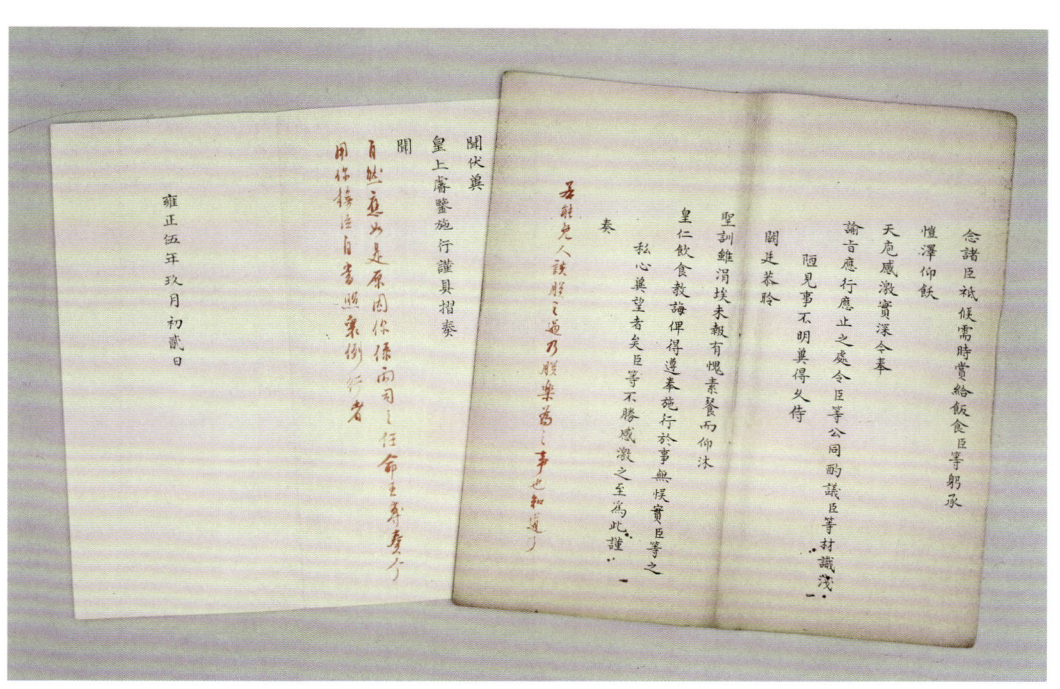

▲ 清雍正皇帝胤禛朱批奏折

▲ 清·红绿头签

红绿头签是写有王公大臣姓名、职衔的薄木片，宗室王公用红头签，文职副都御史（正三品）以上、武职副都统（正二品）以上的大臣用绿头签。清朝皇帝召见王公大臣，或王公大臣请求觐见奏事时，奏事处将红绿头签呈递给皇帝划定次序。因为奏事处都是在皇帝进膳前呈递，所以这种红绿头签又称"膳牌"。

明清皇帝"写检讨"

古代皇帝自称"天子",即天帝的儿子,这是封建时代统治者基于民众的天神迷信,为自己赋予至高无上威严的行为。然而,这样的身份标榜是一把双刃剑。当发生自然灾害、政治危难、战乱滋扰等意外事故时,古人往往归因为"天子失德"。"天子"这个难辞其咎的第一责任人便要通过公开发布罪己诏的方式,向民众检讨自身过失。紫禁城里,明清两代就有十多位皇帝曾经"写检讨"。

▲ 明正德·孔雀绿釉碗

孔雀绿釉是一种翠绿透亮、似孔雀羽毛的低温色釉,又称翡翠釉、吉翠釉。正德时期孔雀绿釉的烧制达到鼎盛阶段,色泽青翠鲜艳。

▲ 明正德·素三彩海蟾纹三足洗

洗在古代用途广泛,既有盥洗用具,也有文房用具或陈设品。正德素三彩器古朴雅致,成就卓著,是显赫一时的珍品。

拒不反思的朱厚照

明朝多位皇帝都曾"写检讨",如朱瞻基、朱祁镇、朱祁钰、朱见深等都曾因极端气候或彗星天象发布过罪己诏。不过明朝第十位皇帝朱厚照,他显然不是一个容易"内耗"的人。正德九年(1514)正月十六日,皇帝寝宫乾清宫被焚毁,失火原因是朱厚照在宫中张灯结彩"依檐设毡幕而贮火药于中"。在大臣的推动下,朱厚照于正月二十八日发布罪己诏,反省其治下的自然灾害、民众流离、贪污腐败等问题,并大赦天下。然而这一反思似乎只是走走形式,据《明武宗实录》记载,看到乾清宫着火时,朱厚照还戏称"好一棚大烟火";《明史》则提到当年年底为建乾清宫又"加天下赋一百万"。朱厚照此后依然我行我素,纵情享乐,最终于正德十六年(1521)死在豹房。

▲ 明·《明武宗朱厚照像》

▲ 明正德·斗彩阿拉伯文出戟瓶

斗彩是釉下青花和釉上五彩相结合的陶瓷工艺,是明朝彩瓷大发展的标志之一。明初瓷器常以梵文、阿拉伯文做装饰,由于正德皇帝重视伊斯兰教,这一时期官窑瓷器上流行以阿拉伯文、波斯文装饰,表达吉祥祈福。

意外"背锅"的朱由校

天启六年（1626）五月初六上午，北京西南角的王恭厂火药库附近发生了一场离奇的爆炸。根据当时民间邸报《天变邸抄》与太监刘若愚《酌中志》等描述，爆炸不仅造成十数里房屋倒塌、人员伤亡，还有20多株大树被连根拔起，伤者与尸体都呈现出失去衣服以致赤身裸体的奇怪景象，爆炸声甚至传到了一百四十里外的密云、一百八十里外的平谷。种种不同寻常的现象，给这一灾变蒙上了神秘的色彩。对于这次爆炸的原因，历史上众说纷纭，有说是地震引起的火药库爆炸，有说是火药管理不善引起的自焚爆炸，有说涉及龙卷风，有说是球形闪电导致。此外，在当时党争激烈的背景下，也存在有人出于政治目的，故意夸大灾变之诡异、从而将舆论引向"妇寺作乱、天变示警"的可能性。但是无论真相为何，无论是否夸大，对于彼时迷信的民众来说，这种超出日常经验的离奇事件只能由皇帝来"背锅"。皇帝朱由校不得不发布罪己诏，并亲诣太庙"恭行问慰礼"。

▲ 明·《明熹宗朱由校像》

此花觚外口下有青花楷体"天启年米石隐制"七字横款，带有此款的瓷器极为罕见

◀ 明天启·青花出戟花觚

借机改革的玄烨

康熙十八年（1679）七月二十八日，直隶省中北部发生大地震，史称三河－平谷大地震，震级推测为8级，是北京周边有史以来最为严重的地震，"官民震伤不可胜计，至有全家覆没者""积尸如山，莫可辨认"。面对这一"亘古未有之变"，康熙皇帝玄烨迅速采取实际措施抗震救灾，包括要求户部、工部尽快查明灾情，迅速制定救助措施；发放"仓库银米赈济"，在各地开设粥厂；派太医院给受伤灾民送医送药；"发内帑银十万两"赈恤灾民，并号召八旗各佐领下的富家官绅捐资。此外，他还召集大小臣工检讨朝政得失，下罪己诏。在这里，玄烨不仅真正发挥了罪己诏的功能，即笼络人心、达到众志成城的局面，并给予国家民众积极的愿景、化解社会矛盾，还借"写检讨"的时机，随之推出一系列改革弊政的方法，用惠民之利化解灾异之痛，促进了社会的长治久安。

▲ 清康熙·檀香木瑞兽纽"育德勤民"宝

▲ 清·《康熙帝玄烨像》轴

金殿与仕途

在科举考试中取得功名，是由隋至清1300年间古人踏入仕途的主要途径。明清科举正式考试分为乡试、会试、殿试三级，其中殿试作为中国古代最高等级的考试，一般由皇帝亲自主持。

考场设在紫禁城

明朝殿试地点主要在奉天殿（后改称皇极殿，清朝改为太和殿），清朝殿试地点先后设在天安门外、太和殿附近，于乾隆五十四年（1789）开始定于保和殿内。顺治三年（1646）起，殿试每三年举行一次，每次考一场，为时一天。殿试的题目称为策题，由皇帝钦定，基于当时国家政治、经济、文化、军事、教育等方面的现象或问题，向考生征询意见与良策，考察其综合才能。考试当天，一般皇帝会亲临考场充当"考官"，仪式感十足。

▲ 保和殿外景

在清朝，会试考中者为贡士，由此具备参加殿试的资格。而殿试是一场"排位赛"，即一般没有淘汰，只是进行名次排列，赐为相应级别的进士。

细节藏有"加分项"

能够参加殿试的已是整个王朝万里挑一的知识分子，优中选优，答出什么样的考卷能够脱颖而出，获得读卷官的青睐？首先，考生答题时，最少要写到一千字，两千字的卷面篇幅才显得翔实。其次，尤其在清朝，方正、体大、乌黑的馆阁体书法更有助于考生取得较好的名次。读卷官在规定时间内完成阅卷并排列好次序后，会将其中最好的十份呈送给皇帝，由皇帝钦定最终排名。在这一环节中，皇帝会出于政治考虑，综合多方面因素改变考生名次。例如，永乐二十二年（1424），因拟定第一名孙曰恭的"曰恭"二字书写在一起看起来像是"暴"字，朱棣将其改为第二名；乾隆二十六年（1761）读卷大臣原本推荐的第一名是江苏人赵翼、第三名是陕西人王杰，乾隆皇帝弘历考虑到当时陕西还未曾出过状元，且对王杰的才干有所了解，决定将其钦点为第一名。

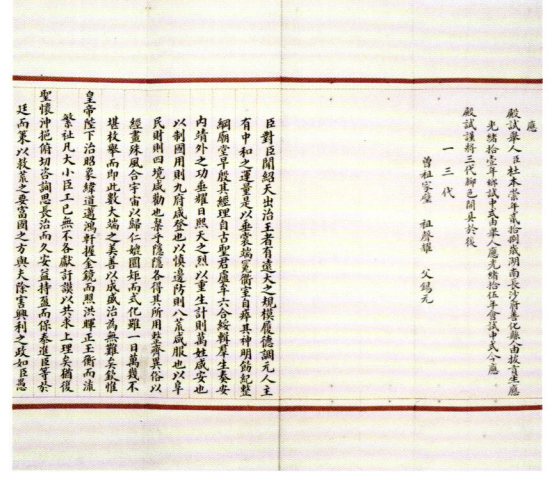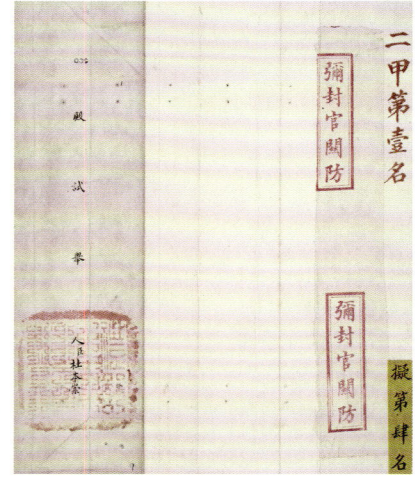

▲ 清光绪年间殿试试卷及弥封　弥封是指把试卷上填写姓名的地方折角或盖纸糊住，以防止舞弊。

▼ 清·姚文瀚《紫光阁赐宴图》卷　中南海紫光阁始建于明朝，于清朝成为皇帝阅射和殿试武举的场所。

备受瞩目"三鼎甲"

阅卷结束后就是"传胪",即公布殿试结果的仪式。清朝会举办隆重的传胪仪式,皇帝亲临太和殿宣布名次,典礼后张榜于长安门外,并专门刻碑立在国子监。皇帝钦点的一甲前三名,俗称状元、榜眼、探花,合称"三鼎甲"。在传胪大典上,这三人享有极高的荣誉。如二、三甲进士的名字只会被唱读一遍,而这三人的名字会被分别高声唱读三次,声音拖得极长,经由传胪官依次传唱,由太和殿一直传唱到太和门广场。

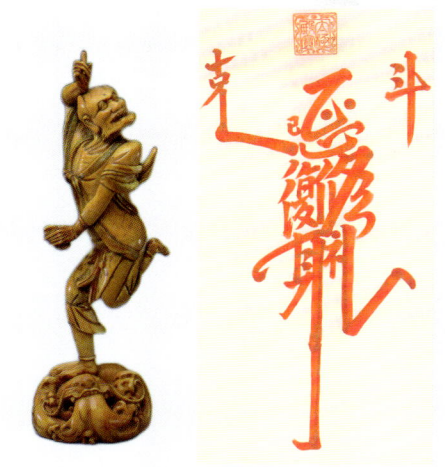

▲ 明·牙雕魁星　▲ 清·《朱书魁星点斗》轴

魁星,俗称文曲星,中国古代二十八星宿之一,是传说中主宰天下文运的吉星。古代学子多在科举考试前恭拜魁星,祈求高中。在民间,人们用"魁星点斗""独占鳌头"等题材的作品表达一举夺魁、高中状元的希冀。然而现实是考中状元的概率微乎其微,明清两朝540余年,能够"独占鳌头"的状元只有200多人。

学子的终极理想

清朝传胪后,参加完典礼的"三鼎甲"还被允许沿着中心线的御路,从午门正中的门洞出宫,要知道这条路是皇帝专用的,王公大臣也没有如此待遇。走出紫禁城后,他们还会在长安门外的彩棚里被装扮一番,披彩游街,风光无两。这是无数古代读书人梦寐以求的场景。第二天,这些新科进士作为"天子门生"还将参加礼部组织的"琼林宴"。此后,这些新科进士的仕途就此展开,状元被直接授予从六品"翰林院修撰"职务,榜眼与探花被授予正七品"翰林院编修",而其他进士大多需要继续在保和殿参加朝考,再由皇帝决定授予什么官职。

▲ 明·余士、吴钺《徐显卿宦迹图》册之"琼林登第"

"琼林登第"中记录了32岁的徐显卿考中进士的场景。

传胪大典竟迟到

对于古人来说,参加传胪大典无疑是人生高光时刻,却有人偏偏在这个场合迟到了。嘉庆二十四年(1819)十月二十日,武进士的传胪大典在太和殿举行。宣制唱名时,人们才发现新科状元徐开业、探花梅万清二人还没出现在传胪大典现场,这令嘉庆皇帝颙琰很不高兴。事后经兵部调查,两人十九日夜间先到西华门,因城门关闭又绕道东华门,往返绕路导致了迟误。对此,颙琰认为,榜眼秦钟英等人都能按时抵达,"事关典礼,非寻常失误可比""本应全行斥革,念其究系草茅新进",将二人的名次与拟定职务取消,但保留武进士身份,重新参加之后的殿试。原本的榜眼秦钟英则因此递补为一甲第一名武进士,被授为头等侍卫。

良莠不齐的大内侍卫

紫禁城南北长961米,东西宽753米,占地面积约72万平方米。在如此巨大的"家"里,侍卫的工作状态直接关系到皇帝的安危。

"超级特工"锦衣卫

锦衣卫这一明朝官署,设立于明洪武十五年(1382),不仅负责宫内的入值宿卫,对皇帝进行贴身护卫,还因与皇帝的亲近关系,承担着秘密侦伺、刺探情报的职责。作为皇帝的"鹰犬爪牙",锦衣卫具有独立的侦查、缉捕和刑狱权力,逮捕人时无须经过刑部、大理寺或都察院审理,可直接将嫌犯逮进"锦衣狱"。此外,由于锦衣卫的前身之一为负责仪仗工作的銮仪司,因此,这里的部分侍卫还在皇帝出巡、举行朝会典礼时负责卤簿仪仗,擎执仪仗器物包括伞、盖、扇、戟、麾、氅、斑剑等,"锦衣"之名也反映出其服装、仪容的特殊呈现。

待遇优渥的岗位

顺治元年(1644),清王朝军队在摄政王多尔衮的指挥下,于山海关之战中击败李自成的大顺军。同年,顺治皇帝福临迁都北京,紫禁城成为清朝的皇宫。新的政权需要固若金汤的守卫力量,为此,清朝在紫禁城成立侍卫处,从皇帝亲自统率的"上三旗"(即正黄旗、镶黄旗、正白旗)中遴选出忠诚可靠、勇武过人的侍卫,作为皇帝的"保镖"守护紫禁城的安全。这些侍卫享受着优渥的待遇,不仅分得大量土地田产,拥有与京城同级文武百官相当的俸禄,还时常有额外的赏银。这属实是一份美差。

▲ 清·《玄烨出巡图》屏(局部)

▼ 明·《皇帝行乐图》卷(局部)

▲ 清·《平定伊犁回部战图》之"鄂垒扎拉图之战"（局部）

奉旨出征上沙场

侍卫的工作听起来比将士浴血沙场的工作轻松不少，但是在清朝前期，大内侍卫绝非徒有其表的"花架子"。如康熙年间的领侍卫内大臣佟国纲就奉旨随裕亲王福全出征，在乌兰布通成功截击准格尔部噶尔丹的数万人马；雍正、乾隆年间清朝平定新疆的过程中，侍卫莽古赉、明瑞、兆惠等人也立下赫赫战功。

纨绔子弟毁安防

然而清朝中后期，随着制度的僵化、经济的衰败，大内侍卫逐渐成为各旗纨绔子弟"镀金"的好去处。在这群不学无术、偷奸耍滑之辈的钻营之下，皇宫的安防水平直线下降。嘉庆年间，大内侍卫纪律涣散，整日乘凉聊天、聚众赌博，午门前时常无侍卫把守，时有市井闲人为图方便穿走朝门。甚至嘉庆八年（1803）曾在内务府做过5年厨子的陈德在神武门试图刺杀嘉庆皇帝颙琰时，此处侍卫竟呆若木鸡，无人救驾，要靠几名大臣上前制服陈德。道光时期开始，随着大内侍卫待遇的下降，皇宫安防力度更是日渐减弱，以致商贩都能混进宫中盗窃库房兵器外出贩卖，侍卫制度全面崩坏。

▲ 清·《颙琰吉服像》轴

清代皇子"上学"记

清代吸取前朝经验,十分重视皇子教育,从学制、师资到教材处处留意,逐渐建立起完备的上书房皇子教育制度。

皇子书房在哪里

康熙三十二年(1693),清代皇子集体课读的地方开始被称作"上书房",也写作"尚书房",其满语直译为"内廷阿哥读书之所"。上书房的位置起初并不固定,南熏殿、西长房、兆祥所、咸福宫等宫院都曾作为皇子的教室。清代中期,上书房被明确设置在乾清门内东侧庑房,坐南朝北,面向乾清宫。对此,嘉庆时期的礼亲王昭梿《啸亭续录》认为其位置的选择是因为"近在禁御,以便上稽查也"。道光年间,这里的统一写法为"上书房"。

▲ 乾清门内东侧"上书房"

五更摸黑进书房

清代赵翼曾在《檐曝杂记》中记录下他作为内阁中书被派作军机章京时,在紫禁城中的见闻。那是乾隆二十一年(1756)的寻常一天,五更之时,即早上3点至5点,天还没亮,部院百官都还没有抵达乾清门区域,来军机处上班的赵翼却看到黑暗中隐然有一点白纱灯的光亮进入了隆宗门,原来这是皇子进书房读书了。曾在会试屡次落第的赵翼对此留下深刻印象,感慨自己这样要靠读书改变命运的人尚且不能早起,而"含着金汤勺"出生的皇子却能做到天天如此勤奋。

▲ 清·《乾隆帝妃与嘉庆帝幼年像》轴

▲ 清·《道光帝行乐图》轴

此图描绘道光皇帝旻宁与子女休闲行乐的场景。旻宁坐在"澄心正性"亭中关注着玩耍的孩子们;在"芳润轩"中读书的是皇四子(即未来的咸丰皇帝),以及皇六子(即日后的恭亲王);放风筝的是幼年的皇七子、皇八子、皇九子;画面右侧的两位女性分别是旻宁的第四女与第六女

▲ 清·《颙琰庆祝长春图像》卷

此图效仿《乾隆皇帝岁朝行乐图》表现出父子亲睦的温馨氛围。但画面中只有三个人物，是嘉庆皇帝颙琰子嗣较少的真实写照。

师傅的汉文传授

最迟至乾隆时期，"皇子六岁入学"就被清代皇室定为家法，并推广至近支子孙。每名皇子都配有从翰林院挑选的师傅教授汉文经典。受到儒家尊师重道思想的影响，雍正元年之后，皇子入学需对师傅作揖，师傅站立受礼，此为拜师礼。平日授读时师傅也无须对皇子跪拜。在教材的选择方面，皇帝主要划定教育方向，颁旨要求皇子学习的书籍只占少数，具体教材交由师傅遴选。

"谙达"的满族教习

除了汉文师傅，皇子们还有教习满、蒙语言与骑射的"满洲谙达"。受到八旗制度下主仆尊卑观念的影响，满洲谙达需向皇子长跪请安，并自称奴才。清代皇帝十分重视满族语言及文化传统的延续，如康熙皇帝玄烨为了给太子胤礽提供最为纯正的满语与满洲礼法教学，特地选用了不识汉字的吏部尚书、满洲正白旗人达哈塔；嘉庆二十三年（1818），23岁的皇子绵恺在生日当天照例进宫向嘉庆皇帝颙琰请安，颙琰用满语询问了几句，绵恺竟答不上来，颙琰对此非常生气，下令对格图肯、福堂泰等满洲谙达施以罚俸一年的惩罚。

弘历的学习评语

雍正八年（1730），19岁的皇子弘历精选自己的诗文习作集结成《乐善堂文钞》十四卷。除了自己作序一篇以外，他还先后邀请弟弟弘昼，表兄弟兼同窗福彭，师傅鄂尔泰、张廷玉、蒋廷锡、福敏、顾成天、朱轼、蔡世远、邵基、胡煦，叔叔庄亲王允禄、果亲王允礼和允禧作序。由此，我们可以看到老师们对弘历学习情况的"评语"。其中，朱轼说"皇四子、五子年甫十三岁已熟读诗书，四子背诵不遗一字，已乃精研《诗经》《尚书》《易经》《春秋》《戴礼》宋儒性理诸书，然后旁及《通鉴》《纲目》《史记》《汉书》八家之文"；蔡世远评价"皇子仁孝、聪明、逊志时敏，自四子书五经，性理纲目，大学衍义诸书以及古文渊鉴，名臣奏议之有关于学术治道者，莫不讲贯习复蕴之"，足见其博闻强识。

满族先祖以畜牧、游猎为生，清代皇帝将骑射典制奉为"满洲根本""先正遗风"。皇帝们不仅大都精通骑射、尚武勇猛，也对皇子寄予同样的期待。嘉庆十八年（1813），天理教林清带领起义军攻入紫禁城，彼时年仅16岁的旻宁一马当先，举枪射向起义军，并组织起有效的抵抗，这也为他日后继承大统增加了重要的砝码。

▲ 清·《旻宁戎装像》轴

▲ 乾隆皇帝弘历撰《乐善堂全集》（武英殿刻本）

▲ 清·弘历临颜真卿《多宝塔碑》页

这是弘历少年时期学习书法时的习作。

清代皇室战天花

1980年,世界卫生组织宣布天花已被人类成功消灭。然而回到三百年前的清代,这种令人闻风丧胆的烈性传染病,曾在紫禁城内外无差别地夺去无数生命,因此清代皇室极其重视天花防治。

福临难抵天花扰

顺治皇帝福临是清代在紫禁城的第一位皇帝。北京地区冬春天气寒冷,是天花的高发季节,福临在位期间始终面临天花带来的挑战。其中,顺治二年(1645)冬至、顺治三年(1646)万寿节、顺治六年(1649)正月、顺治九年(1652)正月、顺治十三年(1656)正月北京城均遇天花疫情肆虐,为了避免人群聚集导致的大范围传染,福临专门免去了王公大臣的朝贺礼节。虽然如此谨小慎微,但是京城中仍有许多民众乃至王公贵族被天花夺去了性命。甚至关于福临本人的死因,"顺治十八年(1661)感染天花致死"就是流传甚广的一种说法。

▲ 清·《福临朝服像》轴(局部)

死里逃生的玄烨

天花疫情最为严重的那些年,顺治皇帝第三子玄烨曾被带出紫禁城"避痘",即通过物理隔离的方式切断病毒传播途径。对此,玄烨在晚年回忆:"未经出痘,令保母护视于紫禁城外,父母膝下未得一日承欢",不过,如此提防他还是不幸"中招",好在玄烨最终侥幸痊愈,此后便具有了相应的免疫力。据《汤若望传》记载,福临在去世前曾派人就皇位继承人的议题,询问来华传教士汤若望,他认为玄烨"为最合适的继承者",因为玄烨"在髫龄时已经出过天花,不会再受到这种病症的伤害"。

▲ 清·《玄烨全身像》轴(局部)

玄烨成功救爱子

虽然康熙皇帝玄烨在天花疫情中大难不死,但是二十多年后,这种可怕的传染病又将魔爪伸向了他的孩子。康熙十七年(1678),深受玄烨喜爱、时年5岁的太子胤礽感染天花,此时三藩之乱尚未平定,玄烨十二天暂不批阅奏章,亲自照顾胤礽,积极寻求治疗方法。事实上,防治天花的种痘技术早在明末就在南方出现,但未得到普及。所谓种痘是指种"人痘",即把痘疹患儿的痘浆或痘痂作为疫苗,植入被种痘人的鼻中,引导被种痘人出一次轻症而获得免疫力。玄烨得知此方法后,立即将擅长给儿童种痘、治痘的傅为格召进宫中,成功将胤礽治愈。对此,玄烨多次在诏谕中表示"朕心欣悦"。

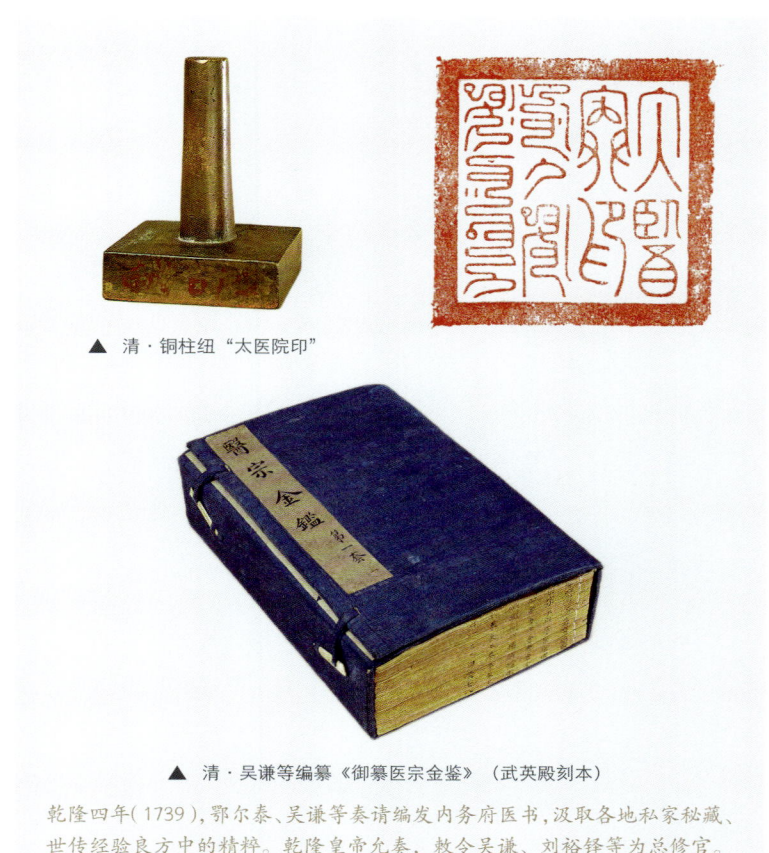

"疫苗"走出紫禁城

为了提高紫禁城内的天花防治水平,玄烨在太医院专门增设痘疹科,即治疗天花的专科,在紫禁城内为皇室成员种痘,玄烨晚年还对皇子们说:"至朕得种痘方,诸子女及尔等子女皆以种痘得无恙"。清代宫廷掌握了天花的防治技术后,开始将其普及至更远的地方。例如,乾隆十三年(1748)二月"刘芳远奉旨往察哈尔镶红、正白二旗种痘",乾隆十九年(1754)四月"王德润奉旨往察哈尔镶黄旗地方种痘",这些太医院的太医被远派蒙古,为各部族王公贵族及平民种痘,逐渐成为惯例。此外据俞正燮《癸巳存稿》记载,"康熙时俄罗斯遣人至中国学痘医",由此,清代的天花防治技术很可能传到了更远的欧洲,曾为人类战胜天花病毒作出重要贡献。

▲ 清·铜柱纽"太医院印"

▲ 清·吴谦等编纂《御纂医宗金鉴》(武英殿刻本)

乾隆四年(1739),鄂尔泰、吴谦等奏请编发内务府医书,汲取各地私家秘藏、世传经验良方中的精粹。乾隆皇帝允奏,敕令吴谦、刘裕铎等为总修官。此书共70册,收入医书15种,其中就包括《痘疹心法要诀》与《种痘心法要旨》。清代太医院将此巨著定为教科书,至今仍为中医学习的必读典籍。

▲ 清·《玄烨戎装像》轴

崇庆皇太后"过生日"

乾隆皇帝弘历"以孝治天下",其时留下的史料、文物处处记录着他与生母崇庆皇太后钮祜禄氏的母子情深。钮祜禄氏原是雍正皇帝胤禛的熹贵妃,弘历即位后,她于44岁成为皇太后,享受了42年养尊处优的生活。为了侍奉母亲,弘历专门在紫禁城中修造寿康宫,寓意长寿安康,不但问安视膳很勤,而且将"寿康宫问安仪"作为制度编入《国朝宫史》,且无论是去江南巡游、去热河避暑,还是观看冰嬉赛事、元宵节烟火表演、端午节龙舟竞渡,弘历都侍奉在母亲左右。崇庆皇太后的生辰庆典,即圣寿节,更成为热闹非凡的盛大节庆。

体贴照顾"三十里"

乾隆十六年(1751),为了给崇庆皇太后庆祝六十岁寿辰,弘历举办了盛大的庆寿活动,从西华门到西直门外的高梁桥,十余里路张灯结彩,沿途上演着各类节目。作为庆典的礼仪之一,圣寿节这天皇太后要沿着"三十里"御道,自颐和园出发,顺长河行船至西直门,再转陆路抵达紫禁城。由于崇庆皇太后的生辰为十一月二十五日,正是隆冬季节,因此皇太后在水路段实际是乘坐冰船,行进在结冰的河面上。冰上行船令人感觉尤为寒冷,弘历十分担心母亲受寒,特命人在原有的轿式冰船底部隔层装上炭火,既要保障安全,又要确保温度适宜,周到体贴地安排着母亲的全部行程。于是,在护卫队与官员的簇拥下,皇太后乘坐庞大威严的冰船缓缓前行,两岸官员夹道迎接、杂技队表演花式项目,处处显露着节日气氛与皇家威仪。

▲ 清·《崇庆皇太后万寿庆典》(局部)中皇太后乘坐冰船的场景

▲ 清·《崇庆皇太后万寿庆典》(局部)中和亲王与果亲王搭建的点景

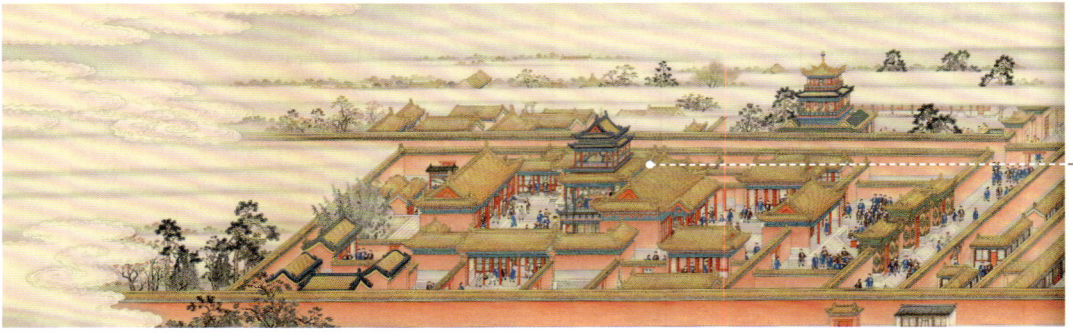

▲ 清·《崇庆皇太后万寿庆典》(局部)中的寿安宫大戏楼

▲ 清·《孝圣宪皇后朝服像》轴

图中的戏楼为乾隆十六年（1751）崇庆皇太后六旬寿典时搭建的临时戏台。十年后，为了庆祝崇庆皇太后七旬寿典，此处正式建成三层戏楼。崇庆皇太后去世后戏台闲置，于嘉庆初年被拆除。

彩衣娱亲献歌舞

崇庆皇太后七十寿诞之时，弘历已年过五旬。他模仿古代"老莱子娱亲"的故事，在慈宁宫侍皇太后宴时，身穿彩衣，为母亲躬身起舞。随后，他亲自捧起酒觞，为母亲敬酒祝寿，还亲自捧献大寿桃敬奉于母亲座前。随后，亲王、皇子、皇孙、曾孙、额驸等依次献舞、进酒祝寿，用家人暖暖的祝福为皇太后庆贺生辰。

▲ 清·《胪欢荟景图》册之"慈宁燕喜"

心意满满的礼物

崇庆皇太后"过生日"不仅有典礼与宴席，还会收到儿子弘历准备的心意满满的礼物。据《清史稿》记载："先期，日进寿礼九九。先以上亲制诗文、书画，次则如意、佛像、冠服、簪饰、金玉、犀香、玛瑙、水晶、玻璃、珐琅、彝鼎、瓷器、书画、绮绣、币帛、花果、诸外国珍品，靡不具备。"其中，弘历曾向母亲进献九九填漆盒，就连里面的进果都用心地一一取了名字，分别是瀛海骊珠（龙眼）、上苑琼瑶（栗）、昆圃长春（长寿果）、玉池莲颗（建莲）、仙露明珠（葡萄）、绛囊仙品（荔枝）、宝树银丸（白果）、安期珍品（白枣）、蓬仙翠粒（松子），拳拳孝心，殷殷真情，感人至深。

▲ 清·《崇庆皇太后八旬万寿图》贴落

出入清宫的"上班族"

紫禁城不仅承载着皇帝的家庭生活,更是皇帝与高级官员议政的办公场所,是国家的政治中心。比起居住在紫禁城里的皇帝及其家眷、太监宫女等侍从,那些频繁出入清宫、在路途中奔波的紫禁城办公人员与高级官员们显然更加辛苦。

军机章京"上班"忙

"上班"这个词其实正是源自紫禁城。在清朝,六部各衙司官入署办公来去自由,都叫"上衙门",唯独军机处的军机章京入值被称为"上班",这是因为军机处有严格的排班制度,进有定时、退有定规,不能随意更改。和今天的"上班族"类似,军机章京上班也需要在早八点前到岗,但需在下午三点左右退值,不能超过下午四点,这是因为待到宫中"传晚膳"时宫门就要下钥了。不过,由于军机处要求当日事当日毕,且因保密管理不许将公事带回家,所以白天没干完的事情,就需要留给值夜班的军机章京连夜办理了。

▲ 军机处内景

▲ 奏折和奏匣

▲ 军机处外景

军机处位于乾清门广场西北角,主要职能包括撰拟谕旨和处理奏折;议大政,议后提出处理意见,奏报皇帝裁夺;谳大狱,参与重大案件审拟;参与对重要官员的任免和考核;随侍皇帝出巡,奉旨出京查办事件等。军机处当天必须处理完毕送达的奏章,以保证政务运转的极高效率。

军机大臣无定员,最多时可有六七人,由亲王、大学士、尚书、侍郎或京堂充任,通称大军机。军机大臣的僚属为军机章京,通称小军机,负责协助军机大臣处理文书档案、票拟一般章奏。军机大臣和军机章京都直接受皇帝领导。

"上班通勤"劳苦多

清朝前期御门听政在清晨六七点进行,雍正皇帝开创的轮班奏事时间则更早。皇帝一般在凌晨四点左右与军机大臣议事,之后召见其他重要大臣。这意味着大臣们在深夜就要启程赶赴紫禁城,如果有人住得远,往往两三点就要从家里出发。过早的"上班时间"使得有些官员出现迟到的问题,乾隆皇帝与道光皇帝选择对其施以降职或罚俸的处罚,以儆效尤。此外,冬季到得太早的话,提前到达紫禁城的大臣们要在东华门外苦苦等候,待到凌晨4点左右大门开放,大臣们方可依次入内,经文华门、箭亭到达景运门。这一路上少有光照,大臣们只能摸黑前行,所以如果遇到被特许点灯的大臣进宫,其他人就会凑在他的身后"蹭灯"同往。

▲ 重华宫外景

▲ 清乾隆·青玉题乾隆御制三清茶诗盖碗

▲ 清乾隆·剔红题乾隆御制三清茶诗盖碗

▲ 重华宫崇敬殿正殿乐善堂(新正茶宴就在这里举办)

▲ 清乾隆·青花题乾隆御制三清茶诗盖碗

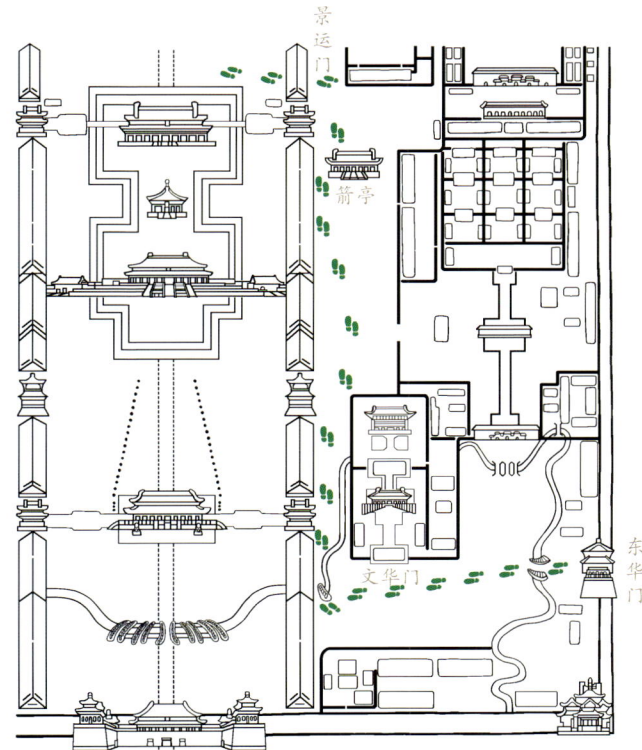
▲ 大臣"上班"路线图

重华宫里办"团建"

紫禁城里的"上班族"不仅有辛劳的一面,也有羡煞旁人的荣耀,比如乾隆皇帝弘历在正月举办的"新正茶宴"——重华宫诗茶雅宴就是许多大臣终生难忘的独特经历。自乾隆八年(1743)起,弘历会在每年正月初二至初十择一吉日,召集亲王、大学士、内廷翰林在重华宫举行宴会。席间没有酒肉只有茶果,大臣们即兴作诗,以此为风雅,被称为"重华文宴集群仙"。乾隆三十一年(1766)后,参宴群臣以28人为定制,弘历更是得意地将其比为"周天二十八星宿"。茶宴后,大臣们将皇帝赏赐的荷包悬在胸前、三清茶碗捧在手中走出紫禁城,以参加了这场小范围的、风雅的皇家"团建"而倍感荣耀。

弘历的"江南旅游"纪念品

乾隆皇帝弘历六次南巡,深深寄情于江南地区旖旎秀丽的自然风光、精致优雅的文化氛围。回銮京城后,哪些"旅游纪念品"被弘历带了回来,寄托他尤为珍视的江南回忆?

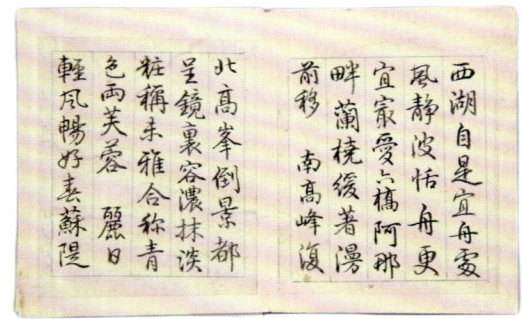

▲ 弘历行书《泛舟西湖即景八首》册

▲ 清乾隆·御制西湖十景诗色墨

把江南厨师带回家

弘历喜爱江南饮食。对于在扬州吃到的被称为"金镶白玉板,红嘴绿鹦哥"的油煎豆腐菠菜,他赞誉道"费省而可口,无逾此者"。乾隆三十年(1765),弘历在第四次南巡途中,也对当地官员安排的苏州菜赞不绝口。得知这些特色菜主要出自一位名叫张东官的大厨之手后,他决定把这位厨师带回京城。此后,弘历在家也可以随时吃到苏式菜肴与点心,对其中的"炒祭神肉""樱桃肉"更是百吃不厌。在弘历的带动下,紫禁城中兴起了苏式饮食风尚,连后妃的蜜饯、糖果等零食,也都开始带有苏州特色。鲜甜可口的苏式食品逐渐在清代宫廷饮食中反客为主,甚至成为宫廷饮食的主角之一。

乾隆十六年(1751)弘历首次南巡时,苏扬一带昆弋伶人的雅致格调与高妙技艺给他留下深刻印象,他命织造府选伶人随驾,而后带回北京,在景山内西北角专门调拨连房百余间给苏扬伶人居住,时称"苏州巷"。

◀ 清乾隆·平金绣戏衣
此为苏州绣制的宫中戏衣精品,主要针法为平金、钉针。

◀ 清乾隆·仿宋锦戏衣
此为乾隆朝苏州织造仿宋锦纹戏衣杰作。

▲ 清·《弘历薰风琴韵图》(局部)

把江南园林带回家

江南园林甲天下，颇具文人情怀的弘历来此不禁为之深深着迷。回宫后他便下令，在为自己"退休"养老所规划设计的宁寿宫区，仿照江南园林的风格修造一座花园，即后世所称的"乾隆花园"，这也是弘历的最后一个造园作品。乾隆花园集南北造园风格于一身，既有层次清晰的庄重秩序，又有曲径通幽的文人雅趣，张弛有序，繁而不乱。花园内的山石既有坚硬雄浑的京郊房山北太湖石，又有玲珑清秀的苏州南太湖石，营造出多样的山林意境。当时竹子与梅花在寒冷的北方本难得一见，却是江南园林的代表性花木。为此，弘历在花园里的延趣楼、竹香馆等处种植竹子，冬天为其专门搭建暖棚；梅花则以盆栽的形式栽种，冬季被置于室内养护。

▲ 碧螺亭

碧螺亭位于乾隆花园，不仅平面呈五瓣梅花形，宝顶饰以蓝底白色冰梅纹，且栏板、天花、彩画等构件与装饰上也多采用梅花纹，因此又被称为"碧螺梅花亭"。

▲ 故宫乾隆花园鸟瞰示意图

把江南装修带回家

弘历不仅将江南园林带回了紫禁城，还在室内外的装修中留下江南文化的印记。早在明永乐年间营建北京宫殿时，苏式彩画就随江南工匠被传入北方，而喜爱江南文化的弘历更是在新营建的花园、内廷中的建筑上多处饰以苏式彩画。这一时期的彩画色彩更加艳丽、装饰更加华贵，形成了一种特殊的门类——"官式苏画"。为了将"江南怀想"具象化，弘历还将倦勤斋内装修成竹子的"海洋"。这里有用贴雕竹黄工艺制作的百鹿图木壁板，有竹丝镶嵌工艺拼贴的家具装饰，还有用金丝楠木通过髹漆工艺制作的"假竹子"栏板，以此避免竹子在北方干燥气候下容易开裂的问题。

▲ 官式苏画图样（乾隆花园旭辉庭外檐）

▲ 倦勤斋内金丝楠木"伪造"的竹子

▲ 倦勤斋内用贴雕竹黄等工艺制作的百鹿裙墙（局部）

▲ 乾隆花园倦勤斋

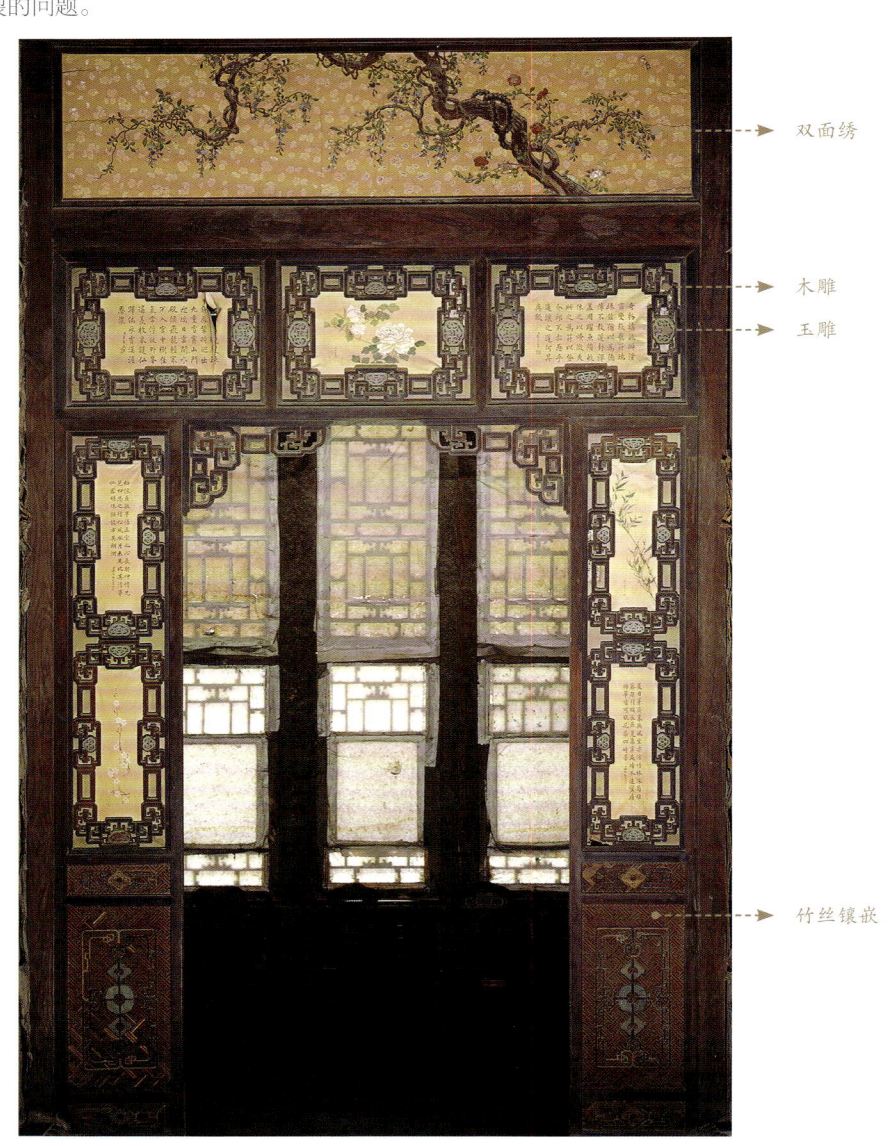
▲ 符望阁室内罩隔

符望阁位于乾隆花园的第四进院落，因其内檐装修极其复杂而被称为"迷楼"。符望阁的室内罩隔采用江南风格，包含竹丝镶嵌、螺钿镶嵌、玉雕、木雕、剔红、双面绣、錾铜、珐琅等工艺，体现出江南工匠高超的设计与工艺水平。

昂贵的"江南旅游"

弘历六次南巡,不仅巡检了国家大政,加强对文教兴盛、政治敏感之地的控制,还从江南带回这些属意的"旅游纪念品",促进了南北文化的交融。对此他在古稀之年夸耀,"予临御五十年,凡举两大事,一曰西师,一曰南巡"。然而另一方面,不同于康熙皇帝玄烨六次南巡均以治理水患为主、行程紧凑,弘历的六次南巡则耗时持久、巡仪隆重、花销巨大,给经济社会带来巨大的压力。如乾隆十四年(1749)弘历宣布两年后南巡,地方官员便为此在北京到杭州沿途修建了近30个行宫,赶造大小船只1000多艘。弘历之后,内忧外患之下,社会再无力支持皇帝南巡,清王朝由盛转衰,一步步走向封建时代的终结。

▼ 清·徐扬《乾隆皇帝南巡图》之"返回京师"(局部)

清宫正月唱大戏

紫禁城里没有电视、计算机和手机,皇室成员在岁朝时节如何娱乐休闲、打发时间?乾隆嘉庆年间,紫禁城里有月令承应戏制度,每逢节日"唱大戏",道光以后更是每月初一、十五必演戏。其中除夕承应、元旦(即春节)承应,便构成了清代宫廷里春节重要的消遣活动。

岁岁年年观戏大不同

清宫春节戏单上,流行唱腔在不断变化。道光以前内廷演戏以昆曲为主;同治、光绪年间皮黄(即京剧)日臻完善,逐渐成为内廷戏曲的主流,昆曲与梆子(秦腔)次之。台上唱戏,台下谁是座上客?乾隆五十九年(1794),正月里被允许赴重华宫听戏的还主要是各少数民族首领,朝鲜、荷兰等外国的使臣不能出席;待到嘉庆三年(1798),朝鲜、暹罗(现泰国)等国使臣则受邀前往重华宫听戏,此后在咸丰、同治年间,也曾有朝鲜、琉球使臣受邀赴内廷听戏。

▲ 清·彩云金龙纹戏衣及其衬里墨书"景山内学"

清宫戏衣衬里上有各种墨印与墨书,内容包括演戏机构、戏班名称、承应地点等。其中演戏机构包括南府、景山内学与外学,其下又各分设头学、二学、三学不等。

颙琰痴迷听戏一整月?

嘉庆元年正月初一(1796年2月9日),紫禁城内举办了空前绝后的禅位大典。已经85岁高龄、执政60年的乾隆皇帝弘历登临太和殿,将皇位正式传给儿子颙琰。不过,这名新即位的皇帝似乎显得有些不务正业。根据敬事房的记载,这年正月里颙琰有18天都在听戏,听戏地点包括其寝宫毓庆宫的后殿继德堂,圆明园同乐园、长春仙馆藤影花丛等。嗣皇帝竟如此玩物丧志?其实主要还是因为归政后的弘历让位不让权,虽然宣布"退休",却仍住在养心殿训政,将批阅奏折、任免官员等重要权力保留在自己手中,颙琰也就得了这许多听戏的空闲。

▲ 清·《戏剧图》轴 此图描绘的是皮黄戏《取荥阳》(又名《楚汉争》《火烧纪信》《纪信替主》)的演出场面。

▲ 清乾隆·牙雕榴开百戏

▲ 漱芳斋室内"风雅存"戏台　　▲ 漱芳斋室外双层戏台

紫禁城内的戏台依规模可大致分为三类，一是室内小戏台，如漱芳斋"风雅存"戏台、倦勤斋戏台、景祺阁戏台等；二是半室内戏台或室外戏台，如长春宫戏台；三是多层室外大戏台，如漱芳斋室外双层戏台、畅音阁等

道光年间的除夕戏单

2019年，故宫博物院的古建修缮人员在清理养心殿西配殿南侧夹道山墙的透风时，意外从陈年积土中发现两份戏单。经学者考证，它们应是道光五年除夕（1826年2月6日）当天的承应戏"节目单"。两份戏单记录了19个戏曲曲目和演职员名单，表演以《升平除岁》开场，于《如愿迎新》落幕，大多应为昆曲杂戏。两份戏单穿越近两百年时光，是何人、因何故遗放在此已不得而知，只留给今人无限的遐想……

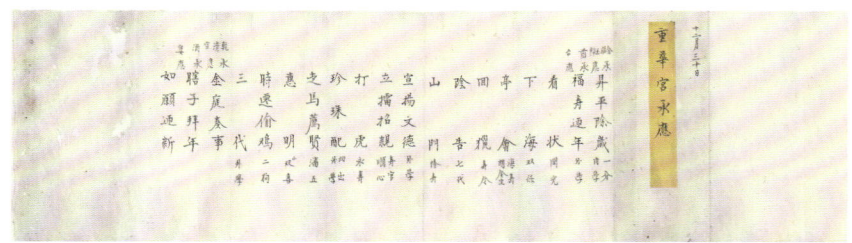

▲ 清道光·除夕戏目折（2019年发现）

▲ 畅音阁

畅音阁位于乾隆皇帝弘历为归政养老而建的宁寿宫区，始建于乾隆三十七年（1772），乾隆四十一年（1776）建成，是紫禁城中最大的戏台。清代皇室曾修建过五座三层大戏楼，分别是圆明园同乐园清音阁、避暑山庄福寿园清音阁、紫禁城寿安宫大戏楼、紫禁城宁寿宫畅音阁、颐和园德和园大戏楼，现仅存畅音阁与德和园大戏楼两座，颙琰正月听戏所在的同乐园清音阁毁于英法联军

▲ 清·二龙戏珠纹男靠　　▲ 清·凤戏牡丹纹女靠

"靠"又名"甲衣"，分十色，根据剧中人物的年龄、性格按固定颜色穿用。其背部有一虎头形硬皮壳"背虎壳"，内插四面三角形靠旗，不插靠旗的称"软靠"。男靠是传统戏曲表演中男性武将戎装。

女靠是传统戏曲表演中女性武将戎装。女靠比男靠更加色彩艳丽、装饰丰富，下缀二或三层彩色绣花飘带，领外可加垂穗云肩，胸前可加护心镜或挂彩球。

清宫太监的真实处境

影视剧里的清宫太监给人一种忙碌而自得的印象，有的甚至倚仗着皇帝的信赖，在大臣面前也能耀武扬威。真实的清宫太监是怎样一番处境？他们是否对紫禁城里的生活甘之如饴？是否能做到对"主子"忠心耿耿？

▲ 清末太监

清初，福临在宦官吴良辅等的建议下，设置宦官"十三衙门"，其主管也是宦官。为了避免重蹈明朝覆辙，玄烨废除"十三衙门"，由内务府总理宫禁事务，并于康熙十六年（1677）在内务府下设专门管理太监的机构"敬事房"，后称"宫廷监办事处"。乾隆年间，弘历将太监官职限定在四品及以下，避免太监干预朝政，并在《国朝宫史》中对各个岗位太监的名额、职级和职务都制定了明确的规则。清末慈禧皇太后时期相关制度被打破，如出现正二品总管太监李莲英等。

▲ 清·泥塑太监像

福临严禁太监干政

明朝宦官专权、干预朝政的案例比比皆是，如王振、汪直、曹吉祥、刘瑾、魏忠贤等，在某种程度上加速了明朝的腐败与灭亡。清朝建立之初，顺治皇帝福临就吸取明朝教训，于顺治十二年（1655）颁布敕谕，"但有犯法干政，窃权纳贿，嘱托内外衙门，交结满、汉官员，越分擅奏外事，上言官吏贤否者，即行凌迟处死，定不姑贷"，严禁太监干政。他命人将此谕令制成13块铁牌立在宦官的"十三衙门"内，又制成木牌若干，在宫中各处悬挂。禁止太监干政成为清朝皇家的祖制家法，历代恪守。

太监出逃难得善终

在清宫服役并非什么美差，大多数太监生活在充满层级霸凌的高压环境中，一些太监做了错事又怕遭受惩罚，就选择逃离紫禁城。但是他们出逃成功的概率并不高，因为清宫会对逃亡太监进行追捕——除了由内务府行文、刑部等衙门缉拿，自雍正时期开始，宫中还设立了番役处，专门负责捉拿宫中逃犯。有的太监已然逃出了京城，仍被缉拿回宫；有的太监顺利逃回家乡，家人却畏于私容出逃太监犯包庇之罪，而不肯收留他们。

▲ 清道光·粉彩人物图鸟食罐

清朝继承中国传统鸽文化，皇室也爱鸽、养鸽。据《国朝宫史》记载，清朝皇宫的鸽子房便由苍震门侍监首领管辖，由三名太监专门喂养鸽子。

▲ 清末太监摔跤合影

▲ 清末两名抱着幼犬的太监

王爷太监私自勾结

道光年间，惇亲王绵恺性情任性乖张。他不顾清朝严禁内廷太监与王公大臣相互勾结的原则，于道光六年（1826）前后将升平署的太监苑长青私自引入府内。很快，道光皇帝旻宁得知了此事，旋即将涉事太监缉拿归案，并发配为罪奴。而对于胆大妄为的弟弟绵恺，旻宁终究没能狠下心按照宗人府的奏议革其王爵，仅革去他的一切差使并降为郡王，小惩大戒，苦口婆心地希望他改过自新。

▲ 清末长春宫小太监王瑞龄

▲ 清光绪·太监蟒戏衣

"南府"是清朝早期专门负责宫廷戏曲演出的机构的俗称，下设内学、外学、十番学、中和乐、钱粮处等，其中内学演员由内廷太监充任，外学演员由民间戏班组成。道光七年（1827），全部外学被裁撤，"南府"更名为"升平署"。

太监管理日趋崩盘

清朝末年，国力日益衰微，宫中对于太监的管理也越发松散，出逃的太监人数激增。据相关学者统计，乾隆时期每年缉拿回宫的出逃太监数量只有个位数，但咸丰元年（1851）内务府便拿获逃亡太监71人。及至同光两朝，太监逃亡数量更是达到高峰，如光绪二十二年至二十三年（1896—1897），仅一年时间内就有134名太监出逃，次年也有119名太监逃跑。到了宣统时期，一年内批发的追捕太监命令就有上百条之多，且大多出逃太监根本没有办法缉捕回宫，皇帝已完全无力解决太监出逃的问题。

清末慈禧皇太后身边虽曾出现安德海、李莲英、崔玉贵这些因受宠而间接涉足政治的总管太监，但是并未形成如明朝般的系统性专权。其中，六品蓝翎太监安德海仗着慈禧皇太后的宠信，借口前往江南置办同治皇帝大婚物品，出宫游玩并借机敛财。由于他是在未知会任何官方衙门的情况下离开宫禁，因此被山东巡抚丁宝桢以《钦定宫中现行则例》"太监级不过四品，非奉差遣，不许擅自出皇城，违者杀无赦"的原则就地斩杀。

▲ 太监李莲英（右前）、崔玉贵（左前）与慈禧皇太后等人合影

紫禁城最后一场皇帝大婚

清朝皇帝的婚礼被称为"大婚"。由于多数皇帝在皇子时就已成婚,而末代皇帝溥仪是在辛亥革命后以废帝身份结婚的,因此,清朝在紫禁城里举办过大婚仪式的就只有顺治皇帝、康熙皇帝、同治皇帝、光绪皇帝4个幼年即位的皇帝。其中,光绪皇帝载湉的大婚庆典,即清朝最后一场帝王婚礼,隆重而盛大,却也处处散发着末世的气息。

成家方能立业?

同治十三年(1875)同治皇帝载淳病逝而无子,慈禧皇太后选择立4岁的亲外甥载湉为嗣皇帝,将年号定为光绪。幼小的皇帝无法处理政务,起初由慈安、慈禧两宫皇太后垂帘听政,慈安去世后,国家大政均由慈禧一人把持。按照清朝祖制惯例,皇帝大婚即意味着亲政,随着载湉一天天长大,大婚与亲政成为无法回避的议题。光绪十三年(1887),虽然慈禧为载湉安排了亲政大典,但又以皇帝不熟悉政务为由"再行训政数年"。光绪十四年(1888),载湉早已超过当时男子16岁的适婚年龄,大婚不能再拖延,而慈禧的条件是营建"三海工程""万寿山工程",为自己提供良好的退休养老环境。为了替儿子"赎回"执政权,载湉的生父醇亲王奕谭假借海军建设名义,为颐和园工程筹款,其中获得七省"报效"的"海军备用之款"260万两。次年,载湉举办了大婚典礼,名义上慈禧归政于皇帝,然而实际上,国政实权依然掌握在慈禧手里。

婚礼前的意外

在距离大婚只有一个多月时,意外发生了。光绪十四年十二月十五日(1889年1月16日)夜里,太和门西侧的贞度门失火,火势很快蔓延到太和门及其东侧的昭德门。由于大婚时皇后乘坐的凤舆必须经中轴线上的大清门、天安门、端门、午门、太和门5个门进宫,如今其中一门焚毁,不合乎礼仪要求。为了保证大婚如期举行,慈禧命人找来北京棚匠扎彩工,在原来的太和门等处用竹竿加彩纸、绸缎,搭出一座以假乱真的彩棚"太和门",据说常年出入皇宫的人也难以分辨真假,大婚典礼就这样"糊弄"了过去。

▲ 清·《载湉便服写字像》轴(局部)

▲ 清·《载湉朝服像》轴

▲ 清·庆宽《载湉大婚典礼全图》之《皇后妆奁图》(部分)

光绪十五年(1889)正月二十四日、二十五日,皇后200抬妆奁进入紫禁城。皇后的"嫁妆"十分丰富,既有如意、女工材料等具有象征意义的物件,也有家具、摆件及珍宝。

▲ 清·庆宽《载湉大婚典礼全图》之《册立奉迎图》(部分)

载湉成婚当天,即光绪十五年(1889)正月二十六日,十六人抬的凤舆从"太和门"出发,前往皇后住所行册立礼。而后,皇后将乘坐凤舆于子时出发,由住所被接入紫禁城。

耗资惊人的婚礼

在大婚前的选秀中，载湉在慈禧的授意下，不甚情愿地将慈禧的侄女叶赫那拉氏选为皇后，大婚礼仪由此开始。清帝大婚分为婚前礼、婚成礼、婚后礼三大部分，婚前礼包括纳采与大征，婚成礼包括册立、奉迎、合卺、祭神，婚后礼包括庙见、朝见、庆贺、颁诏、筵宴等诸多典仪环节。烦琐的婚仪与奢华的用品，包含了汉、满、蒙、藏等多民族的文化传统，体现出民族融合、多元一体的特征。载湉大婚耗资相当惊人，据统计，相关费用共计折银达 550 万两，约占当年清政府财政总收入的四分之一。

▲ 清·庆宽《载湉大婚典礼全图》之《大征礼图》（部分）

▲ 慈禧皇太后（左四）与侄女叶赫那拉氏（左一）等人合影

英国女王"随份子"

为了祝贺载湉大婚，英国维多利亚女王派使者不远万里送来贺礼。这是一座贵重的自鸣钟，上面还特意用汉字镌刻了对联"日月同明，报十二时吉祥如意；天地合德，庆亿万年富贵寿康"。英国女王的贺礼虽有心意，却犯了中国文化的忌讳——"送钟"音同"送终"，颇为不吉，此外"日月同明"也绝非载湉期待的佳境。光绪三十四年（1908）载湉去世，当年这场风光大婚的主角——皇后叶赫那拉氏，在宣统皇帝溥仪即位后被奉为隆裕皇太后。辛亥革命爆发后，1912 年 2 月 12 日，隆裕皇太后在养心殿宣布清帝辞位诏书，正式宣告统治中国 268 年之久的清朝的灭亡。

▲ 隆裕皇太后像

▲ 隆裕皇太后与众太监

消失的建福宫

1912年2月12日溥仪退位后，民国政府给予清室优待条件，允许溥仪暂居紫禁城内廷，日后移居颐和园，侍卫人等可照常留用；外朝则归民国政府所有。然而，清宫几代累积的珍宝古物，却在溥仪"小朝廷"的变卖腾挪、宫人的监守自盗下，大批流出宫禁。一场突如其来的大火，更是使得建福宫花园的主体建筑及几千件珍稀文物"灰飞烟灭"。

▲ 青年溥仪半身像

▲ 溥仪在养心殿西配殿前玩怀表

▲ 剃发着西装的溥仪与妻子婉容

珍宝古物流出宫禁

在暂居紫禁城的日子里，溥仪"小朝廷"通过赏赐、发售、抵押等途径，使大量珍宝古物流出宫禁。对此，溥仪在回忆录《我的前半生》中写道："我们第一步是筹备经费，方法是把宫里最值钱的字画和古籍，以我赏赐溥杰为名，运出宫外，存到天津英租界的房子里去……这样的盗运活动，几乎一天不断地干了半年多的时间……运出的总数大约总有一千多件手卷字画，两百多种挂轴和册页，二百种上下的宋版书。"与此同时，在溥仪日益废弛的管理下，太监等宫人也开始监守自盗，以各种手段盗窃珍宝。

▲ 溥仪（左）、溥杰（中，溥仪胞弟）与润麒（婉容之弟）

▲ 溥仪（右）与溥杰在御花园

库房清点"打草惊蛇"？

此时，一座收藏着清朝皇室数代珍宝的花园——建福宫花园，被溥仪注意到了。建福宫花园位于紫禁城西北部，于清乾隆七年（1742）建成，曾备受乾隆皇帝青睐。"乾隆去世之后，嘉庆把他的所有珍宝玩物全都封存起来，装满了建福宫一带许多殿堂库房"，溥仪写道，"库门封条很厚，至少有一百年没有开过了。我看见满屋都是堆到天花板的大箱子……原来全是非常精巧珍贵的古玩玉器之类的东西。"为了搞清楚内府的收藏细目，溥仪派人去清点库房。谁知清点刚开始，1923年6月26日夜里，建福宫花园就突然起火了。关于火灾的起因，溥仪相信是有宫人担心在建福宫花园行窃的事情败露，而用纵火的方式销毁证据，"清点和未清点的全烧个精光"。英国人潘鼐则在《建福宫》一书中提出，1889年建福宫花园西侧安装了发电机，这场火灾也可能是电气安全问题导致的。

▲ 大火前的建福宫花园延春阁

▲ 火烧后的延春阁残墙

灭火过程混乱无序

如果彼时的溥仪"小朝廷"具备完善的消防体系，或许建福宫花园的火情还能得到控制。然而，不仅现场的太监毫无救火能力，而且如何调配紫禁城外的消防力量入宫也很成问题。根据清朝宗法规定，没有皇帝诏令则外人一律不得进宫，虽然此时皇帝已然退位，但在紫禁城内廷一切照旧。当"内务府大臣"绍英终于找到溥仪时，建福宫花园的大火已经延烧了一个多小时，并且溥仪同意开放给外部消防人员的东门，使得救火线路十分迂回。再加上宫中没有自来水，水井又少，最终，建福宫花园内几百间建筑，以及乾隆、嘉庆时期存藏在敬胜斋、静怡轩、延春阁等处的历代珍宝和溥仪婚礼礼品均被焚毁殆尽。

建福宫花园的重建

建福宫花园，这座集庄严大气与玲珑秀美于一体的宫殿园林，自此从世界上消失，取而代之的是灾后的灰烬、残存的石台基和紫禁城的苦难伤疤。随着新中国的成立、中国经济社会的高速发展，文化遗产保护工作日益得到社会各界的重视，是否要对建福宫花园进行复建成为一个值得讨论的话题。1999年国务院批准复建项目，故宫博物院与香港中国文物保护基金会关于建福宫花园捐资复建工程的协议正式签署，以香港中国文物保护基金会为捐款单位、故宫博物院为施工方、国家文物局为监管方，开展建福宫花园原址复建工程。复建工作按照"保持现状，恢复原状"的修复原则，坚持采用原形制、原结构、原工艺、原材料。2006年5月17日，消失的建福宫花园回到故宫，"建福宫花园复建工程"还在当年的美国《商业周刊》和《建筑实录》联合举行的建筑"中国奖"中获得最佳历史保护项目奖。

▲ 1923年6月建福宫花园火后残迹

溥仪在回忆录中写道："内务府后来发表的一部分糊涂账里，说烧毁了金佛二千六百六十五尊，字画一千一百五十七件，古玩四百三十五件，古书几万册。这是根据什么账写的，只有天晓得。""那堆灰烬里……烧熔的金、银、铜、锡还不少……据说当时只是熔化的金块金片就捡出了一万七千多两。"

▲ 修复后的建福宫花园延春阁

▲ 修复后的建福宫花园吉云楼

清室善后文物大盘点

1924年，溥仪被逐出紫禁城，故宫内廷的建筑及存藏其间的文物全部交由民国政府接管，文物盘点工作亟须展开。但是要将百万件文物一一清点编号、登记造册谈何容易？这项持续百年的浩大工程，耗费了四五代故宫人的心血，其中首次文物点查更因规章制度的草创未就、政治环境的波诡云谲而更显艰险重重。

1917年，安徽督军张勋以调停"府院之争"为名，率领五千"辫子兵"进入北京，拥戴溥仪复辟。这一逆行倒施的行为遭到全国民众激烈反对，孙中山在上海发表《讨逆宣言》。"辫子军"在段祺瑞组织的讨逆军的攻击下一触即溃，张勋逃入荷兰使馆，溥仪再次宣告退位，复辟的闹剧仅仅上演了12天，史称"丁巳复辟"。当时因北洋政府军阀争斗纷乱，溥仪等人未及时受到应有的惩处。

▲ 冯玉祥曾在讨伐丁巳复辟时获得战功

▲ 溥仪复辟朝服像

复辟时的溥仪着朝服坐在乾清宫宝座上。

驱逐溥仪出宫去

1924年10月，直系军阀将领冯玉祥发动北京政变。11月，以黄郛为总理的新内阁成立，摄政内阁会议通过《修正清室优待条件》，要求清室即日撤离紫禁城。1924年11月5日上午9点，警卫司令部将驻扎在神武门外护城河营房的警察近500人缴械改编。10点，警卫司令鹿钟麟等人进入紫禁城，与溥仪方面接洽。经反复协商溥仪仍不肯即日迁出，最后不得不采取果断措施，强行责令溥仪出宫。下午3点，5辆汽车护送溥仪及其家属从神武门离开皇宫，迁居后海甘水桥其生父载沣的醇亲王府。

▲ 鹿钟麟

▲ 储秀宫南窗炕几上留下的饼干匣

▲ 清·榧檀木质"皇帝之宝"玺

溥仪出宫时因仓皇动身未携带衣物，命宝熙到养心殿取。为防止溥仪盗运文物，军警等人守在神武门检查，果然发现衣物中包有一手卷，正是大名鼎鼎的《快雪时晴帖》，遂扣留。1925年故宫博物院成立后，《快雪时晴帖》曾是重要的陈列品，它在文物南迁中被第一批装箱运出，辗转运至贵州安顺，于日本投降后运到南京。现藏于台北故宫博物院。

溥仪出宫当天，清室交出两方"国玺"，即象征封建皇权的"皇帝之宝"和象征宣统帝位的"宣统之宝"，由鹿钟麟送往国务院封藏，1924年11月23日移交清室善后委员会。清乾隆皇帝曾指定"二十五宝玺"，代表皇帝行使国家最高权力各方面。其中，榧檀木质"皇帝之宝"玺使用最频繁、所用范围最广。"二十五宝玺"现均藏于故宫博物院。

实施点查阻力大

溥仪出宫后，摄政内阁立即着手组建清室善后委员会，聘请北京大学教授李煜瀛为委员长，成员包括政府方 9 人和清室方 5 人。面对百废待兴的故宫，1924 年 12 月 20 日委员会抓紧召开第一次会议，议决于 23 日开始点查文物。然而清室方无人到会，同时勾通军阀政府，力图促成溥仪复宫。次日，段祺瑞临时政府秘书厅要求停止点查清宫物件。顶着重重阻碍，委员会坚持于 23 日出组点查乾清宫，然而由于军警不齐，不符合点查章程要求，只得暂停。24 日，委员会再次出组，以乾清宫、坤宁宫为起点开始点查。这次万事俱备，终于艰难地迈出了点查工作的第一步。

▲ 李煜瀛

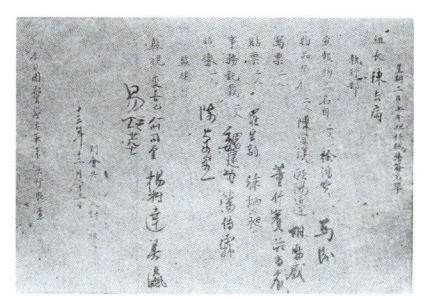

▲ 清室善后委员会第一次点查清宫物品出组单

点查工作结硕果

首次故宫文物大盘点持续约 5 年，共计清点出 94 万余个编号、涉及 117 万余件／套文物。自 1925 年开始，文物点查的成果开始陆续被编入《故宫物品点查报告》，于 1930 年正式出版。该报告内容不仅包含每件文物的基础数据，还涉及文物相关的历史信息，账目清晰，内容严谨，为百年间的后四次文物大清点奠定了扎实的基础。

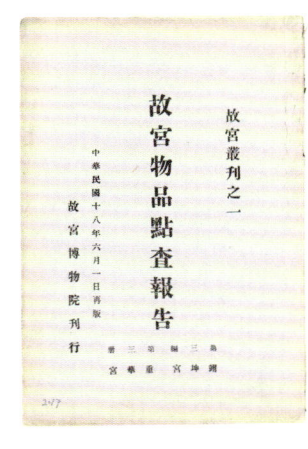

▲ 《故宫物品点查报告》

点查规矩知多少

点查工作虽急迫，却具备严格的纪律，并建立起清晰的规章制度。如每日两次点查分别在上午 9 点至 12 点、下午 1 点至 4 点；点查中只要出室，无论是否完成工作，都要加以锁封、门封，组员与军警签字或者标记特殊符号。《清室善后委员会点查清宫物件规则》还规定，点查前，每组分为点查员与监察员，人员分配由抽签决定；每组人员职责确定后，须在办公处签名并佩戴徽章方可执行任务。点查过程中，点查员不能单独游憩，不能先进或后退，不能离开工作地点；物品不可以离开原来的摆设位置，不得已需临时挪动也定要复原，无论如何不可将文物移出该室门外；清点每一物品，须粘贴委员会特制标签，并登记名称、件数，贵重物品还需详细记录细节特征，必要时还要用摄影或显微镜加以观察记录，以防抵换。

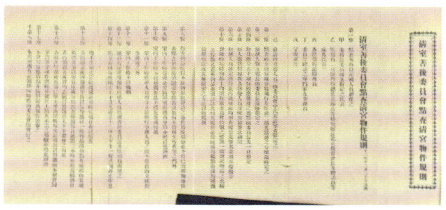

▲ 《清室善后委员会点查清宫物件规则》

▲ 清室善后委员会封条

查出清室密谋信

1925 年，委员会在点查养心殿时，意外发现"诸位大人借去书籍字画玩物等糙账""赏溥杰单""收到单"等文物目录。目录显示，清室以假借赏赐、出借等名目，盗运出宫二百多种宋、元、明版书籍，一千多件唐、宋、元、明、清朝字画，这些文物都是在《天禄琳琅书目》《石渠宝笈》等中有著录的佳作。此外，委员会还查出 1924 年春夏溥仪与清宫遗老旧臣金梁、康有为等人密谋复辟清朝统治的往来信件。这些发现令委员会意识到事态之危急。9 月 29 日，委员会召开会议，决议组建故宫博物院。

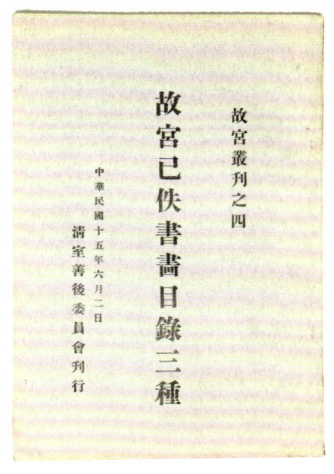

▲ 《故宫已佚书画目录三种》

本书刊行了清室善后委员会发现的"赏溥杰单"一束、"收到单"一束、"诸位大人借去书籍字画玩物等糙账"一册等 3 种目录，所涉文物皆为《天禄琳琅书目》《石渠宝笈》等著录的佳作。

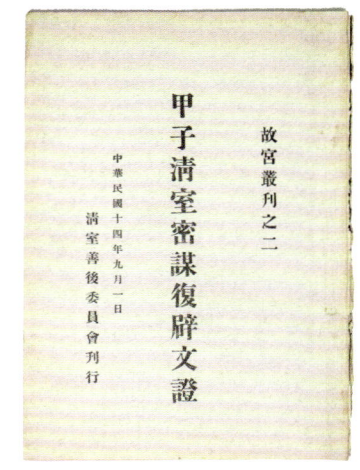

▲ 《甲子清室密谋复辟文证》

1925 年，清室善后委员会将溥仪与清朝复辟势力往来信件等材料编印为《甲子清室密谋复辟文证》一书刊行公开，并致函外交部，希望照会英国公使，勒令参与密谋复辟的庄士敦出境。

"故宫博物院"匾额有几块

今天,当我们参观完故宫博物院,由北门神武门离开后,回头便可看到巨大的"故宫博物院"石质匾额。为什么匾额不挂在午门(入口),而是神武门(出口)?这块匾额由谁书写?又是何时被挂在这里的?

▲ 神武门及"故宫博物院"匾(2022年)

开院前的准备工作

肇建故宫博物院,将百年宫城改造为大规模博物馆、面向普罗大众开放,意味着要做好全方位的准备工作,其中一项微小却必不可少的工作是要为博物馆打造一块匾额。匾额由清室善后委员会委员长李煜瀛执笔,据单士元回忆,"粘连丈余黄毛边纸铺于地上,(李煜瀛)用大抓笔半跪着书写了'故宫博物院'"五个颜体大字。由于此时紫禁城的外朝区域是北洋政府内务部(后改为内政部)于1914年建立的古物陈列所,即将成立的故宫博物院只涉及内廷的空间,北门神武门就是唯一的出入口,因此这块匾额自然要挂在神武门上方。

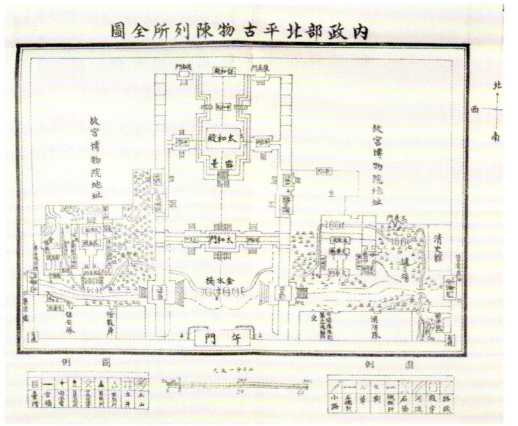
▲ 《古物陈列所二十周年纪念专刊》中"古物陈列所全图"

古物陈列所是中国近代第一座国立博物馆,于1914年2月4日成立,所址设在紫禁城的外朝区域。这里曾保管着盛京(沈阳)故宫、热河(承德)离宫两处所藏宝器二十余万件。1915年,古物陈列所在已毁的咸安宫的基础上,建设了近代第一座专门用于文物保藏的大型库房宝蕴楼。1948年,古物陈列所正式并入故宫博物院。

▲ 李煜瀛书木制"故宫博物院"匾

▲ 东华门挂"古物陈列所"匾

▲ 西华门挂"古物陈列所"匾

▲ 李煜瀛书木制"故宫博物院"匾挂在神武门上

故宫博物院开院礼

1925年10月10日，故宫博物院正式开院，制好的白底黑字、文字由右至左的"故宫博物院"木制匾额已然挂在神武门中门的上方，迎接着八方来客。当日下午2点，开院典礼在乾清宫门前举行，时任审计院院长庄蕴宽担任典礼主席并宣布开会，清室善后委员会委员长、故宫博物院临时理事会理事长李煜瀛作主题报告，介绍故宫博物院的筹备经过，黄郛、王正廷、蔡廷干、鹿钟麟、于右任、袁良分别致辞。会后，清室善后委员会向各界通电，宣布故宫博物院成立。

▲ 开院典礼时乾清宫会场外景

▲ 李煜瀛理事长在开院典礼上作报告

▲ 李煜瀛书石制"故宫博物院"匾挂在神武门上

政局稳定，木匾改石匾

筹建故宫博物院时间紧张，匾额采用制作成本低、安装简易的木制材料，但是木匾过于容易损坏，且显得单薄而粗糙，需要尽快替换成更加耐用的材料。然而在 1926 年至 1928 年军阀混战的背景下，故宫博物院历经四次改组，只能勉强维持。1928 年 6 月，国民革命军北伐成功，1929 年易培基受任故宫博物院院长，故宫博物院的建设逐渐步入正轨，文物清点、古建修缮、展览陈列、库房修建、对外交流、出版传播等事业均渐次起步。1930 年 8 月 30 日，神武门上原本的木匾被石匾取代，安装工作于 9 月 30 日正式完成。新的匾额同样是由右至左的、李煜瀛手书的颜体大字，在光滑、厚重的石质材料的衬托下，"故宫博物院"几个大字更显雄伟庄严。

"完整故宫保管"实现

1930 年 10 月，故宫博物院理事会向行政院呈递"完整故宫保管"提案，提请将古物陈列所并入故宫博物院，以保护紫禁城建筑及其古物的完整性，行政院会议决议通过。然而，受 1931 年华北局势变化和 1933 年故宫文物南迁影响，"完整故宫保管"计划被迫中断。抗战胜利后，1948 年 3 月，古物陈列所正式并入故宫博物院，"完整故宫保管"终于实现。基于完整的紫禁城，故宫博物院重新设计了开放路线，还在午门上也安装了"故宫博物院"石匾，匾文同为李煜瀛手书，后被撤下。

▲ 石制"故宫博物院"匾挂在午门上

恢复开放，更换新匾

在"文化大革命"中，为了保护故宫及其文物藏品免遭破坏，1966年起故宫博物院施行闭馆措施，只留下奉先殿的泥塑"收租院"展览对外开放。几年后，在人民群众的殷切期盼、周恩来总理的关心与批示下，故宫博物院定于1971年7月5日恢复对外开放，同月更换神武门"故宫博物院"匾额。新匾额的文字由郭沫若题写，据研究馆员徐启宪回忆，"我们就随手拿来了几张纸和笔墨。记得那些纸的一面是打印过材料的，郭老就翻过有字的那面，在它的背面写起来"。新匾是直接在原石匾的背面由左至右刻上郭沫若的手书制作而成，自从安装上去后便一直沿用至今，印刻在无数观众的合影里、回忆中。

▲ 故宫恢复开放第一天，神武门外的参观者排长队

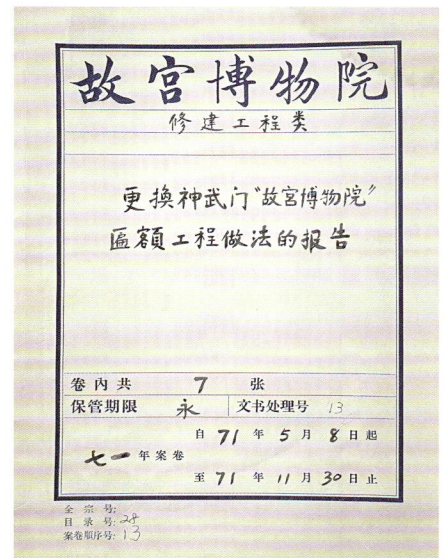 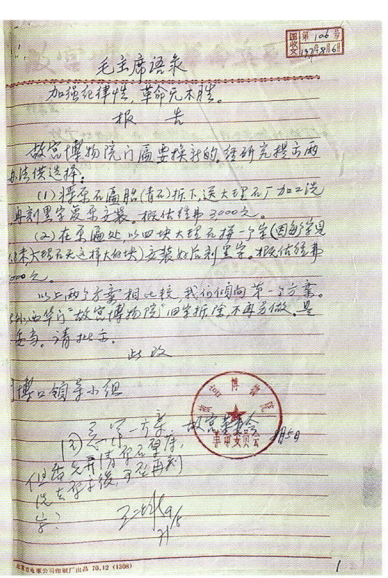

▲ 1971年《更换神武门"故宫博物院"匾额工程做法的报告》

在这份故宫博物院革命委员会的报告中，不仅体现了门匾换新的报批过程与方案选择，还提到"西华门'故宫博物院'旧字拆除"。由此可见，西华门很可能也曾悬挂"故宫博物院"匾额。

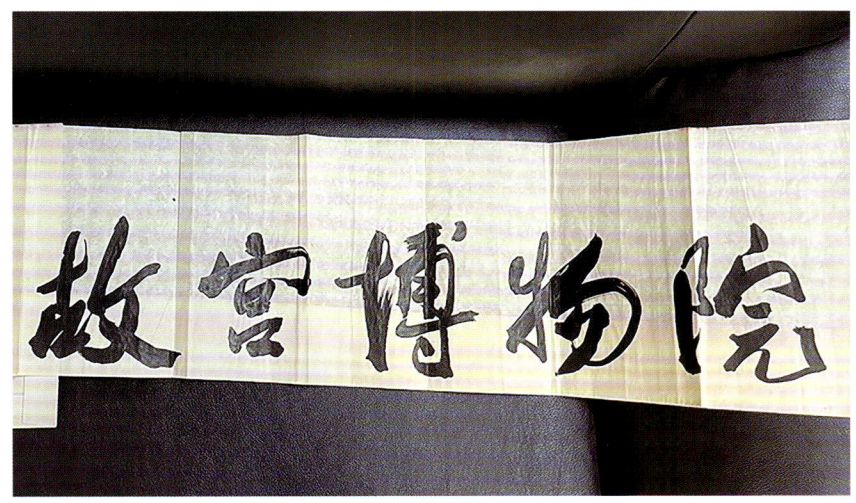

▲ 郭沫若题"故宫博物院"复制品

▲ 郭沫若书石制"故宫博物院"匾挂在神武门上（1982年）

他们都是故宫人

民国时期诸多文化名人都曾与故宫博物院结下不解情缘，为故宫博物院的建设作出突出贡献。他们无论是在故宫博物院长期任职、为故宫发展奔忙劳碌，还是曾来到故宫博物院短期工作、为故宫建设添砖加瓦，都被打上"故宫人"的烙印，凝聚出故宫特有的典守精神和严谨的治学传统。

梁思成给故宫古建"问诊"

1932 年 10 月，文渊阁支撑书架的梁柱出现严重下沉，"大有颠扑之势"。中国营造学社应故宫博物院总务处长俞星枢请求，派出梁思成与刘敦桢以"古建医生"的身份前往调查。通过研究，梁思成分析出其症结所在，并利用现代建筑学方法，以科学计算的方式，明确提出了修复方案，撰写《故宫文渊阁楼面修理计划》，此作被称为近代中国古建筑修复的开篇之作。1934 年，中国营造学社受中央研究院历史语言研究所委托，开始详细测绘故宫。这项工作正是由梁思成负责，他在故宫共测绘古建筑 60 多处。这份经历不仅为其重要著作《中国建筑史》的诞生奠定了坚实的基础，还为其测绘、修复古建筑提供了最初的蓝本。

▲ 文渊阁

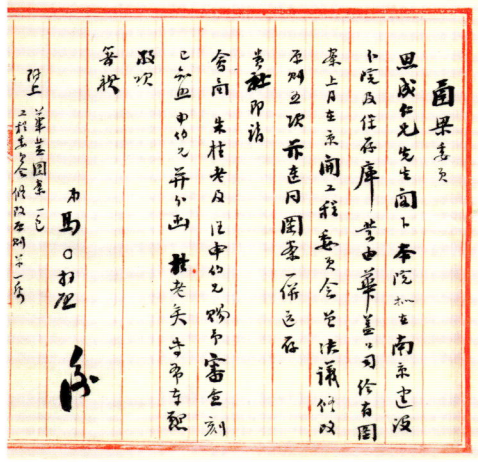

◀ 1936 年，故宫博物院院长马衡就故宫博物院南京分院及保管库之事，致信中国营造学社法式组主任梁思成

梁思成后来在《中国建筑史》中写道："清宫建筑之所予人印象最深处，在其一贯之雄伟气魄，在其毫不畏惧之单调。其建筑一律以黄瓦、红墙、碧绘为标准样式（仅有极少数用绿瓦者），其更重要庄严者，则衬以白玉阶陛。在紫禁城中万数千间，凡目之所及，莫不如是，整齐严肃，气象雄伟，为世上任何一组建筑所不及。"

蔡元培鲜为人知的身份

提起蔡元培，人人都知他曾是北京大学校长、支持新文化运动，然而少有人知道，他还曾是故宫博物院理事会理事长，亲自参与制定了故宫博物院的组织管理条例，对故宫博物院的职能进行明确规定，推动其成为组织较为严密的近代文化机构。九一八事变后，华北危急，故宫古物南迁被提上日程。这个日后被证明有效保全了文物的方案，在当时社会却遭受很大的阻力。有人认为日寇未必敢于进占北平、未必敢破坏古物，有人质疑古物在迁移途中若发生意外谁来负责，有人认为守土保民才是唯一要务，并将故宫古物称为无关抗战大局的"臭东西"。社会上甚至传出谣言，声称当局要变卖古物抵国债、故宫已开始倒卖古物……在当时国内各种军政势力交错之下，蔡元培等人力排众议，最终实现故宫文物的安全南迁。

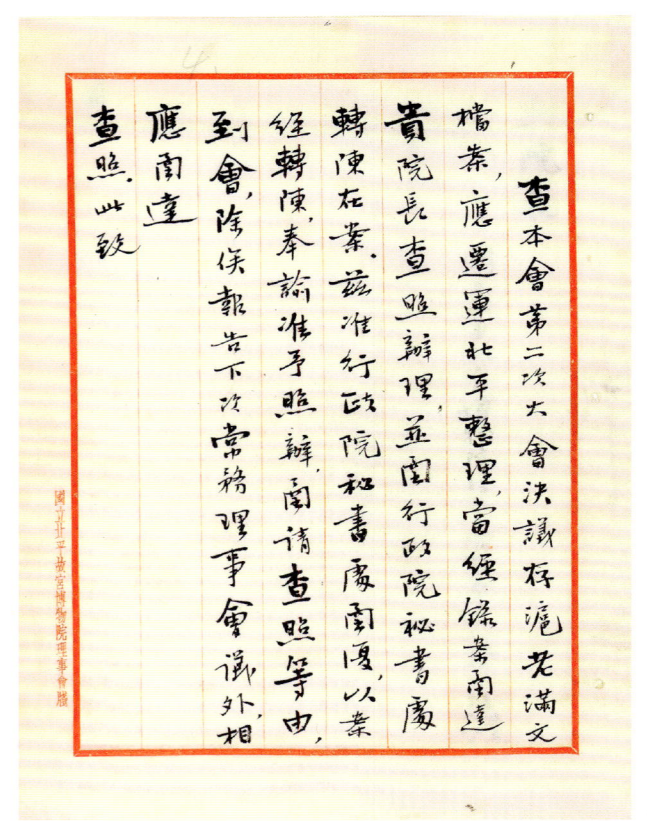

▲ 故宫博物院理事会理事长蔡元培致院长马衡函，提及理事会"第二次大会决议存沪老满文档案应迁运北平整理"

陈垣在摘藻堂的大发现

被毛泽东主席称为"国宝"的著名史学家陈垣，既是清室善后委员会委员、故宫博物院临时理事会理事，还曾担任故宫博物院理事会理事兼图书馆馆长。在故宫博物院成立前后，他矢志"护宝"，挺身而出与军阀周旋，一度被软禁。故宫博物院文献馆成立后，他开始整理故宫积存的明清档案及四库全书，终成故宫典籍文献的一代"领读者"。1925年以前，御花园东北角的摘藻堂俨然只是堆放杂物的仓库，脏乱不堪。然而陈垣由于熟读史书，知道乾隆四十四年（1779）后《四库全书荟要》曾被贮藏在这里供乾隆皇帝随时阅览，因此他安排了对摘藻堂的清扫查验，竟果真发现倚墙而立的《四库全书荟要》。此书共有两部，由于其中一部早已毁于英法联军之手，摘藻堂的这部便成为孤本，其历史及学术价值更是不言而喻。

▲ 清·钱维城《御花园古柏图》轴（局部）

▲ 陈垣

▲ 御花园摘藻堂

推荐阅读：肖伊绯，《民国学者与故宫》，故宫出版社，2016年12月第1版

炮火中的奇迹

1931年九一八事变后，日军虎视眈眈，准备将战火引向中国华北。1933年初，日军进犯山海关，若故宫博物院及存藏其间的文物暴露于战火中，后果将不堪设想。故宫博物院理事会召开紧急会议，决议故宫文物南迁，遴选重要文物迁运至上海保存。

文物装箱启程南迁

经徐婉玲等学者梳理，1933年2月6日晚，首批故宫文物2118箱由午门出天安门，被运送至正阳门西车站，自此拉开故宫文物迁移的序幕。7日早晨，文物离开北平，火车经平汉、转陇海、回津浦线南下，北平宪兵司令部派兵士100名、故宫博物院派警卫10余名随车押送，沿途所经当地政府均奉命派军警分段护送。当年2月至5月，故宫博物院文物13427箱又64包、古物陈列所文物5414箱、颐和园文物640箱又8包8件以及国子监石鼓11箱，分五批陆续南迁上海保存。1936年12月，存在上海的文物全部转迁南京，被安置在抢建出的朝天宫保存库中。1937年元旦国立北平故宫博物院南京分院正式成立。

▲ 1933年2月第一批文物装箱

▲ 1933年3月延禧宫库房前南迁文物搬运

▲ 第三批南迁文物搬运

▲ 第三批南迁文物装车

▲ 南京分院保存库奠基典礼留影

1936年4月15日，国立北平故宫博物院南京分院文物保存库奠基典礼举办，院理事长蔡元培、院长马衡等参加典礼。

三路文物万里迁移

1937年夏，卢沟桥事变和淞沪会战相继爆发，南京局势也越发凶险。面对抗日战争全面爆发的形势，故宫文物开始西迁，即分三路疏散至西南地区，"南路文物溯江而上，初藏长沙，后取道湘桂公路，秘藏于贵阳、安顺、巴县等地；北路文物沿陇海铁路西行，暂存宝鸡，后穿越秦蜀古道，辗转于汉中、褒城、成都、峨眉各处；中路文物溯江西上，暂存重庆，后经中转宜宾，存藏乐山安谷"。三路文物迁移人员颠簸在湘黔、川陕的崇山峻岭之间，辗转于京渝、渝乐的浅滩急流之中，历时八年之久，行程数万里，创造了文化遗产保护的奇迹。

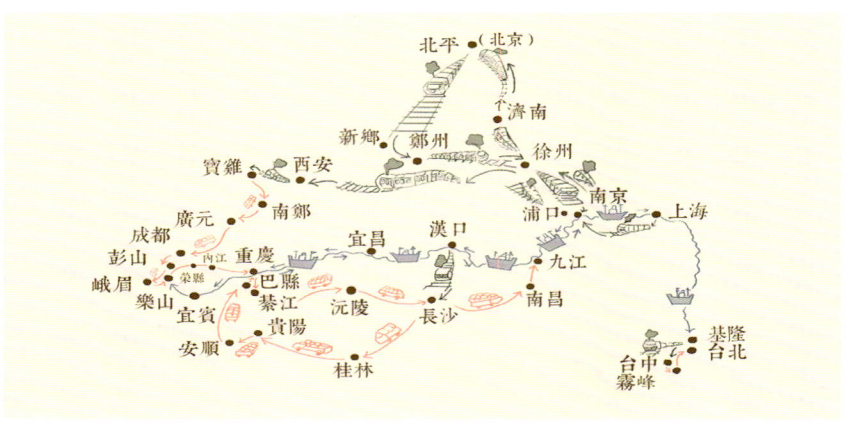
▲ 故宫文物南迁路线总图

炮火硝烟中的奇迹

时任故宫博物院院长马衡曾在广播演讲词《抗战时期故宫文物之保管》中提到：抗战期间"文物虽没有受到敌机的轰炸，但是可能性实在太多了。最感到危险的，是那九千多箱由重庆运出，寄存宜宾，分批往乐山运的时候。其时重庆已经受到'五三''五四'的惨状，只要天晴，必有空袭。而在沿岷江一带，有三大城市，上游是乐山，下游是泸县，中间就是宜宾。我们因为便于转船的关系，所有的文物都存在沿江的大仓库中。那一年，乐山泸县皆受到燃烧弹的轰炸，都烧了小半个城。独有这宜宾没有受到轰炸……像这一类的奇迹，简直没有法子解释，只有归功于国家的福命了。"

文化抗战永恒壮歌

1945年8月15日，日本政府宣布无条件投降，抗日战争迎来胜利。10月10日，华北战区受降仪式在太和殿广场举行，各界人士和民众十多万人亲临见证。1946年4月至1947年3月，三路文物全部集中于重庆向家坡，而后又分水路与陆路回到南京朝天宫。故宫文物南迁创造了第二次世界大战中规模最大、范围最广、历时最长、影响最深远的文化遗产保护范例，故宫博物院的先辈们在数万里征途中，践行着他们视国宝为生命的信念，在极端艰苦的条件下，谱写出一曲文化抗战的壮歌。

▲ 马衡

▲ 1938年装载文物的军车驶过四川广元城外川陕路旁的千佛崖

▲ 1945年10月10日太和殿广场上，日军华北方面军司令官根本博在投降书上签字

▲ 1938年汉中至成都一处无桥可通，由木船载运装载文物的车渡河

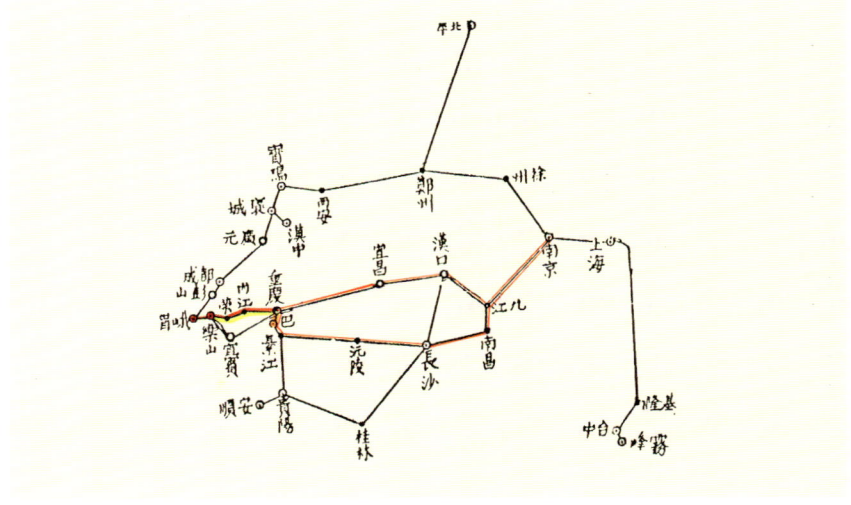
▲ 抗战胜利文物复员路线

推荐阅读：徐婉玲，《重走故宫文物南迁路考察记（一）》，刊发于《紫禁城》2010年第10期。

人民的故宫

1949年1月31日，北平和平解放，当年故宫就已全面落实"为人民服务"，尤其是为工农兵服务的大局观。随着新中国的成立，故宫博物院由国家文化部接管，真正建设起一座服务人民的博物馆。

恢复开放的故宫

1948年底至1949年初，北平解放在即，大批国民党军队进入北平，要求进驻故宫。为了保护文物，故宫博物院采取封闭措施，将各陈列室文物悉数入库并加固库房，以防不测。北平解放后，故宫博物院于1949年2月7日恢复开放，并在7日至9日连续三天采取门票半价措施，张灯结彩庆祝北平和平解放。当月，故宫博物院还专门接待解放军指战员和民主人士参观，其中2月12日北平举办各界庆祝解放大会的当天更是分批接待了上万名解放军指战员，在2月21日至3月5日共计接待23万多人次。

军管委接管故宫

1949年2月19日，中国人民解放军北平市军事管制委员会派钱俊瑞、陈微明、尹达、王冶秋前往故宫博物院办理接管事宜。3月6日，接管大会在太和殿举行。故宫博物院由军事管制委员会接管后，马衡仍被任命为故宫博物院院长，全部职工均原职原薪留用。面对满目疮痍的故宫，军事管制委员会还发布通知，"兹决定故宫售票款作为修复费用，不必缴库，并请制定修缮计划"。对此，故宫博物院列出21项修缮工程，其中12项使用票款修缮，当年年底共竣工17项。6月7日，军管结束，故宫博物院改由华北高等教育委员会领导。10月1日，中华人民共和国成立，故宫博物院"在北上门及午门、神武门悬灯结彩，以示庆祝"。11月9日，故宫博物院改由中央人民政府文化部领导。

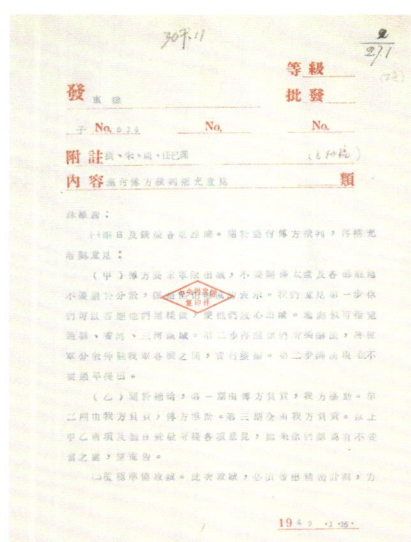 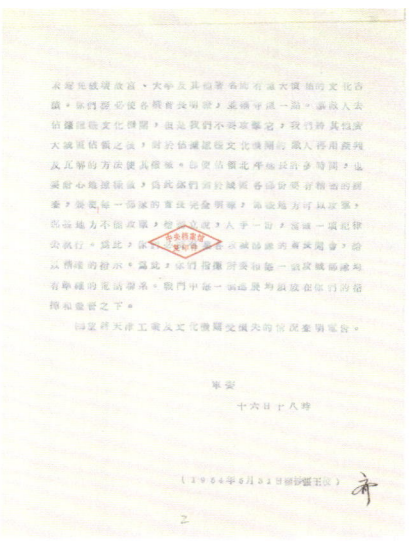

▲ 中央军委关于准备攻占北平时力求避免破坏故宫等文化古迹的指示

1949年1月16日，在平津战役如火如荼之际，毛泽东为中央军委起草的给林彪、罗荣桓、聂荣臻的电报中，专门就保护北平文化古迹问题作出指示，命令："积极准备攻城，此次攻城，必须做出精密计划，力求避免破坏故宫、大学及其他著名而有重大价值的文化古迹。你们务必使各纵首长明了，并确守这一点。"

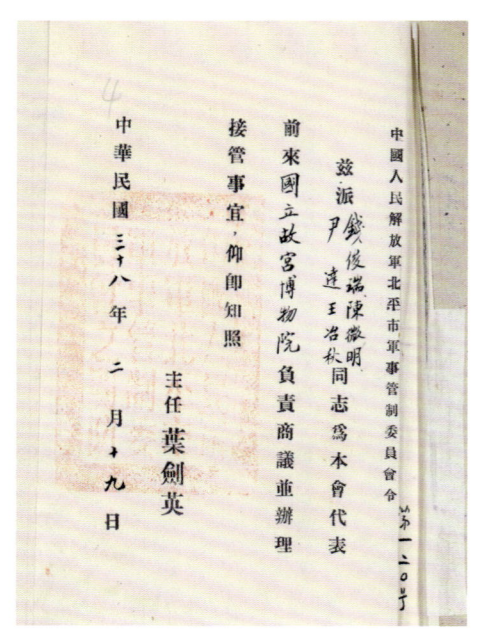

▲ 中国人民解放军北平市军事管制委员会令

▲ 从景山看故宫博物院（摄于 20 世纪五六十年代）

溥仪担任讲解员

1959 年 12 月，溥仪作为首批获得特赦的伪满洲国战争罪犯之一，离开辽宁抚顺战犯管理所，回到北京。1960 年，为了帮助特赦战犯了解北京，北京市民政局组织了一系列参观活动，其中就包括参观故宫。这次活动由溥仪担任讲解员，团组成员包括前国民党将军杜聿明、王耀武、宋希濂等人。溥仪回到阔别四十余年的紫禁城，他的身份历经封建王朝末代皇帝、伪满洲国傀儡、军事战犯，终于转变为新中国的公民。看到依照原样油饰修缮而焕然一新的故宫，溥仪感慨"故宫也获得了新生"。

故宫换新颜

北平解放之初，民生凋敝，故宫更是杂草丛生、残垣遍地，故宫的清理、修缮与建设是一个庞大的工程。接管故宫的军事管制委员会立即组织故宫工程小组，在党和政府的支持下，故宫博物院顺利完成水道清淤、垃圾清运等工程，并在古建修缮等方面持续推进。看到焕然一新的故宫，以讲解员身份重返紫禁城的溥仪在《我的前半生》中写道："令我惊讶的是，我离开故宫时的那副陈旧、衰败的景象不见了，到处都油缮得焕然一新，连门帘、窗帘以及床幔、褥垫、桌围等等都是新的"。

▲ 于倬云

中国古建筑专家，故宫博物院教授级高级工程师，于1954年调到故宫博物院后，设计和主持设计的复原重建、修缮、维护、抢险加固等工程近百项。其时，于倬云作为故宫工程小组成员，负责多处修缮与测绘工程。

管道疏通活水来

1950年，内金水河清淤工作正式开始，这条全长2100余米的河道被清出淤泥约5000立方米，清澈的河水终于流淌在故宫中。从1953年起，故宫博物院疏通修整用于排泄雨水的明沟暗渠，并增加上下水管网，截至1959年，中轴线、东一长街、东筒子、神武门东西两侧总计约9公里的沟渠修整完成，紫禁城古老而有效的排水系统终于正常运转。此后故宫博物院更是修整古雨沟总计18公里，并增设5公里长的污水管道，确保水道的畅通。

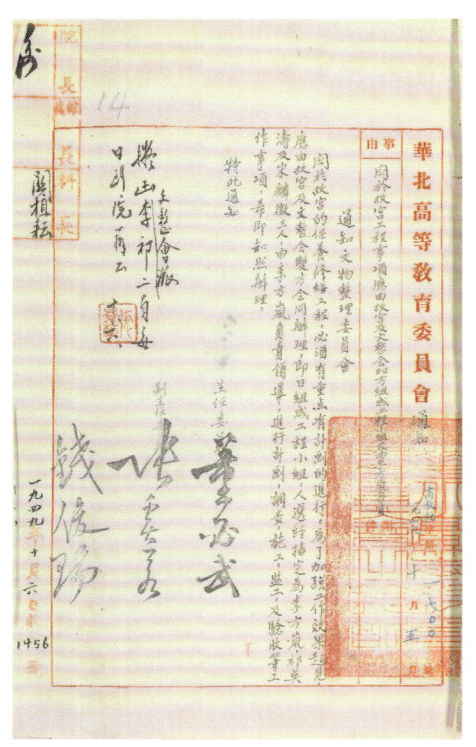

▲ 1949年10月，华北高等教育委员会通知，要求故宫和北京文物整理委员会成立工程小组

垃圾清运工程大

自1952年6月26日起，故宫博物院对内外垃圾开展全面清除，当年就清理出渣土、垃圾18.3万立方米。故宫工程小组而后更是从72万平方米的紫禁城里清理出来自民国、清朝乃至明朝末年的渣土、碎瓦、砖块等垃圾累计25万立方米，据学者估算，这些垃圾如果铺成1米深、2米宽的道路，足有120多公里长，可以由北京直达天津。

▲ 1953年参加修缮乐寿堂工程竞赛运动的全体工人合影

▲ 1956年紫禁城西北角楼大木竣工纪念照　　▲ 1961年国务院公布故宫为首批全国重点文物保护单位之一

古建抢救焕新生

新中国成立后，故宫博物院在10年间立项了400多项工程，其中1956年开工的西北角楼修缮工程是新中国成立后首个大规模、多工种、高难度的修缮工程。此时距离该角楼上次维修已有20余年。由于长期漏雨，主要承重构件糟朽，不得不将建筑全部挑顶，制作替换构件，再逐件安装复原。工程在1957年4月30日圆满竣工，参与人数达到了新中国成立以来工程之最，成为新中国成立初期故宫古建筑保护的高峰。后来随着2002年"武英殿大修试点工程"的开工，故宫博物院的"世纪大修"拉开了序幕，这是故宫自辛亥革命以来规模最大、历时最久、修缮建筑最多的保护工程，故宫世界文化遗产的保护也从"抢救性"的被动式保护转变为"预防性"的主动式保护，古建筑保护能力不断提升。

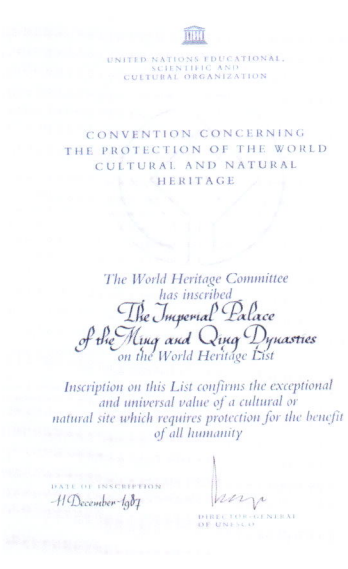

▲ 故宫世界遗产证书

景仁榜上有谁名

故宫博物院将景仁宫辟为专门陈列捐献文物的展馆，取景仁宫"景仰仁德"之意设立"景仁榜"，以此表达对这些爱国人士的感激之情。陈万里、刘九庵、徐邦达、朱启钤、沈从文、冀朝鼎、何刚（农民）……景仁榜记载着故宫先贤的丰功伟绩，也铭记着捐赠贵宾的拳拳家国心。

▲ 陈万里

▲ 刘九庵

▲ 冀朝鼎

三千文物献故宫

▲ 孙瀛洲

1923年，30岁的孙瀛洲在东四南大街开起了自己的古玩铺"敦华斋"，成为北京著名的古瓷经营者，收集了大量珍贵明清瓷器。据孙瀛洲的儿子孙洪琦回忆，孙瀛洲早点就是在灯市口的小摊上，买几分钱的豆浆、油饼；鞋坏了，全是自己钉掌，但他却舍得花40根金条购买一对明朝成化年间的三秋杯，要知道这足以购入两套优质四合院。就是这样一名视文物古董如生命的人，1950年为支持抗美援朝，将店中古董瓷器卖得的上百万元全数捐给了国家。1956年至1964年，孙瀛洲更是先后3次将其珍藏的3000余件文物捐献给故宫博物院，其中陶瓷2000多件，不乏名窑珍品。1956年，孙瀛洲作为我国著名的古陶瓷收藏家、鉴定家，受聘到故宫博物院工作，肩负起文物整理鉴定的重任。他所归纳总结的古陶瓷鉴定经验，至今仍有重要的指导和借鉴意义。他还培养出耿宝昌等一批国宝级文物大师。

▲ 宋·龙泉窑青釉小瓶

▲ 明正德·青花阿拉伯文圆盒

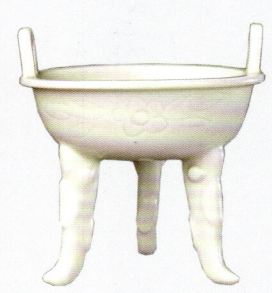
▲ 明·德化窑白釉刻花三足鼎

▲ 清道光·慎德堂制款 粉彩博古图双螭耳瓶

▲ 清乾隆·粉彩婴戏图碗

▲ 清嘉庆·绿地粉彩双耳三足瓷炉

这些是孙瀛洲捐赠给故宫博物院的部分文物。

变卖家产留国宝

张伯驹生于1898年，是我国著名古书画收藏鉴赏家、诗词学家。他自30岁起开始收藏中国古代书画，起初作为爱好，后来逐渐以保存重要文物不外流为己任，虽变卖家产、借贷亦不改其志。1946年，一批随溥仪前往"伪满洲国"而后散佚于东北的书画陆续出现在市场上，其中隋代画家展子虔的《游春图》是我国保留至今最早的画卷，它被琉璃厂的古董商马霁川购得。张伯驹听说后，十分担心《游春图》被卖到海外，当即向马霁川询价，不想被要价800万两黄金。最后，张伯驹变卖了自己的几处家产和夫人的首饰，凑够240万两黄金买下了《游春图》。1955年，张伯驹与夫人潘素从蓄藏近30年的法书、名画中选出包括《游春图》在内的8件精品，无偿捐献给国家。如今，这些传世佳作均作为故宫博物院的镇馆之宝，展现着中国古代艺术发展的历史脉络。

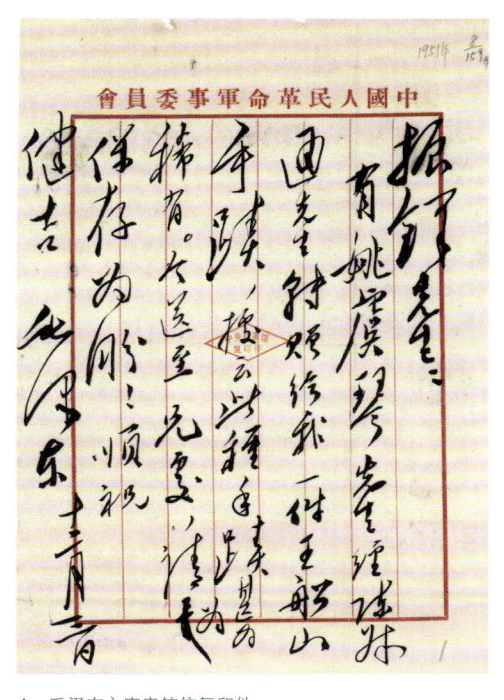

▲ 毛泽东主席亲笔信复印件

1951年12月，毛泽东主席交给文化部文物局郑振铎局长的"王船山手迹"一件，转拨故宫博物院收藏。

▲ 张伯驹

▲ 隋·展子虔《游春图》卷（局部）

景仁榜外的捐献者

其实，景仁榜上的名字未能包含全部文物捐赠者，还有许多捐赠者隐去了自己的名姓，其中就包括我国伟大的领袖毛泽东。新中国成立后，毛泽东主席曾收到许多海内外收藏家馈赠的珍贵国宝，毛主席没有将其当作自己的私人物品，而是立下规矩"党和国家领导人所收到的礼品，一律缴公"。其中，毛主席就曾亲自给文物局局长郑振铎写信，将友人赠予的王夫之手迹《双鹤瑞舞赋》转交国家，后来得知该手迹已转拨故宫博物院收藏，毛主席深感欣慰。此后，毛主席还曾于1952年将蒋泽霖赠予的钱东壁临《兰亭序十三跋》手卷经社会文化事业管理局转送故宫博物院，于1956年将英国人士克利夫顿赠送的康熙五彩盘转给故宫博物院。1958年，张伯驹赠予毛主席的唐代李白行书《上阳台帖》手卷也由主席办公厅拨交故宫博物院，这一李白唯一传世的书法真迹，作为国宝中的国宝，得到故宫博物院专业、安全、永久的珍藏。

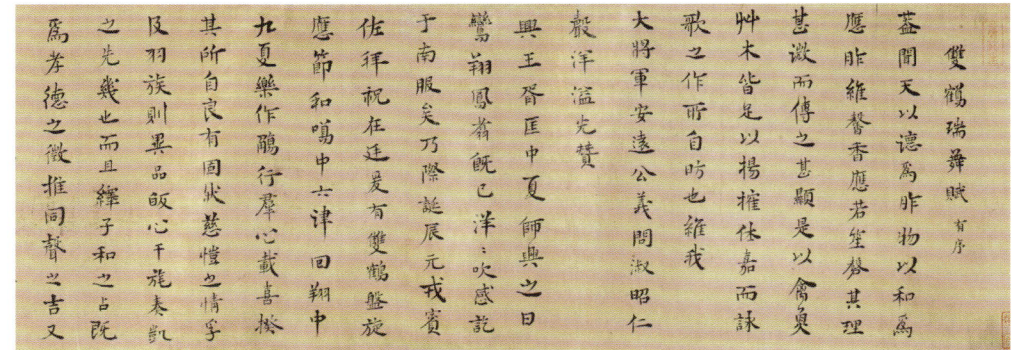

▲ 明·王夫之《双鹤瑞舞赋》卷（局部）

▲ 唐·李白《上阳台帖》（局部）

国宝的归途

1840年鸦片战争开始,积贫积弱的近代中国暴露在西方列强侵略的炮火中,据中国文物学会不完全统计,有超过1000万件中国文物流失海外,而根据联合国教科文组织提供的数据,在全球47个国家和地区的200多座博物馆中,记录在案的中国文物超过167万件,流散于海外民间的更是数倍于此。故宫的许多清宫旧藏文物也因列强侵略、溥仪宫人监守自盗等原因流出紫禁城、流落海外。新中国成立后,清末开始的文物严重流失的问题终于消失,我国想方设法追回流失海外的文物,1949年至今已成功追回15万余件。

国家抢救文物行动

20世纪50年代,香港成为全世界中国艺术品交易中心之一。为了抢救国宝,新中国在成立之初就由文化部文物局组建了"香港秘密抢救文物小组",专门在香港开展珍贵中国文物抢救工作。在周恩来总理的指示下,有关方面成功将晋代王献之《中秋帖》、王珣《伯远帖》及唐代韩滉《五牛图》等一批国宝级文物珍品购回,并交到故宫博物院收藏,为我国政府主导的流失文物回归工作打响了头炮。

清乾隆内府曾收藏有晋代王羲之《快雪时晴帖》、王献之《中秋帖》、王珣《伯远帖》三件书迹。它们被乾隆皇帝弘历视为稀世珍宝,贮藏于养心殿西暖阁,并专门将这一书房的名称由"温室"改为"三希堂"。

虽然溥仪出宫时盗运《快雪时晴帖》的企图被识破,但是《中秋帖》与《伯远帖》却被瑜太妃私自售于外间,由郭葆昌转予其子郭昭俊,后被典当给香港的一家外国银行。两帖即将被出售之际,香港鉴藏家徐伯郊得知情况,联系到时任故宫博物院院长马衡。马衡向周恩来总理报告此事原委后,周总理派马衡等人前去商定赎回。

▲ 1924年11月21日,瑾、瑜二太妃箱笼运出神武门

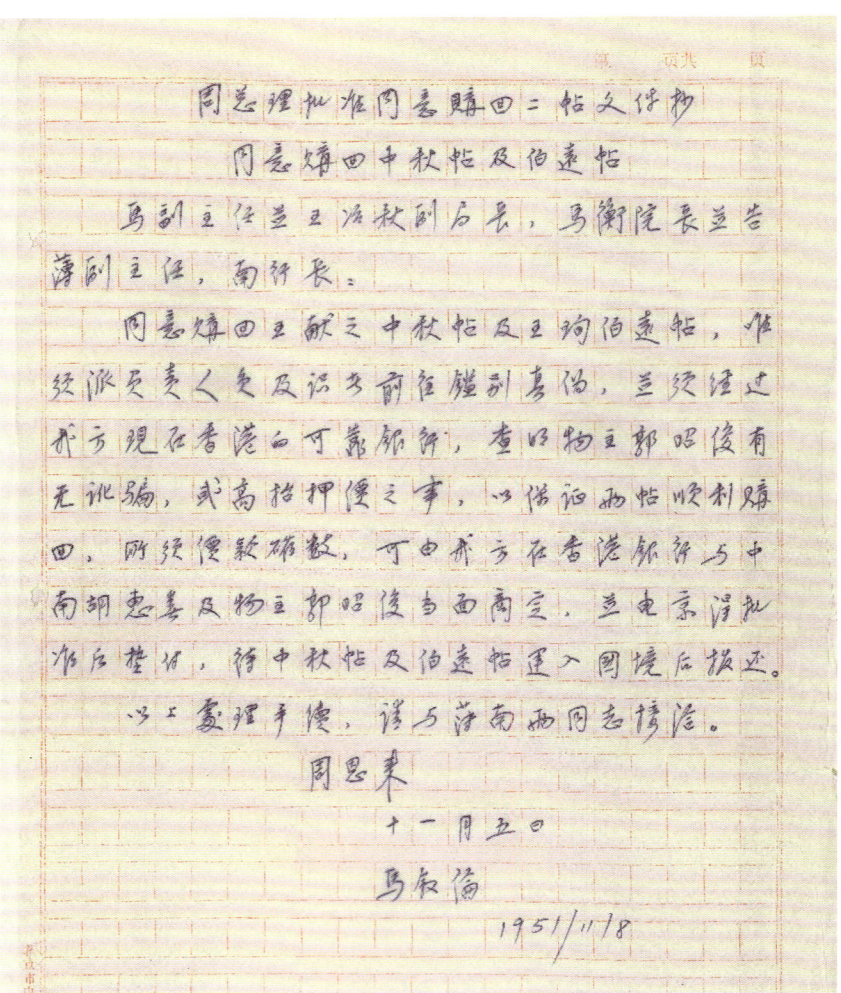

▲ 周恩来总理批文抄件

1951年11月,周恩来总理指示"同意购回王献之《中秋帖》及王珣《伯远帖》,唯须派负责人员及识者前往鉴别真伪,并须经过我方现在香港的可靠银行,查明物主郭昭俊有无讹骗,或高抬押价之事,以保证两帖顺利购回"。

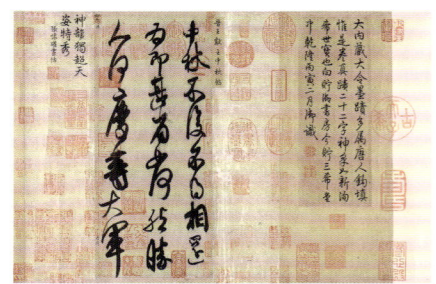

▲ 晋·王献之《中秋帖》(局部)

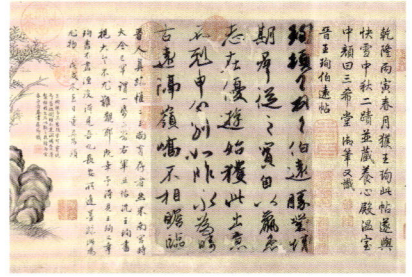

▲ 晋·王珣《伯远帖》(局部)

▲ 元·赵孟頫《浴马图》卷（局部）

爱国人士转让义举

不仅国家在行动，一些爱国企业家、收藏爱好者，也将拍卖或从海外民间购买的原紫禁城文物捐赠给故宫博物院。如1964年10月16日郑洞国先生捐献元赵孟頫《浴马图》一件；2000年，世茂集团董事局主席许荣茂以1.33亿元从藏家手中收购了原藏于明朝内府的《丝路山水地图》，而后无偿捐赠给故宫博物院……

▲ 明·佚名《丝路山水地图》（局部）

法律程序追索返还

通过收购的方式追回文物成本高昂，我国随着综合实力的提升，更多地寻求通过外交行为或政府间的合作实现海外流失文物追索返还。从20世纪80年代开始，我国就加入了一些重要的保护文化遗产国际公约，如1985年加入联合国《保护世界文化和自然遗产公约》、1997年加入《国际统一私法协会关于被盗或者非法出口文物的公约》等，这些公约给我国主张返还流失文物提供了法律依据。2022年9月起，故宫博物院与德方项目组和7家博物馆共同展开"德藏八国联军侵华期间中国流失文物溯源研究"项目，文物溯源工作将为未来的文物归还建立重要基础。

▲ 五代·顾闳中《韩熙载夜宴图》卷（局部）

《韩熙载夜宴图》在南宋时曾被内府收藏，清代雍乾时期再次被收入内府，后被溥仪盗运出宫，于第二次世界大战结束后又流入民间。近代画家张大千重金将其购得带到香港，后以很低的价格转让给国家，使此名作得以重归故宫。

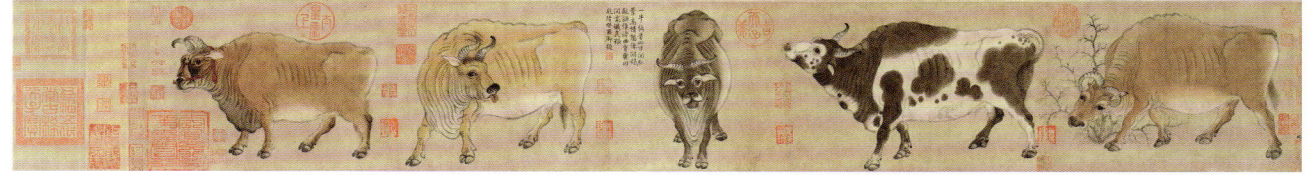

▲ 唐·韩滉《五牛图》卷

《五牛图》是现存最早的纸本中国画，由唐朝中期画家、政治家韩滉创作，体现了中国古代以农为本的思想。《五牛图》曾于南宋时期被收入内府，经元代赵孟頫等人收藏，被明代著名收藏家项元汴钤印收藏章，清代流入清宫，后被八国联军劫掠海外，民国时期被香港企业家吴蘅孙买下。20世纪50年代初，吴氏企业濒临破产，吴蘅孙决定出售《五牛图》，有关部门在周恩来总理的指导下将之购回，现藏于故宫博物院。

Chapter Two
Architecture
故 宫 还 可 以 这 么 看

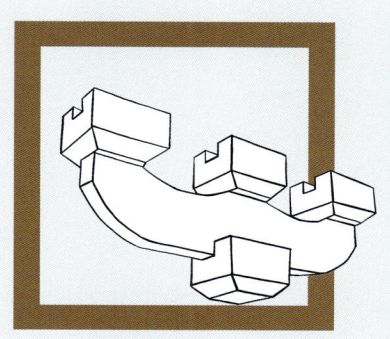

第二章
建筑构造篇

姜倩倩

故宫还可以这么看

到底几间房

人们常说天帝居住的天宫拥有房屋万间，而人间天子所居的紫禁城则有 9999 间半，这个说法是否正确？那"半间"又在哪里呢？

▲ 太和门

怎么数房间

我们描述一座古建筑的规模时，常会用到"间"这个概念。所谓"间"，指古建筑相邻四根柱子围合的空间。间的宽度（正面相邻檐柱间的距离）称为面阔，间的深度（前后两柱间的距离）称为进深。这与现代建筑中由墙面围合的房间概念并不相同。根据普查结果显示，故宫现有 1050 座古代建筑，共计 8750 间房，因此"9999 间半"的说法言过其实，它仅用来说明紫禁城的宏伟规模，可与天宫相媲美。

几间房合适

开间数量与中国古代建筑的等级密切相关。中国古建筑的间数多为奇数，如三、五、七、九等，通常以中间一间为中心，左右对称布局。《唐会要》中有着明确规定，"三品以上堂舍，不得过五间九架……五品以上堂舍，不得过五间七架……六品、七品以下堂舍，不得过三间五架"。这里的"间"指面阔，"架"指进深。可见"间"是建筑等级与规模的衡量标准之一。紫禁城太和殿面阔十一间，乾清宫面阔九间，武英殿面阔五间。这些间数各自与其建筑等级相匹配。

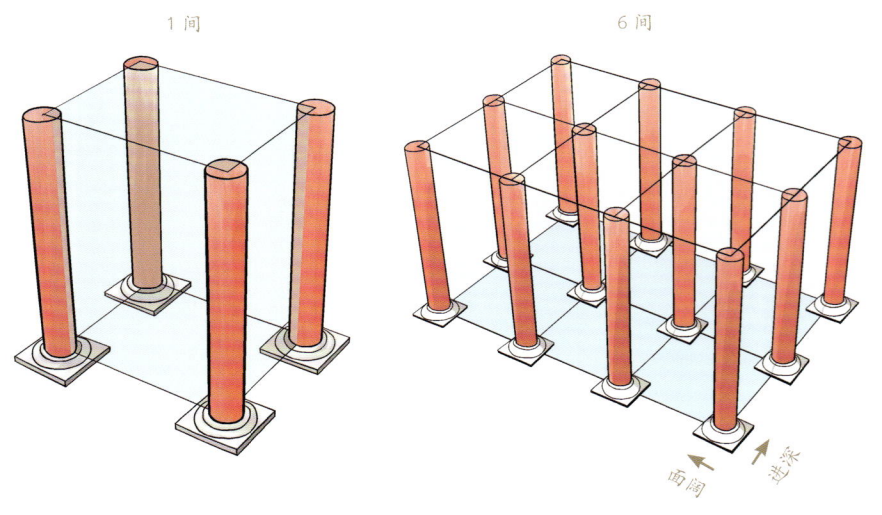

▲ "间"的示意图

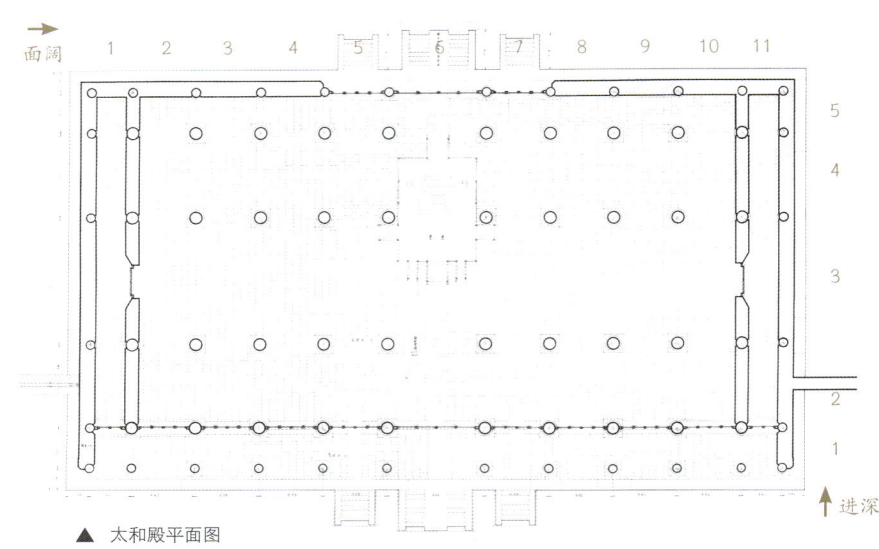

▲ 太和殿平面图

宝座放明间

中国古建筑的正中一间被称为"明间",取日月交辉、大放光明之意,其规模相较于其他各间略为宽敞,一般用于处理公共事务,建筑正门也设置在此处。宫殿建筑中,明间通常安设宝座。宝座是皇帝威严的象征。雍正皇帝曾因太监在宫殿打扫时,"挟持笤帚竟从宝座前昂然直走,全无敬畏之意",特下谕旨,令太监们在经过宝座时,"必存一番恭敬之心,急趋数步,方合礼节",否则将面临严厉教训,甚至可能被治罪。

宝座放次间

并非所有宝座都设在明间,有时,也会根据需要安设在次间,即位于明间两侧的房间。在宫殿建筑中,次间也常被称为"暖阁"。养心殿东暖阁是清代皇帝新年时进行"明窗开笔"的地方。"辛酉政变"后,这里又成为两宫皇太后垂帘听政之所。受空间限制,这里的宝座并非常规的坐北朝南,而是坐东朝西,前面为皇帝宝座,后面为两宫皇太后并坐的床榻,中间以黄色帷幔隔开。

▲ 养心殿明间

▲ 养心殿东暖阁

垂帘听政时的"帘"

▲ 文渊阁

半间在哪里

人们常说紫禁城房屋有9999间半,那半间房在哪里呢?或许就藏在文渊阁里。清代文渊阁于乾隆四十一年(1776)建成,用以贮藏《古今图书集成》和《四库全书》,建筑格局仿明代范钦的私人藏书楼,即位于浙江宁波的天一阁。文渊阁内部为三层,但中层为暗层,所以从外观上看,只有上下两层,其中顶层为一大开间,底层面阔六间,取"天一生水,地六成之"之意,希望以水灭火,保护藏书。但面阔六间,若各间宽度统一,宝座只能正对柱子,显然不妥。建造者在此发挥了聪明才智,在不改变间数的基础上,将第六间设计得很窄,内设楼梯,由此通往中层和上层,并将其与其他间隔开。这样从阁内看,只有五间,中间为明间,安设宝座。第六间因较窄,看上去就只有"半间"。

建筑混搭风

故宫现存建筑主体多为清代所建,但也有元代和明代的遗存,以及民国时期增建的建筑。除传统中式木构建筑外,这里还有西洋风格的建筑。各式建筑跨越了不同时期,却和谐共存于故宫之中,展现出故宫独特的多样性与包容性。

元代的遗存

武英殿西北角有一座建筑,叫作浴德堂。浴德堂前殿是寻常的红墙黄瓦,其后却有一个稍显突兀的穹顶。穹顶内部空间开阔,多用弧形线条,墙壁贴白琉璃砖,墙角有排水孔,顶部有采光天窗,设计理念与现代浴室的相似。据专家考证,这座建筑是元代遗留下来的。至于兴建紫禁城时为何保留这座元代建筑,有多种猜测,比如用于帝王斋戒沐浴,或是皇帝死后沐浴。无论原因为何,这座建筑都是不可多得的研究元代建筑的实物资料。

▲ 浴德堂前殿

▲ 穹顶

▲ 穹顶内部

▲ 浴德堂区域俯视图

与紫禁城同龄的宫殿

钦安殿位于御花园,于明永乐十八年(1420)建成,与紫禁城同龄,是故宫中轴线上唯一一处从未遭遇火灾的建筑。这或许与钦安殿的功能有关。钦安殿是道教建筑,殿内供奉的玄武大帝是道教中掌管北方的天神,也是水神。当年建造这座宫殿,便是希望借助水神的力量抵御火灾,而钦安殿也确实屹立600多年未受火灾侵扰。除水神镇守外,钦安殿及其周边建筑也有不少"水"元素。殿前天一门与雕有六条龙的丹陛石合成"天一生水,地六成之"之意,旗杆底座雕刻出没于浪花中的海兽,汉白玉栏板上也有龙在波涛中穿行的图案,这些都表达了人们以水灭火的期盼。

▲ 钦安殿

▲ 天一门

▲ 钦安殿前丹陛石

▲ 钦安殿旗杆底座海兽

▲ 钦安殿栏板（双龙戏水纹）

西式的水族馆

延禧宫位于东六宫。道光二十五年（1845），延禧宫除宫门外的建筑皆毁于大火，此后未再复建。宣统元年（1909），隆裕皇太后下旨在此兴建西洋建筑，命名为"灵沼轩"，俗称水晶宫。水晶宫以铁为架，外墙以汉白玉砌成，内壁贴有瓷砖，地上两层，地下一层，四周环绕水池。在原本的设计中，地下一层墙上会安装玻璃，引玉泉山的泉水入内，池中饲养各色鱼类。人们可透过玻璃观赏游鱼，如同现在的水族馆。可惜的是，晚清时期朝廷内忧外患、国库空虚，这座水晶宫终究没能建成。我们也只能通过想象，补全这座水晶宫原本设计的模样了。

民国的库房

宝蕴楼位于西华门内、武英殿以西。远远一看，这座建筑很特别，屋顶铺的不是琉璃瓦，而是绿灰相间的石瓦，有点"小清新"的感觉。除正门咸安门为明清官式木构的建筑风格外，其余整体都是西洋建筑的样式。咸安门内原有咸安宫，为咸安宫官学校舍。清末，咸安宫区域不幸失火，只有咸安门幸免于难。1914年，古物陈列所成立，决定在咸安宫旧址空地上修建现代文物库房，用于存放从奉天、热河运来的文物。这座库房未按咸安宫原样复原，而是建成三面环绕的西式楼房，两层地上，一层半地下。外墙有专门的排水管道，相较明清时期的屋顶排水方式，已经是一种进步。

灵沼轩内壁瓷砖

▲ 灵沼轩

▲ 宝蕴楼

木头最怕火

故宫拥有世界上保存最完整的古代木结构宫殿建筑群，有超过 1000 座大小不一的建筑。如此密集的木构古建筑，最怕的就是火了。明清两朝，生活其中的人们，防火意识日益增强，防火设计也随之不断改进与升级。

距离产生安全

我们如今所见的太和殿，其实比明朝初建时规模缩小了大约一半，这其中就有防火的考虑。紫禁城建成的第二年，也就是永乐十九年（1421），三大殿就遭雷击被毁，直到正统六年（1441）才重建。然而，到了嘉靖三十六年（1557）它们再次被毁，并在嘉靖四十一年（1562）重建。万历二十五年（1597）三大殿又遭遇火灾被毁，直至天启七年（1627）才再次重建。这次重建并没有按照原有的规模，而是采取了缩小宫殿面积、扩大建筑间距的设计。这当然有原料短缺的缘故，但也是考虑到防火，通过拉大建筑间距来防止火势蔓延，避免一殿失火，延及三殿。

改连廊为防火墙

太和殿两侧原本设有木质连廊，这些连廊存在安全隐患，一旦遭遇火灾，火便可通过连廊蔓延至附近宫殿，康熙十八年（1679）的大火便是一例。在这场大火中，太和殿第四次被烧毁。康熙皇帝吸取教训，在重建太和殿时，没有恢复东西连廊，而是用砖石砌出防火墙，以此阻止火势蔓延。此后，太和殿再未遭遇火灾。同样的防火砖墙，在保和殿两侧、乾清宫两侧也能看到。值得一提的是，康熙十八年的大火，并未波及中和殿与保和殿，这证明扩大宫殿间距的防火措施是有效的。

▲ 太和殿侧面的防火墙

▲ 三大殿（太和殿、中和殿、保和殿）

▲ 明·余士、吴钺《徐显卿宦迹图》之"皇极侍班"（局部）

改后檐为风火檐

雍正五年（1727），雍正皇帝考虑到"日精门、月华门向南一带围房后俱有做饭值房"，要求将"围房后檐改为风火檐"，同时要求将东西六宫中，有类似结构的、用于做饭的房屋都改为风火檐结构。风火檐，也叫封火檐，其特点是梁头和斗拱等木构件被封在山墙以内，避免外露，原本木质的屋檐也被琉璃瓦取代，以此达到防火目的。

▲ 风火檐

门前有大海

故宫有金水河流过，重要宫殿前有水缸，各个院落还有水井，这些为故宫防火提供了重要的水源。那些体积巨大的水缸，又称太平缸或门海，名称上就带着祈求平安、以水镇火的寓意。水缸有铜制的，也有铁制的，现存最早的是太和门前明代弘治四年（1491）的铁缸。一旦遭遇火灾，救火人员可就近取水灭火。而到了冬季，为防止水缸中的水冻结，宫人还会在缸底生火烘烤，同时为水缸加装缸盖，并围上棉套保温。至于救火工具，则有岔子激桶和西式激桶之分，前者类似水枪，便于携带，后者类似压水井，射程更远。

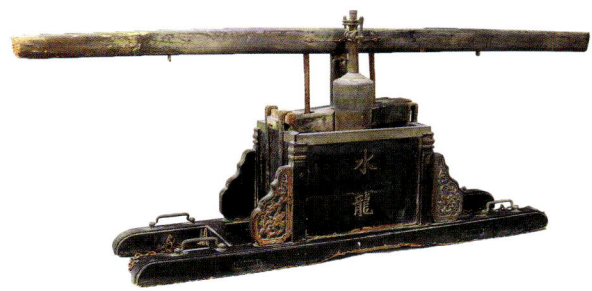

▲ 清·西洋激桶

▲ 太和门前铁缸

▲ 太和殿琉璃行什

▲ 太和殿屋顶上的大吻

意念灭火法

除了上述实用的消防措施外，故宫很多建筑上还有体现古人防火思想的小设计。正脊两端装饰的大吻，如今展现为龙口大张的样子，是从鸱尾、鸱吻演变而来的。据说鸱尾尾巴一翘，就能喷水，虽然后来其形象有所演变，但喷水灭火的寓意得以保留。在脊兽中，龙可呼风唤雨，押鱼可兴云作雨，而太和殿独有的行什，据称是雷震子，可保护建筑免遭雷击。建筑室内，顶棚上装饰的藻井，十分美观，其设计灵感来源于水井与水藻，有着防火的象征意义。此外，藏书楼文渊阁采用黑色屋顶，依据五行学说，黑色属水，水能灭火，以此寄托防火之心。这些做法虽然对于防火没有实际意义，却可以为曾经居住其中的人提供心理上的安慰。

▲ 乾清宫内景

暖暖过冬天

北京的冬季，天寒地冻。曾经生活在紫禁城的人们，是如何抵御严寒的呢？除了依靠建筑本身厚重的屋顶和严密的墙壁保温之外，他们还依赖于自然光照、人工地暖，以及熏炉等取暖设备。

阳光魔法师

故宫建筑多为大屋檐设计，出檐深度与柱高成一定比例，基本是柱高一丈，出檐三尺，或出檐为柱高的1/3。这种比例关系与不同季节的太阳高度密切相关：夏季时，炙热的阳光被屋檐挡住，遮阴避暑；冬季时，温暖的阳光从屋檐下直射室内，纳光取暖。冬季室内充足的阳光在每年冬至的乾清宫体现得最为明显。这一天，太阳高度最低，阳光穿过乾清宫的门扇，照到地面光滑如镜的金砖上，再反射到"正

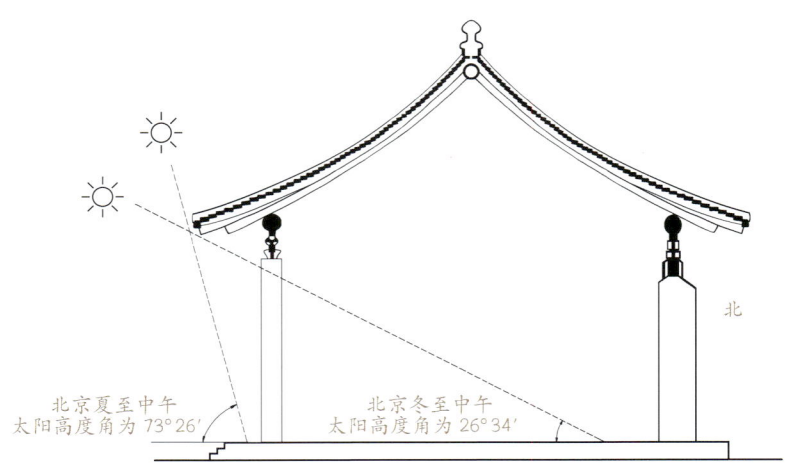

▲ 屋檐设计示意图

大光明"匾及下面的金龙图案上，形成难得一见的壮丽景象。乾清宫明间和东、西次间均设隔扇门，太阳自西向东移动，这一奇观在一天之内可以上演三次。当然，这样的美景不限于冬至当天，冬至前后几天都有机会观赏到这一自然与建筑和谐共融的奇妙场景。

地下烟火气

故宫建筑的起居空间，一般都设火地取暖，即在室内地面以下，用砖石砌出循环的烟道，烧炭加热地面取暖，其原理与现代地暖相似。火地取暖烧火的工作坑一般位于建筑前檐阶条石内。工作坑深一米，平时用木板盖上，隐藏坑口，用时掀开木板，人下到工作坑中烧火。工作坑与烧火的炉膛相连，炉膛口一般用生铸铁制成，其上部温度最高的区域会放置一块特制的铸铁方砖，以增强抗热能力，防止因局部过热而引发火灾。烟道由主烟道和若干支烟道组成，覆盖整个取暖区域，其地势高度从入口到出口逐步抬升，以利于烟气散出。坤宁宫前檐工作坑，及其西暖阁后檐墙高耸的烟囱和铜钱形的排烟口，便是火地取暖的遗迹。火地取暖的工作坑和排烟口都设在室外，既可避免烟气污染，又能防止煤气中毒，设计十分合理。

▲ 坤宁宫烟囱　　▲ 坤宁宫铜钱形排烟口

▲ 交泰殿

"有名"的木炭

除建筑本身的保暖设计外，清宫室内也会放置炭盆取暖。炭盆一般是铜制的，做工精细。有的炭盆上还带有镂空的罩子，被称为熏炉。炭盆所用的红罗炭，由易州一带山中硬木烧成，被运到红罗厂，按尺寸截成小段，装在刷有红土的荆筐里，由此得名。红罗炭"气暖而耐久，灰白而不爆"，非常适合室内取暖使用。但炭盆取暖存在安全隐患，如炭火处理不当，可能引起火灾。嘉庆二年（1797），乾清宫、交泰殿被烧毁，就是因为掌火太监未能按规矩将炭盆放在炉炕洞内，而是就近放在乾清宫东穿堂楠木隔断旁。结果炭火复燃，沿木隔断燃烧，最终将宫殿烧毁。如今交泰殿旁琉璃砖上"嘉庆三年官窑敬造"字样，就是此次灾后复建的证明。

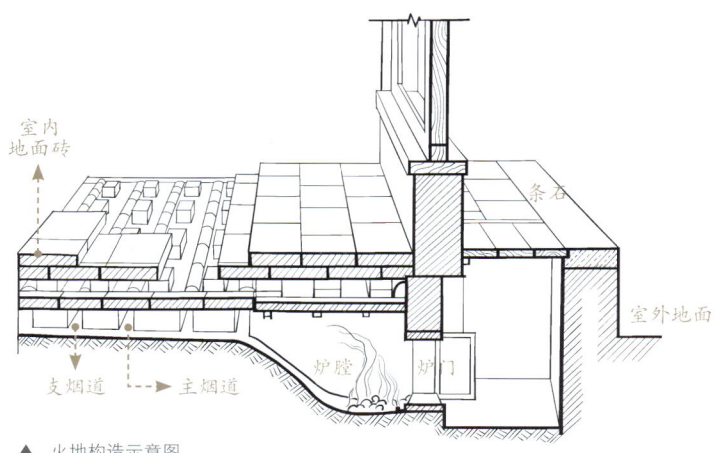

▲ 火地构造示意图

▲ 寿康宫后殿（地面正中为熏炉）

推荐阅读：朱庆征，《明清皇宫的取暖》，刊发于《紫禁城》2008年第1期

▲ 保和殿

凉凉度夏日

北京的夏季，烈日炎炎。清代皇帝更倾向于在避暑山庄、圆明园等凉爽之地度夏，但其实，紫禁城在建筑设计和使用上已有不少纳凉设计。

抬高梁架

故宫建筑屋顶多为抬梁式结构，形成类似三角形的架空层，使高温在进入室内前大打折扣。部分建筑还设有天花，进一步为热量传输设置了障碍。建筑屋檐的设计也十分巧妙地遮挡了夏季正午的阳光，使其无法直射室内空间。有人做过实验，在太和殿室内和室外地面同时放置两个温度计进行对比测量。结果显示室外地面温度高达 46 摄氏度，而室内却只有 29 摄氏度，温差达到 17 摄氏度。这充分展示了故宫建筑在避暑降温方面的卓越表现。

▲ 太和殿内景

支搭凉棚

《大清会典》中记载，紫禁城内"夏月支搭凉棚"。故宫现存长春宫凉棚烫样，可见整个凉棚与长春宫形制一致，也为五间，下部用杉篙支起，围在长春宫四周，顶部搭悬山顶，前后坡根据开间位置，各开五个天窗。每个天窗设有两层帘子，下层为芦苇编的"卷箔"，卷起可通风，展开可遮阳；上层为油布帘，平时卷起收在屋脊处，雨天展开防水。帘子上系有长绳，以便地上的人操纵。整个凉棚被涂成红色，与院落环境相搭配。除凉棚外，屋檐下还挂竹帘，低级的用苇箔编成，简约实用，最高级的用斑竹等编织各种图案，尽显雅致。

冰窖藏冰

我国用冰的历史可以追溯到3000多年前，但因取冰、藏冰需要耗费大量人力物力，夏季用冰长久以来都是皇室贵族的特权。紫禁城外西路有四座低矮的房屋，是过去的冰窖，用来储存冬季从紫禁城周边河流中采回的冰块。为了将冰块从冬季保存到夏季，冰窖的设计十分独特，有地上、地下两部分：地下部分温度恒定，不易被室外气温影响，而地上部分墙壁厚达两米，可有效隔热。冰窖无窗，只在两端开有小门，储冰时用泥巴和稻草封闭，用冰时才打开，最大限度隔断外部空气。窖底一角有排水孔，融化的冰水由此流入暗沟，保持冰窖干燥。即便经过如此设计，很多冰块还是会融化，所以每年储冰数量需要达到实际需求的三倍，以此保证供应。这些冰块主要用于防暑降温、冷藏食物以及制作冷饮等。

▲ 长春宫烫样

▲ 采冰示意图

▲ 冰窖内部示意图

冰箱降温

电冰箱虽是现代之物，但能冰镇食物的冰箱，在清代已普遍使用。这种冰箱是从古代盛冰容器"冰鉴"发展而来，通常口大底小呈斗状，箱盖刻有镂空图案，十分精美。箱内壁包有不易导热的铅皮或锡皮，起到隔热作用，延长冰块使用时间，同时避免冰水侵蚀木质箱体。使用时，先将冰块放入其中，再放瓜果、饮品等。冰块融化散发的凉气也可从箱盖镂空部分透出，降低室内温度。根据《国朝宫史》卷十七记载，皇太后和皇后配有两件锡里冰箱，皇贵妃及以下级别的妃嫔就没有了。皇子福晋配一件锡里冰箱，侧福晋及以下也没有。可见在当时冰箱是十分贵重的用品。

▲ 清·柏木冰箱

▲ 清·乾隆御制款掐丝珐琅冰箱

屋面巧排水

屋面不仅具备遮蔽风雨、保温隔热的功能，还有雨天排水的作用。对于木构建筑而言，快速排水至关重要，这能防止雨水渗漏，保持内部构件干燥，避免潮湿导致的腐朽损坏。

▶ 中和殿

铺层琉璃瓦

故宫建筑屋顶大多覆盖琉璃瓦，瓦面光滑，易于排水，且琉璃自带防水特性。屋面琉璃瓦分为板瓦和筒瓦。板瓦为底层瓦，呈弧形片状，扁而宽，铺设时自下而上交叠，形成阶梯状排列。交叠处缝隙朝下，雨水落下时，不易渗入。两列板瓦之间覆盖半圆形筒瓦。为了确保防水效果，筒瓦接缝处，以及筒瓦和板瓦的交接处，都用灰浆密封，从而构筑起一道坚实的防水屏障。灰浆的颜色与琉璃瓦颜色呼应，通常黄色琉璃瓦搭配红灰，绿色和蓝色琉璃瓦搭配灰色的灰。

曲面加速器

故宫建筑屋面从侧面看，并非两条线段，而是呈现为两段下凹的曲线。这种设计源自中国古人长期生活实践的结果，相较于平直的坡面，能使水排得更快更远。这一点也被后来的最速降线（捷线）所证实。所谓最速降线，即在忽略摩擦和空气阻力的理想状态下，物体仅凭重力从一个点滑落到不在其正下方的另一个点时，所经过的耗时最短的一条线。有学者经过测算，在考虑黏滞阻力的条件下，太和殿的屋面剖面曲线与最速降线较为相近。

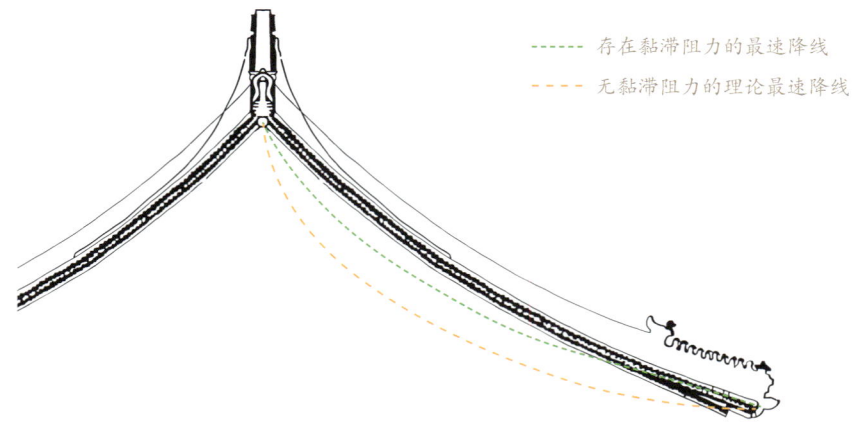

▲ 太和殿屋面曲线结构分析图

图片参考：赵晓峰、葛笛，《从黏滞阻力型最速降线看古建筑凹曲屋面成因》，刊发于《古建园林技术》，2021 年第 6 期。

▲ 琉璃瓦屋面

水池排水孔

曲线屋面可让雨水在重力作用下顺畅地向外排出。若是四周围合的平面屋顶，又该怎么排水呢？御花园钦安殿为重檐盝顶样式，其屋顶为平面矩形，四脊围合，仿佛一个小型蓄水池。为了解决排水难题，工匠们在屋脊之下、两层筒瓦之间，安装了一种叫作"过水当沟"的瓦件。这种瓦件底部中央设有排水孔，可以将雨水由平面区域引向曲面区域，进而顺利排水。

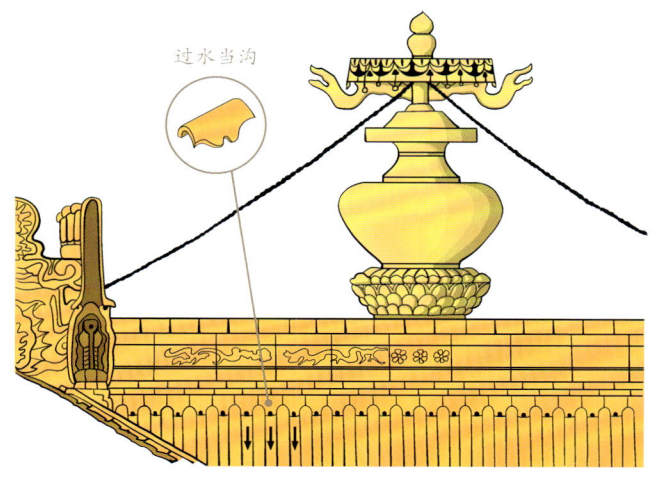

▲ 钦安殿屋顶排水结构示意图

铺个防水层

除排水外，屋面设计施工还要考虑防水问题。古建筑屋面瓦片下方都有苫背，其功能类似现代建筑中的找平层、保温层和防水层的总和。苫背按材质分为泥背、灰背、锡背等。其中锡背是一层铅锡合金的金属板。铅锡合金硬度不高、延展性好、不易氧化，作为苫背材料，不仅防水性能良好，使用寿命也很长，通常可达百年之久。为保证防水效果，每块锡背之间要进行焊接，而非用钉子固定。极重要的建筑往往要苫两层锡背，以进一步提高防水效果。

▲ 灰背　　▲ 锡背

积水两边走

两座或多座建筑屋顶前后相连的结构形式被称为勾连搭。这种结构可扩展建筑进深，但屋顶连接处容易积水，因而通常设计有天沟。天沟中间高，两端低，方便雨水向两侧排出。有的天沟中间和两端同宽，呈一字形，叫作一字形天沟。有的天沟中间宽阔，两端狭窄，形似枣核，叫作枣核形天沟。天沟处无法铺设屋面，因此需要通过苫背来防水。有时，经天沟排出的水并非直接落到地面，而是经由立柱引导排出，以防止雨水四处飞溅。例如，养心殿与其抱厦为一殿一卷勾连搭，屋顶连接处设有天沟，且天沟一端有立柱相接。这些立柱特别选用锡铅合金材料，防水防潮，不易锈蚀，且外形、颜色与木柱相似，从而确保了整体建筑的和谐统一。

▲ 养心殿鸟瞰图

▲ 静怡轩（三卷勾连搭）

排水一体化

紫禁城拥有一套非常完备的排水系统，除屋面外，墙体、台基、地面和地下都融入了排水设计。这些设计有的显而易见，有的却很隐蔽。它们相互配合，及时将雨水排出，使这座城极少遭受水患。

墙体伸出嘴

故宫东筒子东北段的墙体上，有高低错落、伸出墙外的结构，叫作挑头沟嘴，是一种排水构件。那么，这些沟嘴排的是从哪里流出的水呢？显然不是墙体本身渗漏的。这些雨水其实来自墙内宁寿宫花园的建筑。以第四进院落的竹香馆为例，建筑屋檐距墙体很近，雨水容易汇聚在墙体和建筑之间，造成墙体损坏。安装挑头沟嘴，可将建筑屋檐流出的雨水导流到墙外，防止雨水浸坏墙体。同样的沟嘴在午门也能见到，用于排出城楼和城墙上的积水。

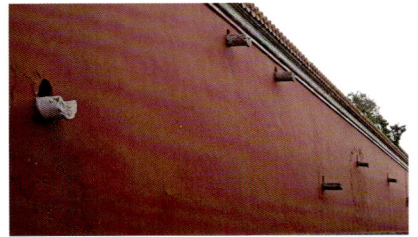
▲ 东筒子挑头沟嘴

▲ 午门挑头沟嘴

▲ 竹香馆

▲ "龙吐水"

千龙吐水

故宫三大殿坐落在三层汉白玉台基上，台基四周被望柱和栏板环绕。每根望柱下方设有一个螭首，三层台基共计 1142 个。这些螭首不仅是装饰，还是实用的排水构件。螭首口内有凿穿的孔洞，用以排出台基上的积水，如果短时间内雨量很大，还可形成千龙吐水的奇观。此外，每块栏板底部也开有排水孔。落到台基上的雨水，经由栏板底部的排水孔和螭首口，就可排到地面，防止台基积水。这种栏板底部开孔的设计，在金水桥上也能看到。

▲ 太和殿栏板底部排水孔

汇流一处

太和殿前有一条用大块石料铺成的"御路",中间高,两边低,两侧为砖砌的"散水"。这种设计可以使御路上的雨水很快地向其两侧流走。广场东、西、南三侧有石质明沟,在东西两侧建筑坡道下也设有涵洞,与明沟相连。故宫整体地势西北高、东南低,汇流到明沟的雨水最终向东南方向排出。同样的排水思路也被应用于规模较小的院落。储秀宫院落正中为十字形甬路,同样采用中间高、两边低的设计,方便雨水向两侧排出;院落东南角和西南角各有排水孔,将东西方向汇流的雨水排出。此外,故宫建筑台基下通常也设有散水。散水有一定坡度,其宽度根据屋檐挑出长度和建筑体量而定,目的是使屋檐流下的水落在散水上,避免雨水直接冲刷或渗入地基,从而维持建筑稳固。

▲ 太和殿广场东南角

▲ 太和殿广场

▲ 文华殿散水

▲ 神武门内暗沟

▲ 西二长街盖板

明沟暗渠

地面雨水,经过河道和四通八达的明沟暗渠,最终汇入内金水河,向故宫东南方向流出。这些排水沟渠,有的深藏地下,有的有迹可循。神武门内红墙南侧有长长的、东西延伸的盖板,盖板底下便是地下暗沟。有的盖板兼具明沟功能,西一长街和西二长街的盖板,中间有凹槽,用于汇流地面雨水,盖板上还有"钱眼"形排水孔,以将雨水排入地下暗沟。但两条长街的盖板设计略有不同,西一长街仅在西侧有明沟,西二长街则是两侧皆有。这是因为西一长街东侧的后三宫地势较高,雨水会自然由东向西流动,无须额外增设盖板,体现了古代工匠因地制宜的智慧。

空间扩大法

古建筑空间的扩大，可做减法，也可做加法。减的是阻挡视线的构件，加的是视觉延伸元素。

柱子做减法

想象一下，如果一个房间中到处都是柱子，举办宴会、祭祀等活动岂不是很不方便？这一点，早在辽代中期就已有了应对方案，那便是减掉部分柱子，在不影响建筑稳定性的前提下，扩大室内使用空间，这被称为"减柱造"。例如，保和殿殿内前檐金柱减少六根，以满足殿试、宴会等需求。坤宁宫则通过减柱法，为萨满教祭祀祝祷提供宽敞的空间。除宫殿外，大门也会使用这种方法。隆宗门和景运门分别是故宫中路与西路、中路与东路的通道，这两道门也通过减柱造的方式，增加了门内空间，方便人们往来通行。

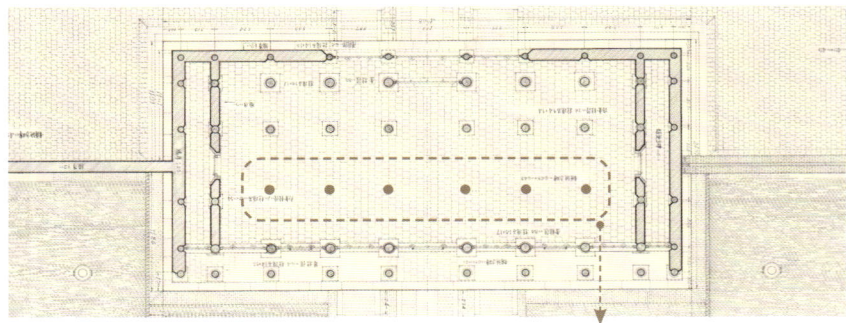

▲ 保和殿平面图　　　减少的六根金柱位置

▲ 坤宁宫内景

▲ 隆宗门内部空间

天花做减法

隆宗门和景运门，不仅通过"减柱造"扩展了水平方向的空间，还通过"露明造"扩展了竖直方向的空间。"露明造"又称"彻上明造"，即不设顶棚，而将屋顶梁、枋、椽等构件完全暴露出来。少了顶棚的遮挡，屋顶内部空间得以完全释放，视觉上更显宽敞。这种做法还可使木构件保持通风、干燥，延长使用寿命。

镜面反射法

镜子是现代装修，尤其是小户型装修，常用的设计元素。除用于整理仪容外，人们还可利用镜面反射，创造视觉延伸效果，弥补室内采光不足的缺陷。同样的设计思路，清宫也有使用。养心殿三希堂由两个小房间组成，每间只约四平方米。靠窗一间除去炕，便只余换鞋的地儿了。因而炕下西侧安装了顶天立地的玻璃镜，映出对面墙上插有各色花卉的壁瓶，使视野更显开阔。另外，乾隆花园第四进院的倦勤斋也有两面玻璃镜，并排靠墙站立，同样有延伸视觉的效果，更妙的是，其中一面还是一扇隐藏门，推开后豁然开朗，进入新的空间。

真假迷惑法

同样为改善空间过小的情况，三希堂外间则换了种设计思路，其西侧墙面裱糊了画作，即贴落。画中间有一月亮门，门外庭院树石相间，两棵梅树开出白色花朵，一位老者手持梅花枝条，递给身旁的少年。整幅贴落由五块绢拼接而成，即中间人物、左右槛窗、顶棚和地面。画中左右槛窗、顶部几腿罩和下部瓷砖，均与三希堂室内的一模一样，是将实景纳入画中，并采用透视技法绘成，形成一种纵深感，仿佛迈步即可穿过房间，步入花园，大大减轻了空间狭小所带来的压迫感。值得一提的是，此间地面原本铺设的是土砖，乾隆二十九年（1764）更换为瓷砖，而为了与实景匹配，画中的室内地面也由此改绘为瓷砖。

▲ 养心殿三希堂内景　　→ 镜子

▲ 养心殿三希堂西次间　　→ 贴落

▲ 倦勤斋

氛围营造法

三希堂贴落的设计思路也被运用到了倦勤斋，且得到更进一步的发展。这里有一处小戏台。戏台上部天花绘有藤萝架，北侧墙面上则是整幅通景画贴落。画中绘有一处庭院，前景为竹篱笆，一侧开有月亮门，与画对面用楠木仿制的竹篱笆和月亮门相呼应；主体建筑为一座两层黄琉璃瓦蓝剪边的建筑，四周植有松树，以及藤萝、月季、牡丹、海棠等各类花卉。通景画的透视效果，以及画面与实景的呼应，与三希堂贴落如出一辙，但此处贴落更具沉浸感，与室内戏台、"竹篱笆"、藤萝天花等融为一体，营造出园林的氛围。身处其中，仿佛置身室外。

隐私保护法

中国传统社会十分讲究个人隐私，这一点在古建筑中也有体现，其中最具代表性的便是影壁。影壁的出现最早可以追溯到西周，它不仅能够抵御寒风、遮挡视线以保护隐私，还可构建丰富的空间层次。紫禁城的影壁中，最为人熟知的是九龙壁。其上雕刻的九条巨龙，姿态各异，翻腾在云海之中，气势磅礴。然而，若要论生动多样，后宫影壁无疑更胜一筹。

"双胞胎"影壁

东六宫中的景仁宫和西六宫中的永寿宫是沿中轴线对称分布的两座宫殿，其宫门入口处均有一座影壁，这两座影壁的造型设计如出一辙，宛如一对"双胞胎"。影壁底座和边框为汉白玉质地，壁心为一整块大理石，纹理天然，如同一幅水墨画，不事雕琢。影壁底座前后两端各有一只蹲坐的靠山兽，目视前方，"长发"飘扬。这种靠山兽仅在这两处影壁以及断虹桥处可见。据专家推断，断虹桥为元代遗存，原本为三座桥，被拆除的两座桥上的靠山兽或许就用在了此处。

▲ 景仁宫影壁

▲ 断虹桥桥头靠山兽

"错别字"影壁

钟粹宫和翊坤宫的正门内，各有一座木质影壁。这两座影壁均由四扇门板构成，每扇门板上写有一字，凑成四字吉语。钟粹宫影壁正面的字为"斋庄中正"，意为严肃诚敬，背面为"松竹并茂"，均为红底金字。或许是为与松竹的意境相呼应，门板被刷成了绿色。翊坤宫影壁上写的则是"增年益寿"和"光明盛昌"，但"明"字左边被写成了"目"，而"盛"字右上角少了一点。这可不是错别字，而是书写者的艺术表现，赋予了这些文字独特的韵味与生命力。

▲ 钟粹宫木质影壁

▲ 翊坤宫木质影壁

"福气满满"的影壁

太极殿内有一木质影壁，可以说是最有"福气"的影壁。影壁正中为五只蝙蝠拱卫团寿字图案，寓意"五福捧寿"。团寿字中心还巧妙地嵌入了"吉祥"二字。环绕着团寿字，一群小蝙蝠飞翔在五彩祥云中，有"洪福齐天"的寓意。影壁四角还各有一只大蝙蝠。整体算下来，影壁上共有54只蝙蝠。由于"蝠"与"福"同音，如此多的蝙蝠，无疑寄托了人们对幸福生活的深切期望。

▲ 太极殿木质影壁

"旁门左道"的影壁

养心殿自清雍正时期以后被用作皇帝寝宫，也是皇帝处理政务、召见大臣、读书学习之所，因而格外注意保护皇帝隐私。这里除与正门相对的木质影壁外，东西角门处还各建有一座琉璃影壁，用以遮挡进出仆从的视线。这是很少见的在偏门处设立的影壁。两座影壁均采用黄绿色调，其中心装饰的盒子为鸳鸯戏水图案，描绘了两只鸳鸯在荷花盛开的池塘里嬉戏的场景。盒子四周则大面积铺设了绿色琉璃，宛如一片绿树掩映下、波光粼粼的池塘。此外，养心殿西暖阁是皇帝与大臣商讨机密的房间，为防泄密，殿外特意加设板墙围挡。仿照养心殿建造的养性殿前，也有同样的围挡。

▲ 养心殿角门影壁

"鱼龙变化"的影壁

太极殿南墙处还有一座琉璃影壁，壁身以艳丽的朱红色为底，正中和四角都有琉璃装饰。影壁正中盒子装饰的是二龙戏珠的图案。绿色背景上，两条龙活灵活现，在祥云之间，环绕一颗火焰纹宝珠嬉戏。两条龙一升一降、四爪张开、四目相对，栩栩如生。影壁四个角上，也各有一条龙在祥云缭绕中翻腾跃动。这四条龙虽然位置不同，姿态各异，但目光都聚焦于中间的两条龙，如众星拱月一般，在变化中体现出对称和统一。影壁下方是汉白玉底座，底座中央为双鱼浮雕图案。双鱼首尾相连，追逐旋转，形成一个圆，犹如太极图案，与殿名"太极殿"相呼应。双鱼与金龙，又蕴含了鱼龙变化的美好寓意。此外，这座影壁还有美化院落环境的作用。影壁两侧墙壁高矮不一，相接处是个拐角。影壁既调和了墙壁高度，又遮挡了不太美观的拐角，使整个院落环境更加和谐美观。

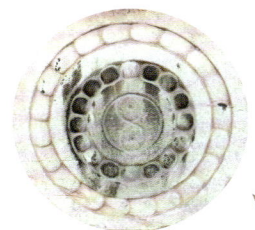

底座的太极图案

▲ 太极殿南墙影壁

脚下有惊喜

漫步故宫，你可注意过脚下的地面？那些地砖并非随意铺设，而是遵循一定秩序。除常规铺设外，有的地面上还有一些功能性或趣味性的砖石，仔细观察，便有惊喜。

地砖铺设有秩序

故宫建筑外的砖石地面，一般由甬路、散水和海墁组成。甬路为主路，重要宫殿前用大块石料铺成的甬路也称御路。散水位于甬路两侧或台基旁，有一定坡度，"帮助"雨水向外散去。海墁为地面其他区域，以大量砖块铺就。这种组合，在大型建筑前比较容易辨认，但到了小型建筑前则不太明显。以储秀宫院落为例，主殿储秀宫与其南侧体和殿之间，以及东西配殿之间均为方砖铺就的甬路，前者七块砖宽，后者五块砖宽，主次有别。两条甬路在院落中央十字交叉，方砖铺设方式为"十字缝"，即相邻两块砖错开半砖。散水用条砖铺设，条砖宽度为长度的一半，采用"褥子面"铺法，即"两横一竖"或"一竖两横"。海墁则用条砖以"十字缝"法铺就。由此可见，储秀宫院落的甬路、散水和海墁采用不同方式铺就而成，秩序井然又富有变化。除此之外，地砖的铺设还有很多种方法，来故宫时，可以留心观察。

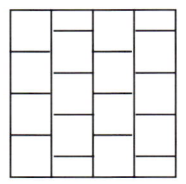

▲ 方砖"十字缝"

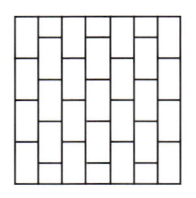

▲ 条砖"十字缝"

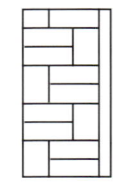

▲ 条砖"褥子面"
（兀字面）

▲ 储秀宫

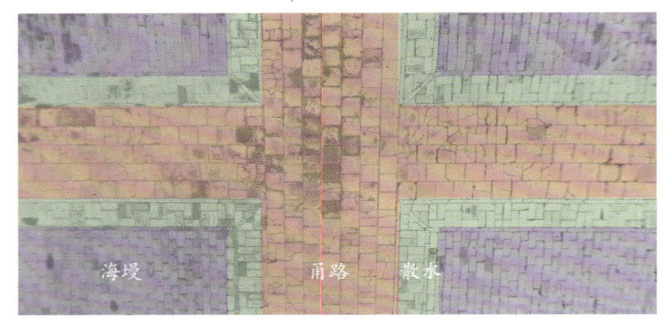

海墁　甬路　散水

重大活动站位点

太和殿广场东西两侧地面上，各有一列白色方形石块。每列石块并非紧紧相连成一线，而是断断续续，仿若虚线，显然是有意为之。那这些石块有什么作用呢？原来它们是清代在太和殿举行重大典礼时，仪仗队伍的站位点标记，被称为"仪仗墩"。举行典礼时，手持各类仪仗的人员，站在指定的仪仗墩上，营造出整齐划一、庄严郑重的氛围。此外，太和殿前御路两侧还会摆放铜铸的"品级山"，引导出席典礼的文武官员按品级站位。品级山从正一品、从一品到正九品、从九品，共十八种，御路两侧各摆放两列，合计七十二个。典礼中，官员若是队伍散漫、交谈议论，或是随意穿越御路，都会受到相应的惩罚。

▲ 太和殿广场西侧仪仗墩　　仪仗墩

▲ 太和殿前品级山　　品级山

文人游戏的水渠

宁寿宫花园第一进院落有一座禊赏亭，其名源自"兰亭修禊"的典故。"修禊"是古人在水边进行的一种消灾祈福的活动。东晋永和九年（353），农历三月初三上巳节，王羲之与王献之、谢安等人在"清流激湍"的水边集会修禊。集会上，他们以"流觞曲水"为乐，集会后便诞生了被称为"天下第一行书"的《兰亭集序》。禊赏亭抱厦地面蜿蜒曲折的水渠正是取"流觞曲水"之意。这条水渠又称"流杯渠"，水源来自亭子南侧藏在假山后的两个大水缸。使用时，汲水入缸，经假山内的暗道流入渠内，以水流推送杯盏，重现古人雅集的乐趣。

▲ 禊赏亭内流杯渠

▲ 禊赏亭外景

石子作画讲故事

故宫各处花园中，都有用鹅卵石、砖雕、瓦条、方砖组合铺就的石子路，其中以御花园的最为丰富。这里的石子路以不同材质和颜色的石子描绘出题材丰富的图案，不仅起到分隔空间的作用，也与建筑的功能紧密相连。养性斋曾作为书房之用，斋前及附近区域的石子路上便镶嵌有鼎、尊、爵、斝等博古图案，有博古通今的寓意，与书房的文化氛围相得益彰。四神祠内供奉青龙、白虎、朱雀、玄武四方之神，而祠北石子路上则装饰有香炉、玉鼎、瓷瓶、花罐等祭祀用具的图案，与在祠内举行的祭祀活动相呼应。石子画中还有不少三国故事，看来宫中不乏"三国迷"。

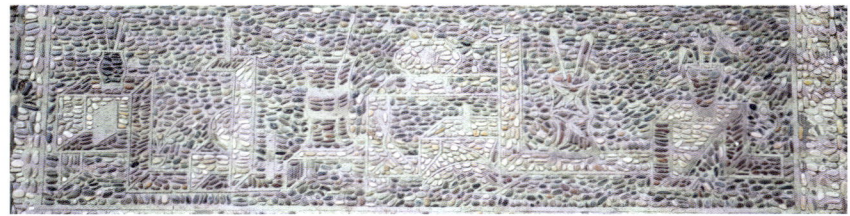

▲ 养性斋前石子画中的博古纹

▲ 四神祠北石子画中的香炉

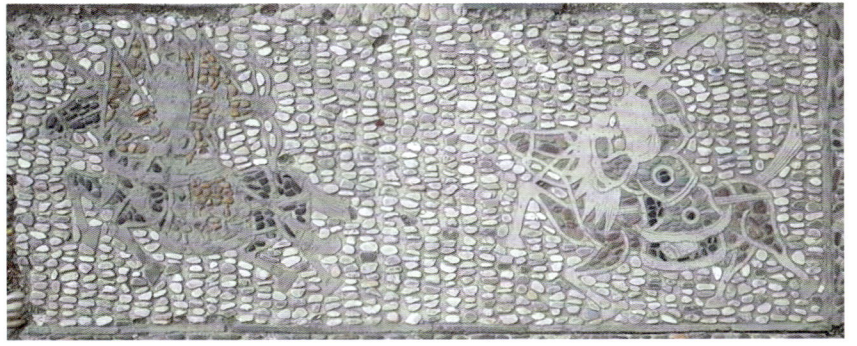

▲ 御花园石子画中的三国故事（关羽、黄忠战长沙）

水井各不同

水是生命之源。生活在紫禁城的人们，日常用水除西山玉泉山的泉水和金水河的河水外，还要依赖宫殿各处的水井。紫禁城中每个独立院落基本都有水井，尤其是东西六宫的水井，几乎是沿中轴线对称分布的。

建个水渠省省力

浴德堂院墙外有一口水井，建在高台之上，上有井亭。亭内上方留存铁杆和铁环，水井两侧也有对称圆孔，据此判断，当时应是用辘轳一类的工具取水。特别的是，水井旁还有方形水槽和引水渠相连。从井口汲取的水，无须肩扛手提，倒入水槽，便可沿引水渠一路输送到院墙内的灶屋北壁，再由其他工具接引到锅内加热。锅台旁也有一个石槽，内嵌铜管。被加热后的水，同样无须费力搬运，只要倒入石槽，便可沿铜管进入隔壁房间。整个过程省力高效，可谓智慧之举。

▲ 浴德堂外井亭

▲ 井亭上铁杆和铁环

▲ 灶屋北壁

▲ 井口

▲ 灶屋灶台　　锅台

甘甜清冽数第二

在文华殿东侧的传心殿内有一口水井，名为"大庖井"。自顺治八年（1651）开始，每年十月宫中在此祭祀井神。据说这里的井水格外甘甜清冽，有"玉泉第一，大庖井第二"的说法。井的四周环绕着砖砌栏板，只在西侧开口，以便出入。其井亭形制比较特别，远看为卷棚悬山顶，实际亭顶中间开有四四方方的天窗，以便透光和清理。这种形制的井亭，在故宫唯此一处。

▲ 大庖井

压力满满的井

永和宫的水井没有井口，取而代之的是一台国外进口的、如今已锈迹斑斑的压水机。这台压水机在故宫独一无二，通过按压手柄，推动活塞运动，在气压的作用下将井水抽上来。相比传统辘轳，压水机不仅操作简便、省力高效，而且更能保持水质清洁，至今在很多地区仍有使用。

▲ 永和宫压水机

以妃子命名的井

在故宫博物院珍宝馆出口处有一口不起眼的井，却总能引得观众驻足，这就是珍妃井。珍妃是清代光绪皇帝的妃子，因支持光绪皇帝"维新变法"引得慈禧太后不满。光绪二十四年（1898），慈禧太后发动"戊戌政变"，将光绪皇帝囚禁在瀛台，并将珍妃幽禁起来。两年后，八国联军攻陷北京，慈禧太后带着光绪皇帝仓皇逃走，行前命人将珍妃推入此井。第二年，光绪皇帝回京后才将珍妃尸体打捞上来，最初葬于西直门外，后移至崇陵。这段令人哀伤的故事广为流传，至今仍引得人们在井边唏嘘叹息。有观众疑惑这么小的井口怎么容得下人？其实我们如今所见的中空圆柱并非井口，而是井盖石，井口隐藏在其下方。

戏台之下的水井

畅音阁位于宁寿全宫，是故宫现存最大的一座戏楼。畅音阁地上为三层，由上至下分别为福台、禄台和寿台。三层之间有活动地板，打开即可形成上下贯通的"天井"。寿台之下，还有一层地下室，室内中央为一口水井，周边为四口旱井，可实现更好的声音效果。除此之外，水井还可配合喷水表演，实现更有趣的观看效果。天井和地井配有辘轳、滑轮等装置，通过牵引绳索便可升降演员或道具，实现"上天入地"的效果，类似现代的吊威亚。

▲ 珍妃井

▲ 畅音阁

▲ 畅音阁构造示意图

柱子延年术

柱子是木结构建筑的重要受力构件，其状态直接关乎整个建筑的稳定性。中国古代工匠采取了很多措施，为木柱防潮、防腐、防虫蛀，柱子朽坏时，也会通过各种方式修复，甚至不惜"偷梁换柱"。

▲ "一麻五灰"示意图

穿外套

我们看故宫的木柱，通常只能看到一层红色的油漆，但这只是它最外层的"一件衣服"，其实在木基层和油漆之间还有多道工序，最常见的就是"一麻五灰"，即先用"捉缝灰"填补木柱缝隙，再施"通灰"使木基层表面平滑，然后将"麻丝"垂直于木纹理方向粘在通灰表面，之后用"亚麻灰"覆盖在麻丝表面，再刷中灰和细灰，形成柱子的"地仗层"。地仗层既可起到防腐防潮的作用，还可借助麻纤维的拉力，防止木柱和地仗层开裂，延长柱子使用寿命。

化彩妆

在木柱地仗层之外，通常会施油饰，这不仅能防腐防蛀，还有装饰美化的作用。故宫柱子的彩画中，最值得称道的是太和殿中间位置的六根金柱上的。当然，这些柱子并非黄金制成，而是因其所在的位置被称为金柱。这些金柱还有个很长的名字，叫作"沥粉贴金江山万代升转蟠龙柱"。沥粉贴金是一种彩画工艺，类似蛋糕裱花：将土粉、桐油、骨胶等材料配制成膏状物，装在类似裱花嘴的筒子里，沿图案挤出凸起的线条，再贴上薄薄的金箔，形成金光灿灿、立体生动的图案。

▲ 沥粉贴金示意图

◀ 太和殿内景

▲ 太和殿柱顶石（圆形）

▲ 养性殿柱顶石（方形）

透透气

古建筑的外围立柱被包裹在墙体内，时间长了容易腐朽，为此人们在墙体上设置了"透风"装置。透风是一块小小的、四四方方的镂空砖雕，其上雕刻有各种植物、动物纹样。它就像是柱子的"呼吸孔"，可以让墙体和柱子之间空气流通，保持柱子通风干燥，延长其使用寿命。透风通常设置在柱根处，因为此处潮气较重，但有的建筑在柱子上部也有透风，可使空气流通更加顺畅。

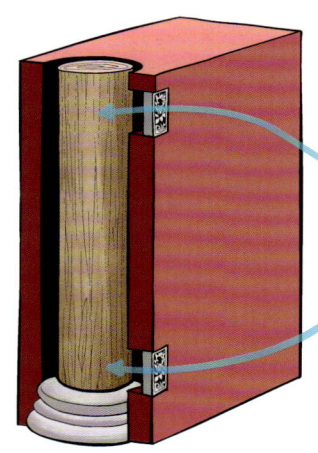

▲ 透风原理示意图

踩高台

立柱因接于地面，潮气较重，工匠会在柱根处安置高出地面的石质构件——柱顶石，以防地面潮气侵蚀木柱。柱顶石中部凸起的部分表面平整，叫作鼓镜。圆柱下的为圆鼓镜，方柱下的为方鼓镜。鼓镜直径大于柱子直径，使柱子能平稳地被安置在鼓镜之上。但对于一些稳定性较差的建筑，工匠也会在柱顶石中间凿出榫窝，将柱子下的榫头插入其中，以增强结构的稳定性。

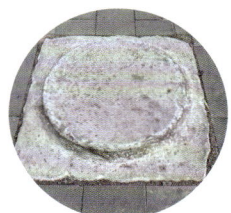

▲ 表面平整的柱顶石

▲ 带有榫窝的柱顶石

▲ 太和殿透风

替换芯

即便采取了上述多种保护措施，随着年深日久，有的木柱还是难免糟朽，尤其是柱根位置，这就需要对木柱进行修缮。对于表面轻微糟朽的柱子，可以用"包镶法"修缮，即将糟朽部分剔除后，用新木材包在柱心外围。柱根或柱心糟朽的，就需要采用"墩接法"，即将柱子糟朽部分截掉，换上新料，令新料与旧料上下拼插，再用铁箍箍牢。若木柱整体糟朽严重、高位糟朽，或有折断的，就只能抽换柱子"偷梁换柱"（抽换法），或加辅柱支撑。"偷梁换柱"只适用于构件穿插较少的柱子，需要将梁枋等构件支起，以便拆除旧柱，换上新柱。

▲ 包镶法

▲ 墩接法

▲ 抽换法

斗拱大力士

斗拱是中国古建筑特有的形制，位于建筑物檐下或梁架间。故宫的斗拱青绿相间，虽不如黄瓦红柱显眼，却是木构古建筑的重要构件。屋檐下、梁架间、雀替下和琉璃山墙上都有斗拱的身影，它既是重要的结构构件，也是精美的装饰。

▲ 符望阁

▲ 佛光寺东大殿

一斗三升来举重

斗拱由"斗"和"拱"组成。斗为方形，形似量器中的斗；"拱"为形似弓形的横木。可见斗拱名称取自与其外形相似的物品。目前已知最早的斗（栌斗）的形象出现在西周青铜器令簋上。最简单的斗拱，是一斗三升，底下一个坐斗，斗上托拱，拱上承托三个小斗（升）。这种造型很像是大力士在举重。而在汉代画像石中，的确有人物托举屋顶的形象，是人们对于斗拱形象的想象延伸。

▲ 西周作册夨令簋手绘图

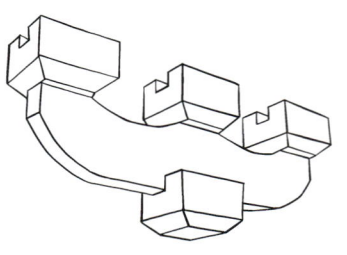

▲ 一斗三升示意图

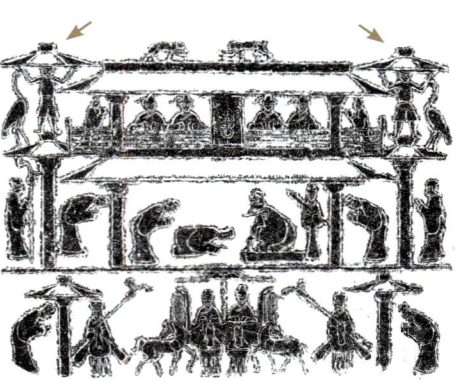

▲ 山东嘉祥出土东汉楼阁人物画像石拓片

小斗拱、大作用

作为建筑屋架和柱子之间承接过渡的部分，斗拱将上部梁架、屋面的荷载传递到柱子上，再由柱子传到基础，起到传递荷载的作用。此外，斗拱安置于屋檐之下，向外挑出，使出檐深远成为可能，从而保护柱顶石、墙身等免受雨水侵蚀。纵横相接的斗拱也更具弹性，可以吸收纵横地震波，增强建筑抗震性能。

▲ 斗拱

斗拱说了算

明清带斗拱的建筑，其建筑构件的尺寸都以"斗口"为权衡基数。所谓斗口，是坐斗之上的"十"字形卯口的正面尺寸。清工部《工程做法则例》规定："斗口有头等材、二等材以至十一等材之分。"设计一座建筑时，只要确定了斗口的等级，那其他各部位的尺寸就都可以推算出来了，如檐柱高70斗口（含斗拱），柱径为6斗口。这种以斗口为基本尺寸的制度，使建筑设计更加标准化，也沿用到今天传统建筑的设计之中。

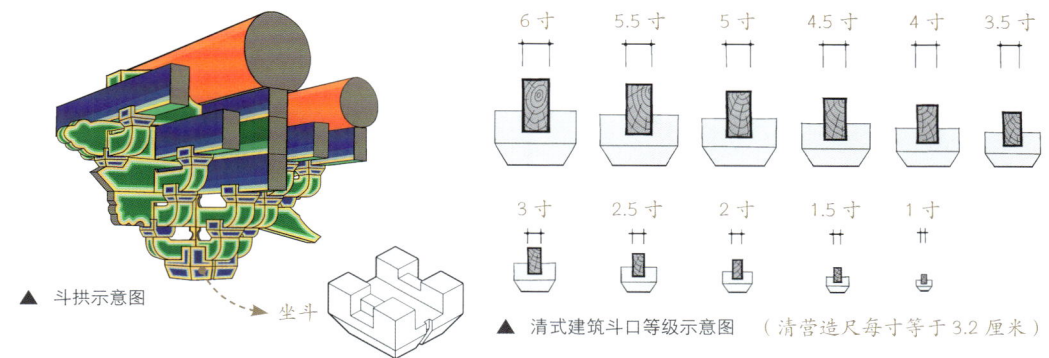

▲ 斗拱示意图　　坐斗

▲ 清式建筑斗口等级示意图（清营造尺每寸等于3.2厘米）

无处安放的鸟巢

仔细观察，故宫建筑檐下斗拱和亭子藻井下都有细密的铜网。这是因为交错层叠的结构，是鸟雀理想的筑巢所，但鸟巢和鸟类排泄物会对建筑造成损害。为防止鸟雀在此栖息停留，古代工匠在斗拱外和亭子藻井下罩上了铜网。时至今日，鸟巢带来的困扰依然存在，只是由古建筑转移到了电力设施上。很多鸟类喜欢在输电铁塔上筑巢，给电力线路带来安全隐患。为此，人们为鸟儿们安装了人工鸟巢，以此吸引它们在安全的位置筑巢，实现了电网与鸟类和谐共存。

▲ 斗拱外铜网

越来越小的斗拱

斗拱尺度随建筑年代的更迭逐渐缩小。五台山佛光寺东大殿是我国现存规模最大的唐代木构建筑，其斗拱尺度宏大，约为柱高的二分之一。宋代以后，斗拱逐渐缩小。太和殿下檐斗拱仅约为柱高的七分之一。明清斗拱尺度的缩小，与其建筑结构和材质有关。这一时期的建筑，梁柱之间直接以榫卯相接，斗拱不再起维持构架整体性的功能，力学功能减弱，装饰性能增强。此外，明代以来大量使用砖墙，不再像土坯墙一样需要深远的出檐来抵御风雨。

金瓦哪里寻

金瓦金銮殿，故宫建筑屋面真的覆盖了黄金瓦片吗？事实上，故宫内绝大多数建筑的屋面都是覆盖了琉璃瓦。所谓琉璃瓦，是在瓦片素胎烧成后，施一层琉璃釉，再经烧制而成。琉璃瓦色泽饱满、防水耐用，烧制时在基础釉料中加入不同的着色剂，便可使瓦片呈现出不同的颜色。但也有个别建筑使用了珍贵的鎏金铜瓦和海月贝壳作为装饰，更添几分尊贵与独特。

琉璃瓦片何时有

西周时期我国就有少量琉璃珠饰品，汉代出现小型琉璃器物。南北朝时代，琉璃开始用于建筑。据《南齐书》记载，北魏都城平城（今大同）宫城"正殿西又有祠屋，琉璃为瓦"。隋唐以后，琉璃瓦的使用逐渐增多。明清时期，琉璃瓦烧造技术达到顶峰，对琉璃瓦的使用也有严格规定。清嘉庆年间《钦定工部则例》记载"官民房屋墙垣不许擅用琉璃瓦"，说明琉璃瓦多使用于皇家建筑。

琉璃瓦件哪里烧

琉璃厂是北京一条古老的街巷，其名称的由来与琉璃烧造有关。元初，忽必烈营建大都城，在都城丽正门（今正阳门）外西侧的海王村设立窑厂，为宫廷烧制琉璃构件。明永乐皇帝修建紫禁城时，设立神木厂、大木厂、黑窑厂、台基厂和琉璃厂，以满足城市建设的需求，其中琉璃厂就在海王村一带。清初，琉璃厂附近已有众多百姓居住，考虑到环境污染的问题，将琉璃厂的烧造功能迁至门头沟的琉璃渠，直到光绪年间的"庚子事变"后，琉璃厂的烧窑工作才完全停止。

▲ 琉璃瓦屋檐

瓦缝长草拔不拔

琉璃屋面，虽无沃土，却难免有风吹鸟衔而来的种子在瓦缝间生根发芽，而这会使瓦片松动，导致渗水等后果。《清会典》（嘉庆朝）规定："每岁立秋后，三大殿拔除青草"。工匠们拔草时，有时会有意外发现。乾隆三十七年（1772），拔草匠役在弘义阁南衣库的后檐垂脊后发现一个白布袋，内装七个元宝，在垂脊南边也发现七个元宝，这些竟是遗失的库银。乾隆皇帝认为是库丁所为，下令查访，但未见结案记录。这引起了乾隆皇帝对库房安保工作的重视。时至今日，上房拔草依然是故宫古建筑日常维护保养的一项例行工作。

▲ 养性殿前琉璃影壁

▲ 弘义阁

来自海洋的瓦片

在养心殿的正殿后檐处，覆盖有上千片半透明的瓦片，被称为"明瓦"。瓦片层层叠叠，通过铁钉固定在木条上。尽管历经风化与腐蚀，瓦片已出现分层剥落的情况，但依然保持着一定的光泽和透光性。长期以来，人们以为这些瓦片来自某种云母，直到对养心殿大规模修缮时，将这些瓦片小心拆下研究，才发现其材质为软体动物海月的贝壳。早在南宋宝庆年间的《昌国县志》中就有相关记载："海月，形圆如月，亦谓之海镜，土人鳞次之，以为天窗"，可见海月被用于建筑材料是沿海居民就地取材的做法，而养心殿则是故宫唯一一处使用海月贝壳作为建筑材料的宫殿，这无疑更凸显了其独特的历史价值。

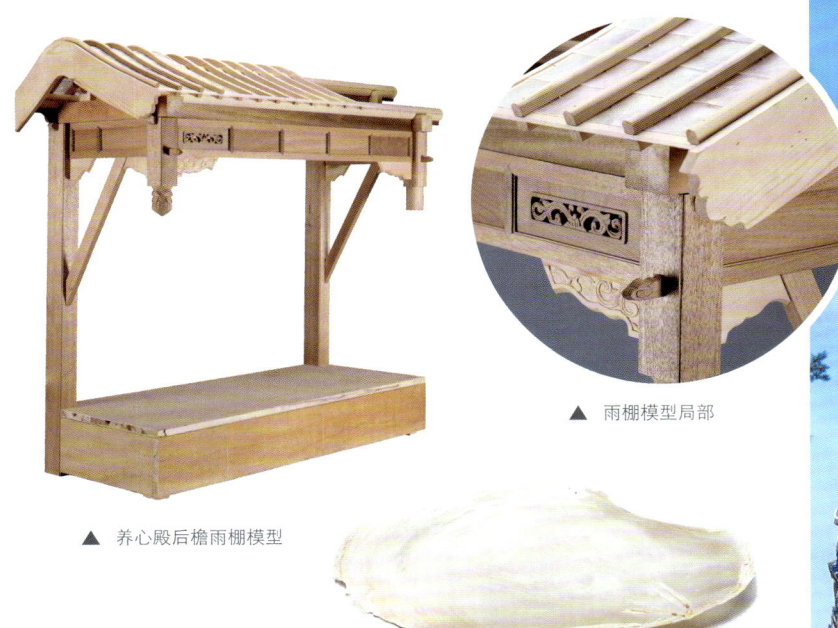

▲ 雨棚模型局部

▲ 养心殿后檐雨棚模型

▲ 海月贝壳原片

真正的黄金屋顶

在故宫众多建筑中，只有一座建筑的瓦片真正运用了黄金材料，那就是雨花阁。雨花阁是故宫现存最大的藏传佛教佛堂，于乾隆十五年（1750）建成，融合了汉藏建筑风格，独树一帜。雨花阁外观三层，内部实为四层，其中第二层为暗层。其顶层屋顶为四角攒尖顶，覆盖的不是琉璃瓦，而是鎏金铜瓦。此外，屋顶四脊之上各立一条行龙，顶部安置有喇叭塔式宝顶，均为铜鎏金制作，用铜近1000斤。

雨花阁 ▶

▲ 慈宁宫

屋顶藏宝物

紫禁城重要建筑的正脊中央，都藏着一个镇殿宝匣，里面放置各种镇物。屋脊位于建筑最高处，也是与"天"最接近的位置。在此放置镇物，是为祈求上天保佑，驱灾辟邪，入住平安。故宫博物院从20世纪50年代开始修缮古建筑，至今已在40多处宫殿发现宝匣，大到宫殿，小到门楼，都有宝匣被发现。

宝匣什么样

宝匣多为扁方形，以便放入脊筒里，材质大致有铜、锡、木三种。铜制宝匣制作较为精美，多表面鎏金，镌刻龙纹、龙凤双喜纹等图案。锡制宝匣多为素面，个别装饰有龙纹。木制宝匣一般光素无饰。2018年，在对养心殿进行修缮时，工作人员将该殿屋脊的宝匣取出。这个宝匣为铜锡合金材质，以红色朱砂为底，正面绘制青龙正龙，龙头下点缀有宝珠一颗。

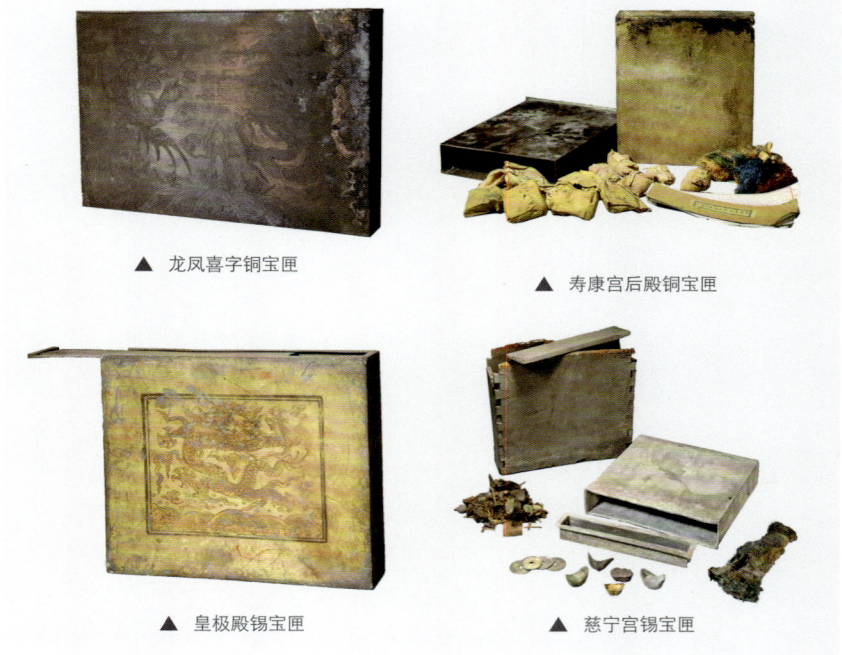

▲ 龙凤喜字铜宝匣　　▲ 寿康宫后殿铜宝匣

▲ 皇极殿锡宝匣　　▲ 慈宁宫锡宝匣

怎么都是五

宝匣内的镇物并非完全一致，以太和殿为例，宝匣内有五个元宝（金、银、铜、铁、锡）、五色宝石、五种香木（红绛香、黄芸香、紫沉香、黑乳香、白檀香）、五种药材（生地黄、木香、诃子、人参、茯苓）、五谷（高粱、黄米、粳米、麦、黄豆）、五色绸缎、五色丝线、金钱八枚和五经五卷。不难发现，这些物品大多以"五"为组合单位，是中国传统五行观念的反映。

▲ 太和殿宝匣

放置宝匣的仪式感

在清代宫廷中，宝匣的放置要经过隆重的祭祀仪式。工匠为古建筑砌脊时，会预留正中龙口处的一处暂不封瓦，待放置宝匣后再封上，称为"合龙"或"合龙门""合龙口"。合龙前，由钦天监选定吉日，举行祭祀仪式。合龙意味着屋顶部分施工完毕，预示工程接近尾声。修缮宫殿时，首先要拆龙口，将宝匣取出，俗称"请龙口"或"迎龙口"。取出的宝匣要妥善保存，一旦发现内部物品腐坏变质，要重新制备补全。为保证宝匣干燥，还要在龙口附近放置很多吸水用的木炭。

▲ 太和殿宝匣归位

不同出身的宝物

宝匣内的物品虽体量不大，但种类较多，需由多个机构协同筹备。以光绪三十二年（1906）景陵隆恩殿铜镀金宝匣制作为例：宝匣的制作与镀金分别由铜作和金玉作承担，其中的元宝、宝石等珍贵材料由金玉作负责采买，五色绸缎、五色线由灯裁作负责，经卷书写和绘制分别由中正殿和画作负责。这小小一匣物品，汇聚了众多人的力量，足见古代皇室对宝匣的重视。

▲ 养心殿宝匣

被偷走的宝匣

紫禁城虽戒备森严，也难免有盗贼出没，宝匣便是他们偷窃的目标之一。在光绪七年（1881）的一起宫廷盗窃案中，袁大马等人偷窃慈宁门、慈宁宫和大佛堂的宝匣，被按律处以极刑。案件发生后，光绪皇帝震怒于禁城重地窃贼的肆行无忌，命工部和内务府官员勘查紫禁城各处宫殿，填补修理。经查，不仅一些宫殿建筑宝匣丢失，除神武门外的门楼也均已无宝匣，只得按则例做法补安铜镀金宝匣10个、木宝匣21个，并特别指派官员负责检查这些宝匣安放后的情况。这一系列举措不仅体现了宝匣的价值，也反映出皇家对宝匣的重视。

推荐阅读：林德祺，《清代皇家建筑中的宝匣应用与文化解析》，刊发于《文物春秋》2023年第5期

门里有门道

门是建筑的出入口。故宫的门，大大小小、形形色色，有的宏伟壮丽如宫殿，有的隐蔽低调难察觉。通过这些门，我们不仅可以判断建筑等级，还能有效区分内外空间，探究古代建筑的工艺发展与演变。

"明三暗五"的门

紫禁城有四座城门，午门、神武门、东华门和西华门，其中以午门最为宏伟壮丽。午门从正面看只有三个门洞，但其实左右两侧还各有一个掖门，通往太和门广场。所以站在太和门广场上，我们可以看到一排五个门洞，这就是所谓的"明三暗五"。门洞外方内圆，寓意天圆地方。皇极门为随墙门，中间三座门楼覆盖黄琉璃瓦单檐庑殿顶，虽不比午门气派，却也气度不凡。其左右两边稍远处各开一个小门，即皇极右门和皇极左门。这两门形制明显较低，掩映在茂密的树木后，是另一种形式的"明三暗五"。

▲ 午门

▲ 太和门广场（午门背面）

▲ 皇极门

"偷工减料"的门

垂花门，听名字就很有诗意。其特点是檐柱只有短短一段，并不直达地面，柱头则被做成花瓣等形态，宛如垂下的花朵，由此得名。垂花门多用于故宫外东路和外西路宫殿两侧，作为前后院的通道。皇极殿两侧、慈宁宫两侧、乾隆花园中都有这种垂花门。垂花门也见于民宅，作为前院会客区与后院居住区的分界线。所谓"大门不出，二门不迈"的"二门"，便指的是此处的垂花门。垂花门虽然用料减少，却巧妙地赋予了建筑灵动活泼、层次分明的美感。

▲ 慈宁宫西垂花门

花形柱头的短檐柱

通往密室的门

在现代装修中有一种隐形门,与墙面融为一体,不仔细观察很难发现。其实,这并不是现代的创新,紫禁城里已有先例可循。漱芳斋前殿东次间有一处多宝阁,上面摆放了百余件珍宝,仔细观察,我们会发现左下方格子有特别的双边框,这正是暗藏玄机之处。这里其实是个隐形门,推开便可进入一处私密空间。现在,为了扩展室内空间,多宝阁已靠墙摆放。此外,倦勤斋有一处炕罩,左右为对称的隔扇,看似平平无奇,但其实有一扇可以推开,里面为净房,也就是卫生间。

▲ 漱芳斋前殿东次间多宝阁　暗门位置

▲ 倦勤斋内景

▲ 皇极殿隔扇门(三交六椀菱花)

▲ 养性殿玻璃门

是门也是窗

紫禁城很多宫殿使用隔扇门,既是一种门,也是一种窗。上部为隔扇心,起到透光的作用,下部为封闭的裙板和绦环板,起到遮蔽作用。隔扇心有不同的纹饰,其中等级最高的是三交六椀菱花,由三根棂条互呈60度相交而成,其次是双交四椀菱花,由两根棂条十字交叉而成,既有正交的,也有斜交的。随着清晚期玻璃的普及,有的门的隔扇心被替换为整块玻璃,如永和宫的门,有的则连下部的裙板和绦环板也改用玻璃,如养性殿的玻璃门,可使室内光线更加明亮。

门往哪边开

一门之隔,空间便有了内外之分。故宫建筑和院落的大门,都是向内开启的。通过观察门的开启方向,便可判断内外空间。故宫中轴线上的建筑,门大多向北开启,说明由南往北,我们不断进入其内部空间。但坤宁门是个例外,它向南开启,说明坤宁宫在内,御花园在外。那如何判断门的开启方向呢?看门钉!因为门钉都是朝外的。

门钉有几颗

门钉是故宫大门的典型特征。我们看到的大门并非由整块木板制成,而是由几块板子拼接而成。门板之间靠榫卯连接,由穿带锁合。而门板和穿带之间则需要用钉子加固,出于美观的需要,门钉外露部分被精心装饰,形成现在的门钉样式。在描述大门门钉时,我们通常会说几路几颗,这与门的构造有关。其"路",是指门钉行数,对应的是门背后穿带的数量;而"颗",则代表门钉列数,对应的是门板的数量。故宫中门的门钉多为九路九颗,因为九是最大的阳数,但东华门是个例外,其门钉为九路八颗,至于为何如此设计,尚无定论。

▲ 午门中门背面

▲ 东华门

窗户怎么开

窗户是建筑通风采光的重要构件。故宫重要建筑多用槛窗，也称隔扇窗，与隔扇门搭配使用。槛窗的隔心富于变化，以菱花窗等级最高。除槛窗外，故宫还有不同开合方式的窗户，或注重生活实用性，或彰显民族特色，或营造园林氛围，都与建筑功能和建筑主题相搭配。随着时代的发展和技术的革新，隔心的安装材料也经历了由纸张向玻璃的演变。

▲ 太和殿槛窗

灵活支摘窗

故宫内廷建筑多使用支摘窗。支摘窗，顾名思义，是可以支起和摘下的窗户。窗扇有内外两层，每层又分上扇和下扇。外层上扇可以推出，用安置在抱框上的铁杆斜向上支起；下扇以插销固定，可以摘下。内层上扇多糊纸或安装纱屉，下扇多安装玻璃。这种设计透光透气，多用于起居宫殿。窗扇使用步步锦、灯笼框、冰裂纹等纹样，充满生活气息。还有的支摘窗，上扇与下扇有合页相连，下扇不可单独摘除，使用时将下扇向上翻起，与上扇一并支起，更为便捷。

满族吊搭窗

坤宁宫吊搭窗是一种带有满族特色的窗户：槛墙低矮，窗扇很长，窗扇上部有转轴与抱框相连，抱框侧边有挂钩，可将窗扇自下而上整个钩挂起来。吊搭窗内还另有一层支摘窗，进一步增强了窗户的功能性与美观性。除此之外，坤宁宫正门开在东次间，窗户纸糊在外，南、北、西三面设炕，也是满族建筑风格的一大体现，与坤宁宫的功能紧密相关。在清代，坤宁宫西侧四间被专门用作萨满教祭祀的场所，是满族传统信仰与习俗延续的地方。

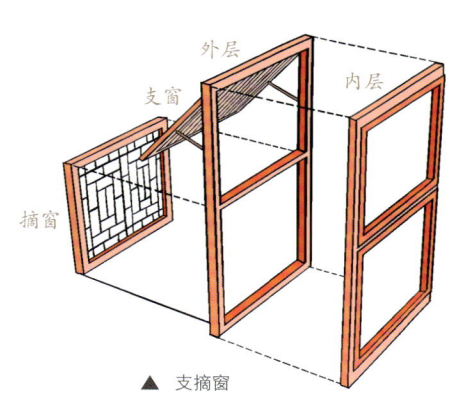

▲ 支摘窗

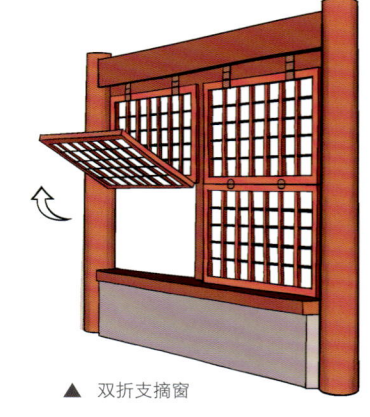

▲ 双折支摘窗

▲ 坤宁宫吊搭窗

独特推拉窗

推拉窗是现代建筑常用的窗扇形式，但这种设计，在养心殿东西配殿也能见到。这里的推拉窗是故宫中比较独特的窗户形式，四扇为一组，上下设有轨道，可将中间两扇向两侧推拉。两侧窗扇只可摘下，不可推拉。中间两扇之间还有铁质窗锁，起到固定作用，安全又牢靠。

窗锁

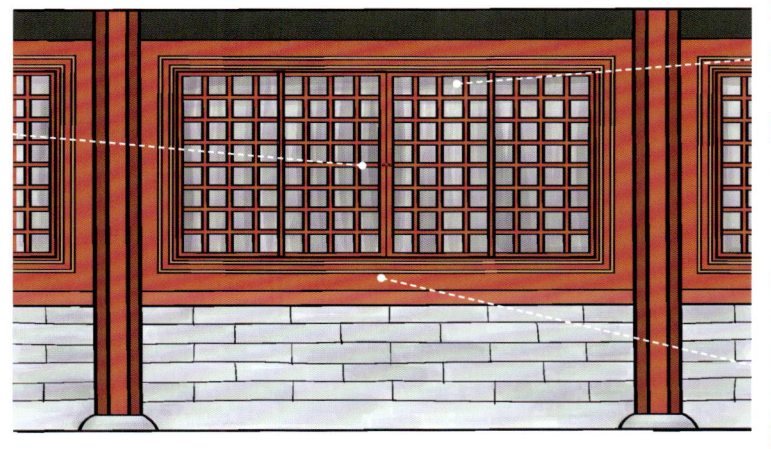
▲ 养心殿推拉窗示意图

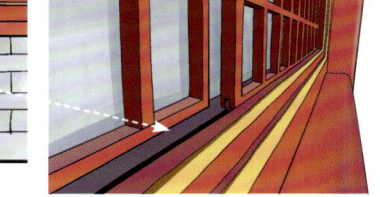
上下推拉轨道

中间两扇可推拉

昂贵玻璃窗

清代初期，紫禁城窗户纸多采用高丽纸，虽透光白净，但采光有限。至迟在雍正元年（1723），宫内已出现玻璃窗。最初使用的玻璃尺寸很小，只安装在窗户中心的一两个窗格，其余位置仍糊纸。后随玻璃板数量和尺寸的增加，先是将小块玻璃安装于所有窗格，取代纸糊；后来干脆将窗棂去掉，安装整块大玻璃。安装玻璃的建筑也由皇帝看书之所向内廷诸多宫殿扩展，养性殿、乐寿堂就是其中的代表。但在修建宁寿全宫时，因库存玻璃不能满足需求，乾隆皇帝便下令将玻璃画、玻璃屏风、玻璃灯等装饰上的平板玻璃拆下来，用于玻璃窗制作。这一方面说明平板玻璃的稀缺珍贵，另一方面也可见皇帝对玻璃窗的喜爱。

装饰假窗户

并非所有窗扇都能打开，盲窗便是其中一例，尽管它们保留了窗户的外在形态，却既不透光，也不通风。神武门城楼就有砖雕盲窗，菱花窗的形式和油饰彩画的装饰让它们看似与真窗无异，实则徒有其表，无法开启。这种设计既与建筑整体装饰风格相搭配，又能起到砖墙防护稳固的作用。盲窗在宁寿全宫的应用更为广泛。乐寿堂两侧游廊、景祺阁西侧游廊、畅音阁两侧墙面都使用了盲窗。这些盲窗以假乱真，将墙面伪装成贯通内外空间的形式，增添了园林的层次与神秘感。

▲ 乐寿堂玻璃窗

▲ 畅音阁东侧盲窗

▲ 乐寿堂西侧游廊

金砖无黄金

故宫内的重要大殿都铺设着油亮的金砖。从颜色上不难看出其并非是黄金制成，但称其为金砖，说法有三：一说金砖制作、运输、加工等耗资巨大，一块砖的价值相当于一两黄金。二说金砖质地坚硬细腻，敲之如金属般铿然有声。三说金砖原本叫"京砖"，指专供京城使用的砖，但传来传去，就传成了"金砖"。无论金砖如何得名，它的价值早已得到世人的一致认可。

一块合格的金砖

金砖是以苏州阳澄湖的澄泥为原料，经过取土、练泥、造坯、焙烧等多道工序，历时约两年才制作而成。每道工序都有严格的工艺标准和时间要求。例如练泥时，需要反复推揉泥团，排出空气，以达到"断之无孔"的标准。砖坯做好后，要阴干 5～8 个月，其间还要不断翻动，使砖块均匀干燥。一块合格的金砖须颜色纯青、明净如镜、敲击声音响亮、端正完全、毫无斑驳破损。

▲ 嘉庆二十一年（1816）承造金砖

交泰殿内景 ▶

金砖有正副

金砖烧造时间长、难度大，为保证成品率，烧造数量要多于实际需求。因此，金砖有正砖和副砖之分，副砖即备用砖。正砖和副砖烧造比例经过几次调整，到乾隆时期，固定为"十正三副"，即每烧造十块正砖，就要烧造三块副砖，以备挑选。但并非所有烧成的正砖和副砖都会被运往京城，多余的会留在窑场留待以后使用。

▲ 太极殿内景

金砖运输

金砖制成后，会经京杭大运河从苏州运到通州，再由陆路转运到京城。偶尔京城工程紧急时会雇用专船运输金砖，平时则由漕运船只捎带运输。为避免长途运输造成破损，金砖要用黄纸、稻草、竹篾等材料包装捆扎。

▲ 明万历金砖

金砖责任制

金砖在使用前都要经过质检，为便于追责，每块金砖都有印款，显示金砖尺寸、烧造年代、督造官与监造官、制造工匠等。清康熙年间，官员若挑选了不够精美的金砖，会面临罚俸一年的惩罚。

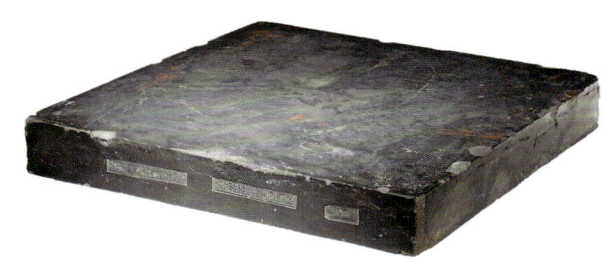

▲ 咸丰二年（1852）承造金砖

金砖使用

金砖并非只在紫禁城使用，先农坛、圆明园、泰陵、国子监辟雍、皇史宬等皇家建筑中也都有使用。值得一提的是，金砖也用于铸币的翻砂托模，或许是作为辅助工具，用于压实平整砂土，或作为操作台面垫在砂范下。民国时期，金砖开始用于民间，苏州博习医院旧址的外墙即用数万块"次品"金砖砌成。

架在顶棚的井

藻井一般位于宫殿、庙宇、佛堂等较重要的建筑内天花中央。"藻井"一词，最早见于东汉张衡的《西京赋》："蒂倒茄于藻井，披红葩之狎猎。"这里的"茄"指的是莲花，说明那时藻井上有倒垂的莲花装饰。宋、辽、金时期的藻井，普遍使用斗八形式，形似八边形，由外而内向上凸起。到了明清时期，藻井一般分为上、中、下三层，从下到上为方井、八角井和圆井，象征着古人天圆地方的宇宙观与审美情趣。

▲ 万春亭藻井

防火的诉求

东汉《风俗通》中描写"殿堂象东井形，刻为荷菱。荷菱水物，所以厌火。"其中既描述了藻井外观如井一般，也点明了它借荷菱意象避火的用途。《西京赋》中描述藻井的莲花造型，同样是借水生植物，表达避火的期望。其井的造型，除避火之意外，也与中国古代以农为本的思想相契合。井代表农业，是立国之本。大禹治水后，以"井"形划天下为九州。所以，井代表九州，代表天下，将藻井高悬于天花之上，其意不言而喻。

▲ 天津蓟州区独乐寺观音阁斗八藻井

隐藏的神牌

藻井结构复杂、装饰性强，有的藻井上面还藏有镇宅宝物。随着一些宫殿建筑的修缮，这些宝物的神秘面纱也被揭开。以太和殿为例，在藻井正上方，即顶棚中央位置，以及顶棚东西南北四处，各藏有一座神牌，且东西南北的神牌皆面向中央。每座神牌前还陈设一套铜五供（祭祀和供奉用的器物）。神牌上刻有佛道两教镇宅厌胜的经咒、符咒。藻井中央的神牌刻有璇玑八卦图，由北斗九星（北斗七星和"勺柄"旁的两星）和八卦组成。北斗自古被视为"天子象"，北斗九星也可与九州相对应，是"天人合一"思想的体现。根据档案记载，雍正九年（1731）太和殿曾安设神牌一座。而根据藻井中央这座神牌的高丽木用料判断，很可能就是雍正九年所供奉的那一块。当时，雍正皇帝被病魔缠身，沉迷道教，供奉神牌既是为了护佑个人与家宅，也是为了护国佑民。除此之外，养心殿明间藻井正上方安放有铜质神牌，坐北朝南，神牌前同样有铜五供陈列。

▲ 养心殿神牌

轩辕镜的威力

太和殿、交泰殿、养心殿、慈宁宫、斋宫等处的藻井上，龙口衔有宝珠，被称为轩辕镜。轩辕镜传说由黄帝创制，代表了皇帝的正统地位。据说袁世凯称帝时，摒弃了太和殿原有的宝座，另制一把高背大椅，但畏于轩辕镜的威力，担心其皇位得来不正，导致轩辕镜落，故并未将宝座置于轩辕镜正下方，而是往后挪了一些，可见其心虚与不安。

▲ 太和殿藻井

轩辕镜中的特例

大多数轩辕镜为球体，但慈宁宫的是个例外。慈宁宫是皇太后、太皇太后的居所。这里的轩辕镜外方内圆，有"天圆地方"之意。其中"天"象征皇帝，"地"代表女性至尊，与慈宁宫主人的身份相匹配。而太和殿藻井下方不止一个轩辕镜，除中间大轩辕镜外，周围还对称分布了六个小轩辕镜，更显气势恢宏。

▲ 慈宁宫藻井

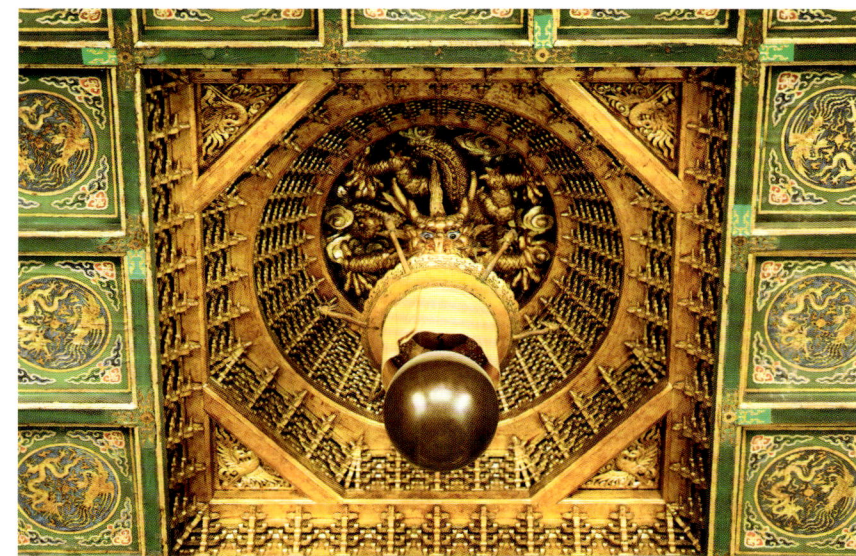

▲ 寿康宫藻井

辟邪的轩辕镜

轩辕镜除用于藻井，也出现在古人的日常生活中。宋人赵希鹄《洞天清禄集》记载："轩辕镜，其形如球，可作卧榻前悬挂，取以辟邪。"梅尧臣《饮刘原甫家》："世无轩辕镜，百怪争后先。"这些都将轩辕镜与辟邪驱恶联系在一起。清乾隆时期，皇帝曾为轩辕镜配做挑杆或宝盖、挂络，将之供奉于佛堂或道场，或许也与其这一功能有关。除此之外，雍正皇帝还曾将轩辕镜用作冠架。

▲ 清·雍正款画珐琅花蝶纹天球式冠架

开在天上的花

古建筑内部的顶棚叫作天花,宋代也称"承尘",说明其具有遮蔽梁架以上空间、防止落尘的作用。此外,天花也可辅助房屋冬季保温、夏季隔热。天花有硬天花和软天花之分。硬天花也叫井口天花,以木条纵横相交成"井"字形方格,每个方格装一块天花板,其上绘饰图案或将图案绘于纸张再裱糊其上。软天花也叫海墁天花,以木格篦子为骨架,糊饰绢或纸,表面平整。

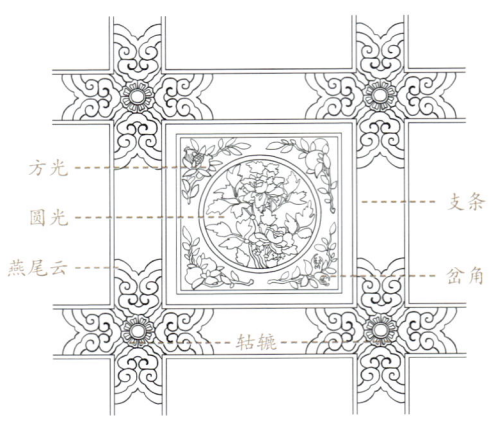

▲ 天花彩画各部位示意图

▲ 永和宫百花天花

▲ 中和殿硬天花

▲ 寿康宫软天花

百花齐放百果香

天花根据纹饰不同,分为龙纹天花、龙凤纹天花、莲花水草天花、六字箴言天花、百花天花等。其中与"天花"名称最相称的,要数百花天花。百花天花上绘有各类花卉和水果,线条简练。有的花果搭配无明显规律,有的则一花一果交替呈现,如永和宫的百花天花,就有圆光内绘花卉、岔角绘果实和圆光内绘果实、岔角绘花卉两种,呈现出一种秩序井然的视觉效果。

▲ 龙纹天花(中和殿)

▲ 龙凤纹天花(交泰殿)

▲ 莲花水草天花(东南角楼)

▲ 六字箴言天花(雨花阁)

▲ 百花天花(浮碧亭抱厦)

▲ 五福捧寿天花(畅音阁)

以假乱真难分辨

慈宁宫花园中临溪亭的天花，远远看去"井"字结构分明，圆光内绘兰花和牡丹图案，有玉堂富贵的寓意；天花中间为藻井，一条金龙盘旋其上，很像硬天花的设计。但走近才会发现，天花和藻井都是画上去的，是在软天花上营造出了硬天花的效果，或许是为了适应临溪亭小巧的体量才如此设计。

低调奢华天花板

并非所有天花都有彩画，宁寿宫区的乐寿堂、古华轩和碧螺亭的天花就是例外。它们的天花没有彩绘，而是采用裸木雕刻的设计。乐寿堂是清代乾隆皇帝为自己修建的退位后的寝宫，内部装修多用楠木、紫檀等珍贵木材，并辅以玉石、珐琅等饰品。其天花的板面上布满贴雕楠木灵芝卷草纹，朴素淡雅、高贵精致。

▲ 乐寿堂天花

▲ 临溪亭天花

▲ 古华轩天花

▲ 碧螺亭天花

莲花水草泛金光

最富贵的天花装饰要数"混金天花"。所谓混金天花，即天花不区分花纹与空地，皆施以沥粉贴金工艺，用金量极大，营造出一种金碧辉煌的视觉效果。奉先殿天花便是其中的代表。这里是明清皇室祭祀祖先的家庙，殿内装饰混金莲花水草纹天花。莲花和水草都是水生植物，有以水克火的寓意。此外，莲花在佛教中有宁静、升华的寓意，这与奉先殿的功能相匹配。

▲ 奉先殿天花

席子铺在头顶上

有时，软天花也并非由绢或纸裱糊而成，矩亭天花就"不走寻常路"。这座亭子位于宁寿宫花园第一进院落，其天花看似为软天花，实际却是用竹条编织出"万"字锦花纹"铺就"，宛如一张竹席铺展于顶，是故宫唯一一处竹编天花。

▲ 矩亭天花

隔而不断的隔断

罩是古建筑内檐装修的重要组成部分，有分割空间、丰富室内层次的作用，其功能类似于现代装修中的隔断。故宫常见的罩有几腿罩、落地罩、栏杆罩、落地花罩、炕罩等。这些罩用料考究、工艺精湛、形式多样，具有很强的装饰性。

此"几腿"非彼"鸡腿"

内檐罩中最基础的一种样式是几腿罩，由槛框、横披、花牙或楣子等组成，适用于进深较小的房间。养性斋有一处几腿罩，横披心用棂条拼出灯笼锦，装饰蝙蝠纹、团寿纹和"万"字纹，花牙雕刻结有桃子的桃枝和口衔"万"字的蝙蝠，福寿氛围浓厚。慈禧皇太后曾居住的储秀宫，其西次间的几腿罩，在横披心装饰有臣工书画，其中间一幅绘有兰花，横楣透雕梅花，与"蕙风兰露"的匾额相呼应，暗示居住者高洁的品质。

▲ 储秀宫西次间

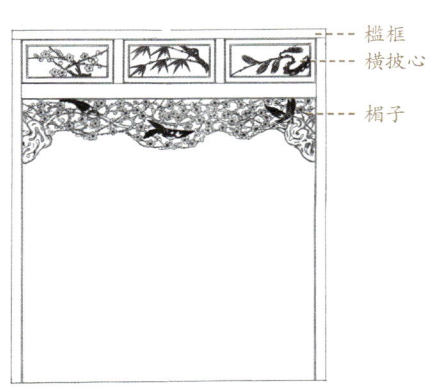
▲ 松竹梅式几腿罩立样图

▲ 符望阁掐丝珐琅落地罩

▲ 养性斋几腿罩

栏杆安室内

栏杆罩有四根落地的边框，将其划分为三部分：中间形似几腿罩，相对宽敞，方便出入，两侧下部安置栏杆。栏杆罩适用于进深较大的空间，以减少室内空旷感。有的栏杆罩还呈现出西洋装饰风格。例如，太极殿的花梨木栏杆罩，栏杆处雕刻大面积的西式花卉卷草纹。这种纹样来自一种原生于地中海地区的植物莨苕（老鼠簕属植物），古希腊时期被运用到建筑上。随着新航路的开通，这种纹样被带入清宫，运用到内檐装饰中。

▲ 长春宫栏杆罩

▲ 太极殿栏杆罩卷草纹

是木还是竹

内檐罩中比较别致的造型有圆光罩和八方罩，前者以圆润流畅的弧线勾勒门洞，后者以规整雅致的八边造型呈现，都可为室内空间平添几分灵动气韵。宁寿宫花园三友轩的圆光罩，其洞口看似竹节分明，实则是用紫檀仿制竹子，竹枝弯曲，形成圆形洞门。这样既营造出江南园林的景致，又解决了在北方竹子容易开裂的问题。花罩底纹采用竹丝镶嵌工艺，用细密的竹丝拼接出"万"字纹。门两侧分别雕刻松树和梅树图案。竹叶、松叶和梅花均以玉石镶嵌其中。松、竹、梅自古以来就被并称为"岁寒三友"，与三友轩名称相呼应。以木代竹的做法也出现在倦勤斋，这里的一处圆光门以楠木仿出斑竹的纹理和颜色，与其对面绘有同款月亮门的通景画遥相呼应。

▲ 三友轩圆光罩

▲ 倦勤斋内楠木"伪造"的竹子

"帽子"挂床上

炕罩是用在炕边的罩，罩内挂幔帐，打造出私密空间。有的炕罩上还会加装毗卢帽，以示尊贵。毗卢帽源于佛教，最初是一种帽檐饰有毗卢佛小像的僧帽。在《西游记》中，唐僧所戴的就是毗卢帽。毗卢帽作为内檐装饰，多用于佛堂神龛，故宫重要宫殿中也有使用，如太和殿、保和殿、养心殿等。装饰有毗卢帽的炕罩多用于皇帝寝室，如乾隆皇帝的潜邸重华宫内就有一处夔龙纹毗卢帽。但也有例外，慈禧皇太后曾居住的储秀宫内，也有一处毗卢帽，雕刻团寿字和缠枝葫芦纹，有长寿福禄的寓意，彰显了居住者的尊贵地位。

▲ 太和殿毗卢帽

▲ 储秀宫炕罩

▲ 重华宫炕罩

不只是背景板

背景，通常起衬托作用，很容易被忽视。但在符望阁这座设计精巧、用料珍贵、工艺精湛的建筑里，即便是背景板的制作，也相当精细与费时，不容小觑。符望阁如迷宫一般的布局，并不适合对外开放，但通过其背景板的工艺，也可对其了解一二。

暗藏玄机的壁纸

现代室内装修中常使用壁纸，这在故宫建筑中也有使用，其中最常见的是白色底纹上装饰连续绿色团纹的。但看似普通的底纹，有时也暗藏玄机。符望阁的壁纸，远看是在白色纸张上描绘了绿色团龙纹，走近才会发现，白色纸张并不简单，而是以白色"万"字为底，且这底纹在光线的照射下，还会泛出莹莹光亮。经检测，这层底纹中含有云母粉，难怪自带绢丝般的光泽。这种壁纸广泛用于故宫各处，低调沉静，为所有室内装饰充当背景板。

层层剔出的花

符望阁南面房间悬挂有一匾四联，文字髹黑漆，背景板则用剔彩工艺。剔彩是剔漆的一种。剔漆是在木胎或金属胎上髹漆数十层至数百层，形成一定厚度后，再雕刻各种纹样。根据漆色的不同，剔漆分为剔红、剔黄、剔绿、剔彩等，其中以剔红最为常见。剔彩是相对复杂的一种，是将不同颜色的漆分层涂在器物表面，雕刻时逐层下挖，分层取色。就像吃千层水果蛋糕一样，勺子挖到哪一层，就能吃到哪种口味。工匠需事先设计好花纹和各层颜色，再逐层髹漆。此处两副对联都有三米高，要剔刻出如此细小繁多的花纹，不知要耗费工匠多少时日。

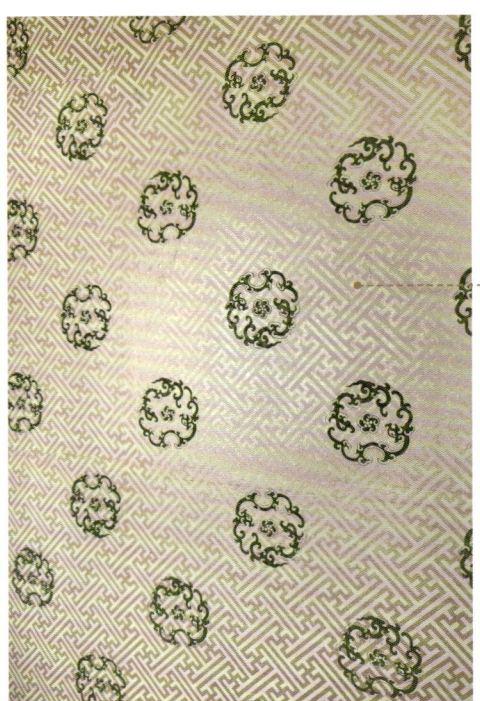

▲ 符望阁壁纸

▲ 符望阁南面匾额

▲ 匾额剔彩细节

待破解的谜题

符望阁北间宝座外的隔扇上，有木雕"灵仙祝寿"主题装饰，其上镶嵌玉石雕刻的寿桃、菌盖等，寓意为福寿绵长，背景则是一层金光灿灿的纱窗。看颜色，人们或许会误以为这层纱窗由金线织就，但经过科学检测发现，它是以丝织物罗为底，以漆为黏合剂，将金箔贴于表面，再用棕刷戳破金箔，使其包裹每一根罗丝。罗轻薄透气，金稳定坚韧，两者结合，使漆纱通透而耐用。在符望阁南侧，还有另一处用了引人注目的漆纱，其独特之处在于两面均装饰有剪纸图案，仅为普通纸张厚度，却由纱芯层、纸样层、贴金层、打底层、晕染层和勾线层六层构成，至今专家们尚未破解其制作工艺，使得其无法被原样复制。

五彩斑斓的黑

你见过五彩斑斓的黑吗？符望阁北面有一处挂檐板，镶嵌海棠花状剔红嵌件，剔刻牡丹纹和福寿字。而其背景，看似黑乎乎的，但在光线照射下，便可五彩斑斓，灿烂闪耀。这斑斓的色彩来自镶嵌其上的螺钿片和金片。螺钿片被细致加工成小而薄的菱形，再拼贴成连续的六边形，布满整个挂檐板。六边形中心还有一朵金色雪花，由尺寸更小的菱形金片组成。整个背景采用平脱工艺制成，即将加工好的螺钿片和金片粘贴在漆胎上，反复髹漆，直至漆层掩盖螺钿和金片图案，待漆干到一定程度后，再反复打磨，使图案与漆面平齐，完全显露。目前，部分螺钿片已经脱落，但故宫并未对其进行修复。原因有二：一是脱落的螺钿片并不影响整体效果；二是螺钿片的来源"夜光蝾螺"已被列入国家重点保护野生动物名录。

▲ 符望阁北面隔扇　　▲ 符望阁南间描金银漆纱横披窗槅心　　▲ 符望阁北面内檐装修

不起眼的石头

在故宫内外，有不少石质陈设，其中最典型的当属太和殿前的日晷和嘉量，分别代表皇帝对时间和空间的把握。但还有一些陈设，看似不起眼，却与古代制度、自然变化、文化传统息息相关。

至今是个谜

在太和门前立着一对高大威严的青铜狮子，它们身旁各有一件汉白玉陈设，一为石亭，一为石匮。石亭上部为一庑殿顶建筑，斗拱、立柱、门扇一应俱全，中部为须弥座，底座为两层基石，南侧还有两级台阶，可供人拾级而上。石匮形似装宝玺的宝盝，顶部为盘龙纽，有贯穿东西的圆孔。这两件陈设明代已有，但到清代，已不知其用途。嘉庆皇帝曾就此询问南书房翰林，却无人知晓。有人猜测石匮象征宝盝，石亭象征诏书亭，二者合在一起代表皇家册宝制度。

▲ 太和门石匮

▲ 太和门石亭

▲ 午门东侧阙左门外下马碑

▲ 东华门外下马碑

到此为止

阙左门、东华门和西华门外两侧路旁，各有两座石碑，形制不一。其中，阙左门和西华门外的石碑顶部为悬山屋顶，东华门外的则顶部光素，无额外装饰。石碑两面皆刻有文字，其中午门两侧的阙左门、阙右门外石碑上刻"官员人等到此下马"，东华门和西华门外石碑上刻"至此下马"。由此可见，这些是下马碑，王公大臣到此须下马、下车，步行进入紫禁城。但具体下马地点，不同等级的人又有区别。顺治八年（1651）规定，"和硕亲王于午门前下马，多罗郡王于午门角楼前下马，多罗贝勒以下俱于阙门下马牌处下马。"事实上，皇帝也会恩准一部分官职高的、年长的王公大臣骑马或坐轿进入紫禁城。

木头变石头

御花园中的陈设石，材质不同，形态各异，其中有一块刻有乾隆御制诗。它有什么特别之处，引得乾隆皇帝为其题诗呢？其实，答案就藏在这首御制诗《咏木变石》："不记投河日，宛逢变石年。磕敲自铿尔，节理尚依然。旁侧枝都谢，直长本自坚。康干虽岁贡，逊此一峰全。"原来这是一块由木头变成的石头，现在一般称为"硅化木"，是树木遭受地震、泥石流、火山喷发等自然灾害后，快速死亡并深埋地下，经过数百万年甚至上亿年，木质成分被二氧化硅等填充或取代的化石木材。虽然其仍保留树木样貌，内部成分却已石化。这块石头是乾隆三十一年（1766）黑龙江将军进贡给乾隆皇帝的，乾隆皇帝被其"顽强的生命力"所感染，有感而发，于是写下这首诗，命人刻在石头上。

▲ 御花园木变石

中空的砖石

御花园有一块琴砖，被放置在石桌之上。古代文人士大夫认为"琴可修德"，弹琴便成为修身养性的一种表现。琴本身声音不大，由此出现了琴桌。琴桌内部中空，形成共鸣腔，可以增大琴声。这块琴砖也是同样的中空设计。琴砖表面雕刻花纹，前后侧面雕刻二龙戏珠纹，左右两侧各有一个开口，一侧为铜钱形，一侧为方形。琴砖之中，以郭公砖最为有名。明代《格古要论》云："（琴桌）桌面用郭公砖最佳，玛瑙石、南阳石、永石尤佳。"《长物志》中也记载："以河南郑州所造古郭公砖，上有方胜及象眼花者，以作琴台，取其中空发响"。当然，此处的琴砖并无实用价值，只是附庸风雅的陈设。

▲ 御花园琴砖

被忽视的底座

故宫各建筑区域都有不少室外陈设，若是陈设物尚在，一眼便可明了其造型、功能，若是陈设物不在，只留下底座，便要思量一番了。这些底座上曾安设了什么，有什么作用？

营造氛围的灯笼座

乾清宫月台上下各有两个汉白玉底座，东西对称。月台之上为万寿灯灯座，月台之下为天灯灯座。同样的底座，在皇极殿前也有两对。万寿灯和天灯是清宫过年前后用于烘托气氛、祈福迎祥的灯笼，每年腊月二十四安设，正月十八撤万寿灯，二月初三撤天灯。天灯为球形，以竹篾为笼，外罩红纱套，内装五只高低错落的蜡烛。万寿灯顶部为一圆亭，亭内安置仙人风扇，可随风转动，亭下底托由八根挑杆支撑，每根挑杆上雕有一龙、一仙人，龙口内有环，用以悬挂写有吉祥诗句的灯联。每年除夕与正月初一、十一、十四、十五、十六等日，灯联会被撤下，换上灯串。此外，天灯下置坠风铜人，万寿灯下置坠风甜瓜式铜鼓，用绳牵引，可防止灯笼、灯联摇摆。灯杆旁还有四根戗木，用以稳固灯杆。

▲ 皇极殿前万寿灯灯座

▲ 皇极殿前天灯灯座

▲ 万寿灯和天灯现代复原场景

◀ 清·《雍正十二月行乐图》轴（局部）

喂养"神鸟"的神杆座

坤宁宫前有一个四方石座，是用于竖立"立杆大祭"神杆的。立杆大祭活动于每年春季和秋季择吉日举行。祭祀所用的立杆，由专人提前一个月从延庆山中砍伐。因山中多有老虎，砍伐当日要先祭祀，再伐木。神杆也称索伦杆，旁有倚柱一根，上部还有一个圆斗。祭祀次日，称为还愿，须卸下神杆，将牲畜的胫骨穿于杆端，将精肉、胆和米置于斗内，再将神杆立起。斗内的食物用以喂养"神鸟"，这与满族崇拜乌鸦有关。据说乌鸦曾救了清代祖先，因此被视为神鸟，受到特别的尊敬和供奉。时至今日，乌鸦仍是故宫的"常住居民"。

主角遗失的陈设座

养性殿和颐和轩前都有石质底座，只是座上的陈设现已没了踪影。养性殿前的石座上有三个孔洞。参照历史照片，可见石座上曾陈设一件铜香炉，以三只相互盘绕的仙鹤为造型，仙鹤均单脚站立，形成三足鼎立之势。同样造型的香炉和底座，在养心殿也能见到，因为养心殿正是养性殿的建造蓝本。颐和轩前石座上的痕迹，很像是某种动物的前后爪印。考虑到故宫中狮子的出镜率格外高，或许这里曾陈设一只蹲着的小狮子。

▲ 养性殿前石质底座

▲ 老照片中的养性殿石座

▲ 颐和轩前石质底座

▲ 坤宁宫前神杆座

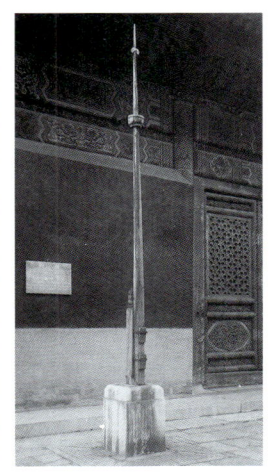
▲ 老照片中的坤宁宫神杆

玄武大帝的令旗座

钦安殿内供奉水神玄武大帝，殿前西侧有一高大的底座，由两块青白石拼成，并用铁箍固定。底座四面浮雕有双龙戏珠图案，底下台阶雕有海浪、鱼、虾、蟹、海兽等图案，丰富的水元素与钦安殿供奉的主神相呼应。在这个底座上曾安插玄武大帝的座前令旗——五龙捧圣旗的旗杆。旗杆高约十丈，是清代紫禁城中最高的旗杆。旗杆杆顶曾在清乾隆和嘉庆时期安设圆重檐铜亭，嘉庆十年（1805）被取下，换为木质杆顶。而被取下的重檐铜亭，很可能就是旗杆底座西侧的那一座。

▲ 钦安殿前旗杆座

▲ 钦安殿前重檐铜亭

▲ 故宫九龙壁

以次充好为哪般

紫禁城作为皇家宫殿，建筑用料自然都属上乘，但后期由于材料短缺、资金紧张等原因，有些材料已不如初建时名贵，甚至出现了以次充好的现象。

拼接而成的金柱

太和殿的六根沥粉贴金蟠龙金柱是柱子中的顶配，高12.7米，直径超过1米，体量巨大。明初修建紫禁城时，这些柱子都由整根楠木加工而成，且比现存的柱子还要粗一些。楠木生长周期长达300年以上，对生长环境要求也高，不易成材。而太和殿在建成后屡毁屡建，到康熙年间复建时，楠木已成稀缺品，因而改用东北松木。松木体量较小，一根树干往往不足以做成大柱子，只能用多根拼接，再用铁箍箍住。如今，铁箍的痕迹依然能够分辨得出。木材的变化也反映出朝代的更迭，明代以楠木为主，清代则更多使用松木。以慈宁宫区域为例，徽音左门和徽音右门80%以上的木料为楠木，因其主体结构为明代所建。而慈宁宫只有约10%的构件木料为楠木，其余大部分为松木，这是因为它曾在清乾隆时期经历过一次重大改建。

▲ 太和殿金柱

▲ 九龙壁左三白龙

白龙肚皮的奥秘

跟团来故宫参观的观众，走到九龙壁前，大多会被导游引导至一条白龙前，仔细观察它的肚皮。九龙壁由270块琉璃砖拼接而成，虽历经200多年岁月，釉色依然鲜艳。但白龙肚皮那块却明显泛黑，仔细观看，更会发现其质地并非琉璃，而是木头。据说是工匠不小心将此处的琉璃砖打碎，为免于罪责，便急中生智，用木头雕刻出花纹，刷上白漆，以假乱真。可木头不如琉璃耐用，经过岁月的侵蚀，终究露出了本来面目。

重量引发的猜疑

在修缮故宫古建筑屋顶时，本着修旧如旧、尽量使用原有构件的原则，工作人员通常会在修缮完成后，将状况尚好的瓦片铺设回去。但在工作人员铺设养心殿屋顶瓦片时却发现，有的瓦片重量较轻，质地较差。故宫所用的琉璃瓦件，其质地、釉色、雕刻等在康雍乾时期达到顶峰，于晚清时随着国力衰微，品质有所下降。因此，这些质地较差的瓦片被推测为晚清烧制。除此之外，养心殿以次充好的不仅是材料，还有工艺。养心殿后殿屋顶的椽子，按常规应卡入扶脊木的椽窝中固定，可修缮时，工作人员却发现这处屋顶居然没有安装扶脊木，而是将椽子直接钉在了脊檩上。这种简便的做法显然不符合工程标准，或许也是经费紧张的无奈之举。

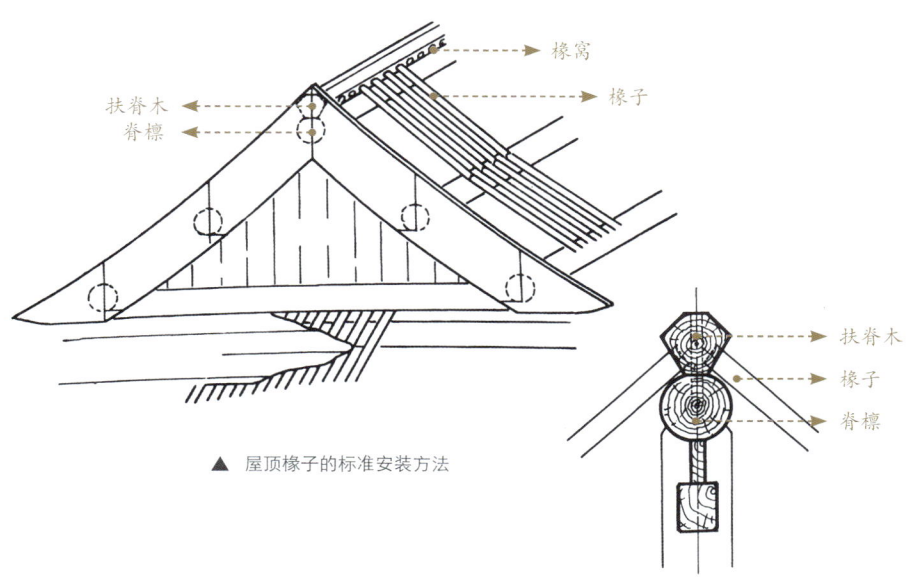

▲ 屋顶椽子的标准安装方法

▲ 养心门

两种材料的结合

在符望阁北侧的隔扇上，装饰有木雕"灵芝祝寿"图案。专家在修缮符望阁时，原本以为这些图案的木质部分完全使用沉香木雕刻而成，可仔细观察才发现，木料居然有两层，外层为沉香木，内层为楠木。提到沉香木，大家自然会想到"香中之王"沉香。沉香是沉香木在遭遇自然灾害或人为伤害后，在伤口处分泌的油脂沉积而成的。结香时间越长，沉香颜色越深，油脂含量越高，也越容易沉于水。沉香价格昂贵，有"一两沉香一两金"的说法。而沉香木，虽不及沉香名贵，却也价值不菲。符望阁这种节约成本的做法，是皇帝的意思，还是工匠的偷工减料，就不得而知了。

▲ 符望阁北侧隔扇

Chapter Three
Artifacts
故宫还可以这么看

第三章
华彩文物篇

杨婉丽

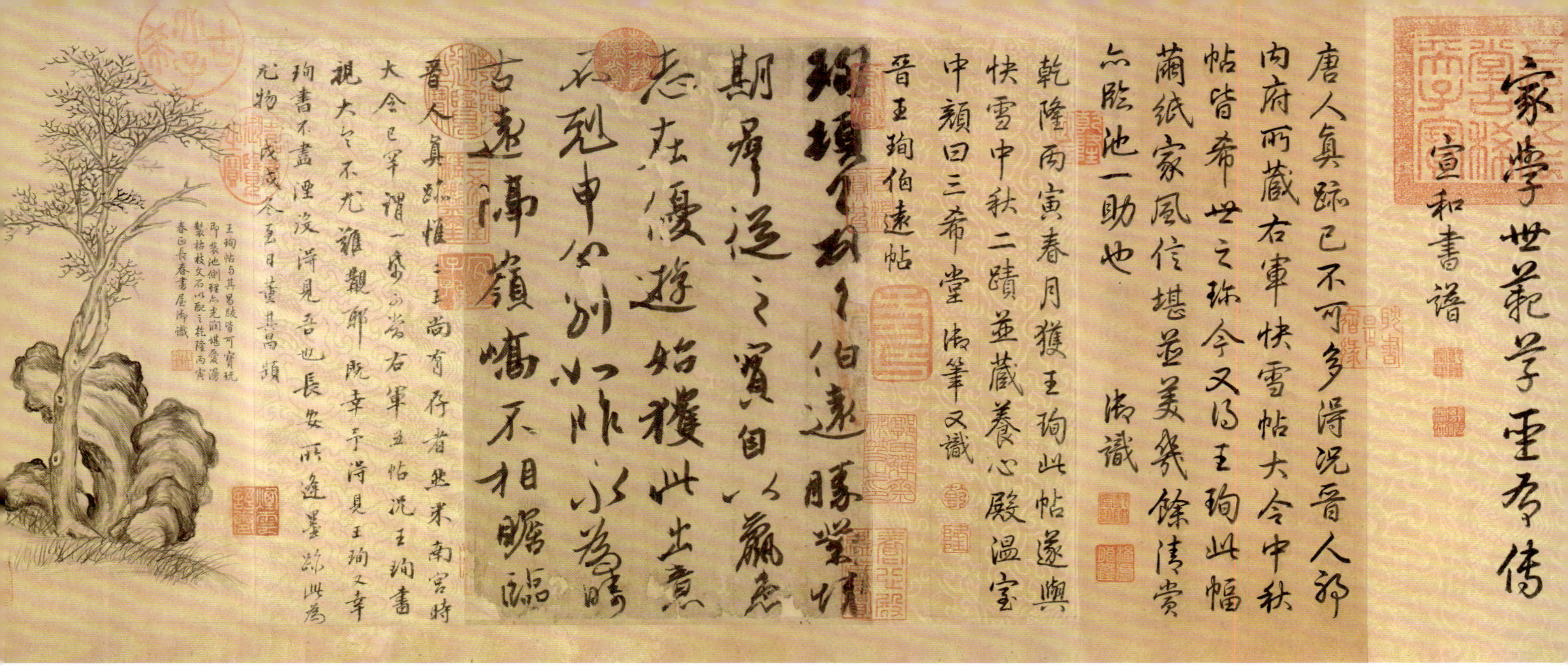

▲ 东晋·王珣行书《伯远帖》（局部）

皇室爱收藏

紫禁城是明清两代的皇宫，但藏于其间的文物可不止明清两代的，甚至还有新石器时代的玉琮呢！

被错认的玉琮

玉琮是新石器时代人们祭祀神祇的重要礼器，一般呈外方内圆的柱状造型，壁上刻有古老纹样，散发着神秘气息。这件玉琮十分不寻常，它不仅内壁刻有乾隆御制诗文《咏汉玉辋头》，还被加了个铜胎珐琅内胆，成为跨时代的"混搭"之物。从诗文可知，乾隆皇帝当时认为此玉乃是汉代贵族车辇抬杆上的饰件"辋头"。自乾隆十三年（1748）起，乾隆皇帝针对玉琮写过十余首诗，但直到乾隆五十八年（1793）的《再题旧玉捆头瓶》，他仍然心存疑惑。在清代，人们虽然困惑于玉琮的原始功能，却也赋予了玉琮新的使用场景：有些被直接当作笔筒，有些被加配珐琅或铜质内胆，变成皇帝案头的插花器或香薰。

乾隆御制诗中的"捆头""辋头"都指此类古代玉琮。他曾在诗中指出"辋头"可能源于"捆"字误写。

 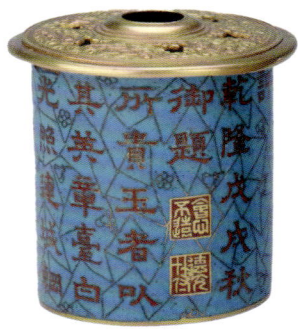

▲ 乾隆御题三节玉琮　　　珐琅内胆

这件玉琮似经盘玩而略带黄褐色，已难看出原本的玉色。玉琮内壁和珐琅内胆刻有乾隆御制诗《咏汉玉辋头》："所贵玉者以其英，章台白光照连城。辋头曰汉古于汉，入土出土沧桑更。晁采全隐外发色，葆光祇穆内蕴精。是谓去情得神独，昔之论画贻佳评。"

爱收藏的皇帝们

中国历代宫廷都有收藏前朝文物的传统。对于皇室来说，这些藏品具有一定政治与文化的象征意义，尤其是在当时象征国家权力与礼制的青铜器、玉器等。相传周武王灭商后，便把自夏代起流传于历代君主间的九鼎，迁至周朝首都，以示正统。当然，有不少皇帝爱好书画、古玩，极大地扩大了皇室的收藏规模。比如，宋徽宗赵佶不仅书画双绝，也酷爱收藏，在位期间广收历代书画、青铜器和瓷器等，并在宣和年间主持编撰《宣和书谱》《宣和画谱》和《宣和博古图》三本著录。至清代，清军进驻紫禁城后，全盘接收了明皇室的文物收藏品，包括历代铜器、瓷器、玉器、书画、典籍等，由此奠定了清代宫廷收藏的基础。

清宫收藏与藏品著录

清代宫廷收藏之风尤盛。除了承袭前朝皇室收藏品，清代统治者还多方搜求，不断充实宫中藏品。主要来源之一是地方贡品，贡品不再限于吃食等，而是纳入金银、玉器、字画、瓷器、铜器、绸缎织物、皮张、洋货等。还有一个来源是查抄没收的物品，尤其是乾隆时期，犯案官员家产中的珍玩都变成了内府收藏。在收藏过程中，整理与登记工作是非常重要的，类似于今天博物馆的文物管理工作。乾隆皇帝在位期间，主持修订了大型书画著录《秘殿珠林》《石渠宝笈》，铜器著录《西清古鉴》《西清续鉴甲编》《西清续鉴乙编》《宁寿鉴古》，善本著录《天禄琳琅书目》等，这些珍贵的著录成为后世了解前朝文物的重要依据。而如今，它们又成为故宫博物院的重要收藏。

乾隆皇帝的"三希堂"

说到乾隆皇帝的收藏爱好，便不得不提"三希堂"。乾隆十一年（1746），乾隆皇帝在养心殿西暖阁中专门开辟了一个小书房，命名为"三希堂"。所谓"三希"，一层含义是指"人希贤，贤希圣，圣希天"，乾隆皇帝借以自勉，希望自己不断进步。另一层含义便是指存放于此的三件"稀世之珍"。正是在乾隆十一年，乾隆皇帝得到了晋代王珣的《伯远帖》，他极为高兴，将其与王羲之的《快雪时晴帖》、王献之的《中秋帖》一同珍藏于三希堂。乾隆皇帝在《三希堂记》中写道，这三件书法作品不仅是中国书法的"稀世之珍"，更是分别经历宋、金、元诸代皇室收藏的"内府秘笈"，因此三帖能在此重聚一堂，实属意义非凡。

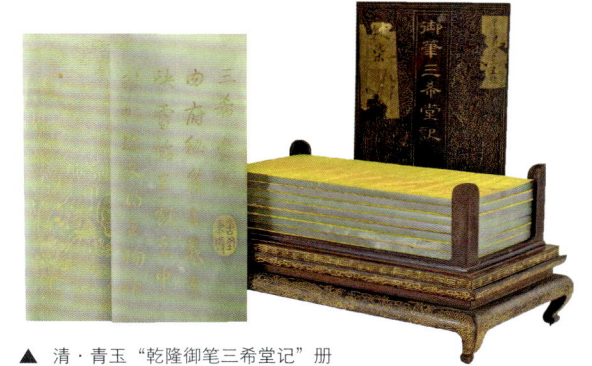

▲ 清·青玉"乾隆御笔三希堂记"册

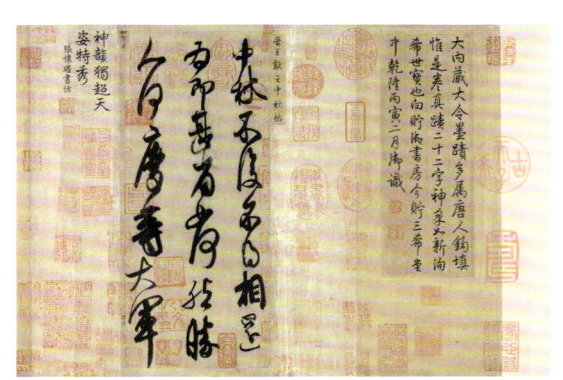

▲ 东晋·王献之《中秋帖》（局部）

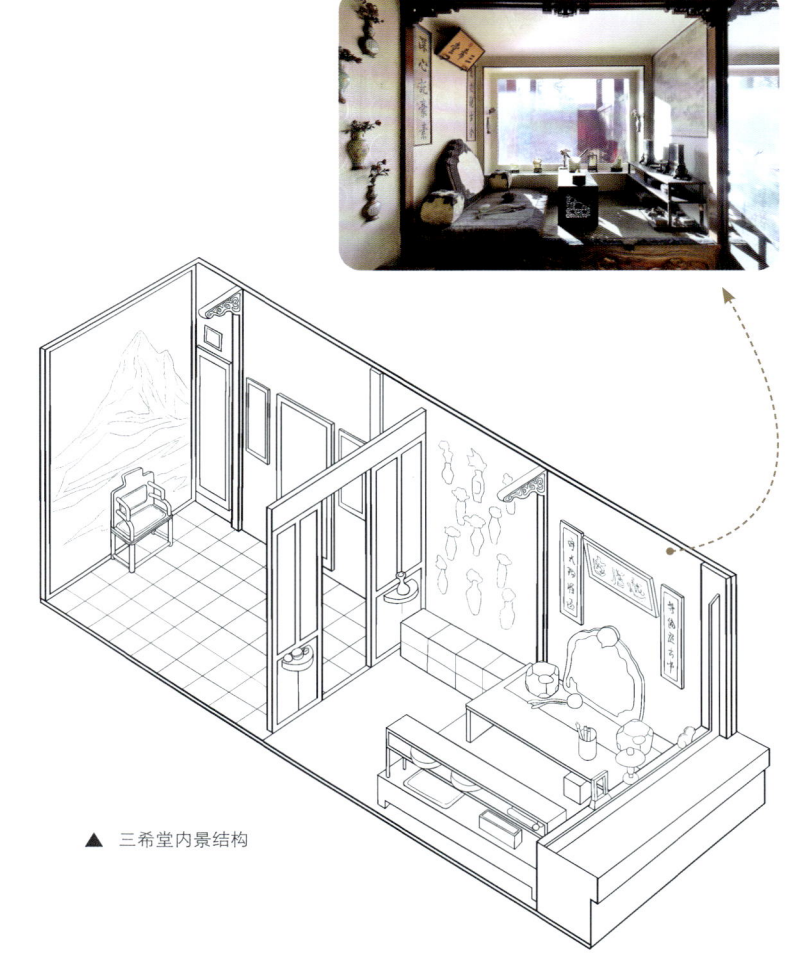

▲ 三希堂内景结构

▲ 南宋·马和之《豳风图》卷（局部）

毛诗图与学诗堂

熟读背诵《诗经》的传统，始于2500多年前。上至九五之尊，下至学堂少年郎，都将《诗经》奉为必读经典。会念还不够，还要能解读其中深意；以文字解读之后，还要配图来更直观地说明。

▲ 南宋·马和之《豳风图》卷

毛诗图：以《诗经》为题的系列图卷

世传宋高宗赵构、宋孝宗赵昚曾御书《毛诗》三百篇，命画家马和之补图。故宫博物院收藏有一幅马和之所绘《豳风图》卷，共分七段，每段都是先抄录诗歌原文，再在左侧配以诗意画。《豳风》出自《诗经·国风》，它是豳这个地方的民歌，是中国最早描写农业生产生活的诗歌。豳位于今陕西彬州市、旬邑县一带，这里土地肥沃、水源充足，适宜农耕，是周文化的发祥地。该卷曾收藏于乾隆内府，卷首有清高宗弘历御书"苇龠余风"四字，卷尾有乾隆御题一则，钤乾隆、嘉庆、宣统内府诸印，以及"三希堂精鉴玺""学诗堂"等印。

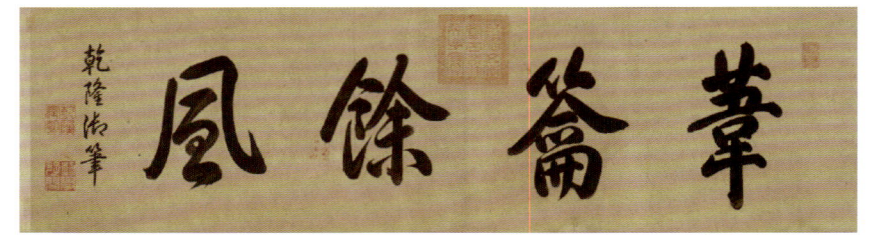

▲ 卷首有乾隆皇帝御书"苇龠余风"四字

学诗堂：存放毛诗图的小书房

相比大名鼎鼎的三希堂，学诗堂似乎少有人知。"学诗堂"里的"诗"，指的是《诗经》。三希堂位于皇帝居所养心殿，而学诗堂则坐落在东六宫之一的景阳宫后殿，那里原本是后妃寝宫，至清代被改为储藏书画的御书房。而"学诗堂"的得名，便与马和之所绘的"毛诗图"密切相关。这套图绘制于南宋时期，随着时间流逝，很多画卷不幸被遗失，到乾隆时期，内府共收藏了其中十七卷。好学又爱收藏的乾隆皇帝鉴定后，认为其中五卷为赝品，余下十二卷为真迹，于是他在这些真迹上题跋，将它们一并藏于景阳宫后殿。乾隆三十五年（1770），他亲自题写"学诗堂"匾额，命人悬于殿内，将此处正式改名为"学诗堂"。

《诗经》：穿越千年的"歌词本"

《诗经》作为中国最早的一部诗歌总集，收录了西周初年至春秋中叶的三百余首诗歌，依内容分为"风""雅""颂"三类。其中，"风"是各地民谣，"雅"是宫廷乐歌，"颂"是祭祀用歌。因其歌唱性，《诗经》诗句多押韵、多重复，读起来朗朗上口。自汉代起，《诗经》被儒家奉为经典，成为历代文人的必读教材。汉代传习《诗经》的学者共有四家，其中鲁人毛亨、赵人毛苌所传的称为《毛诗》，是唯一完整流传至今的版本。

 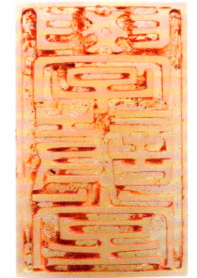 

▲ 清乾隆·学诗堂的印章

文字一开始有声音吗

《诗经》是可以唱出来的，说明《诗经》里的文字是有声音的。不过，文字在诞生时有声音吗？世界上绝大多数文字系统都是表音文字，比如英文的26个字母。但汉字并非如此。商代人创造甲骨文，不是用来记录日常口语，而是为了问天占卜，这些神秘符号也只被少数人掌握。这意味着，三千多年前人们口中的语言早已消失，既没有形成相应的文字符号，也没有方式留存语音。周灭商后，承袭并发展了甲骨文，同时，也使文字与声音建立起更紧密的对应关系。如此一来，汉字才被更多人用来记录语言、记录生活，《诗经》便是最好的例证。

文字的秘语

有了文字，古人的知识、思想和情感便能穿越漫长岁月与我们"相见"。有了文字，便有了历史。

石不语，字有声

很多观众走进宁寿宫的展厅后，都颇感意外，因为这里没有琳琅满目的珍宝，只有十块大石头。这些石头因外形似鼓而得名"石鼓"，它们看似平平无奇，却可谓是国宝中的国宝，原因就在于其表面所刻的古老文字，即石鼓文。根据金石学家唐兰先生考证，石鼓文于秦献公十一年（公元前 374 年）刻凿，距今已有约 2400 年历史，是我国现存最早的一组石刻文字。每块石鼓上，都刻有一首四言诗，主要记述了春秋战国时期秦国国君一次规模盛大的田猎活动。后来，石鼓因战乱流落荒野，再次现世已至唐代，韦应物、韩愈均作《石鼓歌》以称颂其历史价值。石鼓受到后世历代文人赞誉、临摹，其中也包括不少帝王。清代乾隆皇帝为了学习，专门拓了一份石鼓文，参照元人潘迪撰写的《石鼓音训碑》研读铭文，乾隆皇帝还在每个字右边粘上一张明黄纸签，用于标注释文。

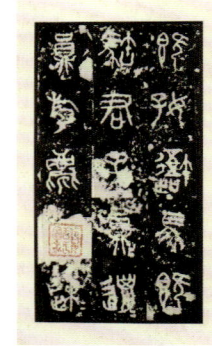

▲ 明·战国石鼓文册拓本

唐时即有石鼓文拓本，但未见流传。目前可见最早拓本是明代安国"十鼓斋"藏的 3 本宋拓，即"先锋本""中权本""后劲本"，现都已流传至日本。故宫博物院所藏的明代拓本，原为明代孙克弘旧藏，后归朱翼盦，朱氏去世后，家属遵其遗嘱将之捐献给故宫博物院。

▲ 清·"吾车"石鼓文拓本

▲ 石鼓馆展厅

宁寿宫于 2017 年被改造为石鼓馆。这里陈列的石鼓共有十块，为花岗岩质，它们均高约 90 厘米，直径约为 60 厘米。每块石鼓都有名字，取自石鼓文开头两字或文中清晰完整的两字，即"乍原""而师""马荐""吾水""吴人""吾车""汧殹""田车""銮车""霝雨"。其中，"乍原"石鼓曾被凿去一截用作白

▲ 清乾隆·端石石鼓式砚（吾车）

汉字的生命力

对大多数中国人来说，古代汉字堪比加密文字，似相识又不识，这是因为汉字经历了极为漫长的演变过程。早在距今 7000 至 5000 年前的仰韶文化时期，先民便在陶罐上刻画简单的符号，称为陶文，这是汉字的萌芽阶段。大约公元前 1200 年，商代出现了一种专门刻在王室贵族占卜所用的龟甲和兽骨上的文字，即甲骨文，是迄今发现的最古老的成熟汉字。商代晚期，随着青铜器的广泛使用，人们开始在钟、鼎、兵器等青铜器上铭刻文字，此为金文。西周时期，随着国家统一，字形愈加规范整齐，形成了大篆，石鼓上的文字就属于大篆。秦始皇统一六国之后，下令"书同文"，创造出小篆。为了方便书写，后又在小篆的基础上，发展出更加简化的隶书，这才有了我们今天熟悉的汉字模样。

▲ "马"字字体演变

汉字的朋友圈

我们今天去日本、韩国、朝鲜、越南旅游时，总能看到汉字的痕迹。这有怎样的历史渊源呢？在很长一段时期内，中国人、日本人、朝鲜人、琉球人、越南人等，都说着各自的语言，彼此间无法用口语交流，但是可以"笔谈"，因为他们有共同的书写文字，那就是汉字。明清时期，朝鲜使团来到中国时，需要通过"笔谈"与中国人交流。若是朝鲜使者在中国宫廷里偶遇越南使者，两国使者也可以用纸笔沟通。这就好像历史上欧洲各国人民，可以依赖拉丁文相互沟通一样。汉字的传播，必然伴随着汉文化的传播，比如礼乐制度、科举制度、唐诗宋词等，由此塑造了东亚地区共同的"文化基因"。

不只有汉字

中国是统一的多民族国家，所以我们在生活中，除了汉字，也能看到其他民族文字。拿出一张人民币，能同时看到汉字、蒙古文、藏文、维吾尔文、壮文五种文字。紫禁城中也有例证，如慈宁宫匾额上有满文、蒙古文、汉字三种文字。为什么是这三种文字呢？有满文，是因为清代皇室出身满族。有蒙文，是因为清王朝在建国前后保持着与蒙古部族结盟、联姻的传统。有汉字，是因为清代皇室历来欣赏、重视对汉文化的学习，从未想要"消除"汉字，而且汉族也始终是社会的主体民族。为了留存满、蒙、汉文字的音韵，乾隆皇帝敕撰了一部"三语"辞典，名为《御制满洲蒙古汉字三合切音清文鉴》，约收录了 13870 条词语。在此基础上，后又增添藏文、维吾尔文，编撰了《御制五体清文鉴》。文字是文化的载体，当不同文字出现在同一件物品上时，这不仅是语言符号的汇聚，更是各民族文化融合互鉴的具象表现。

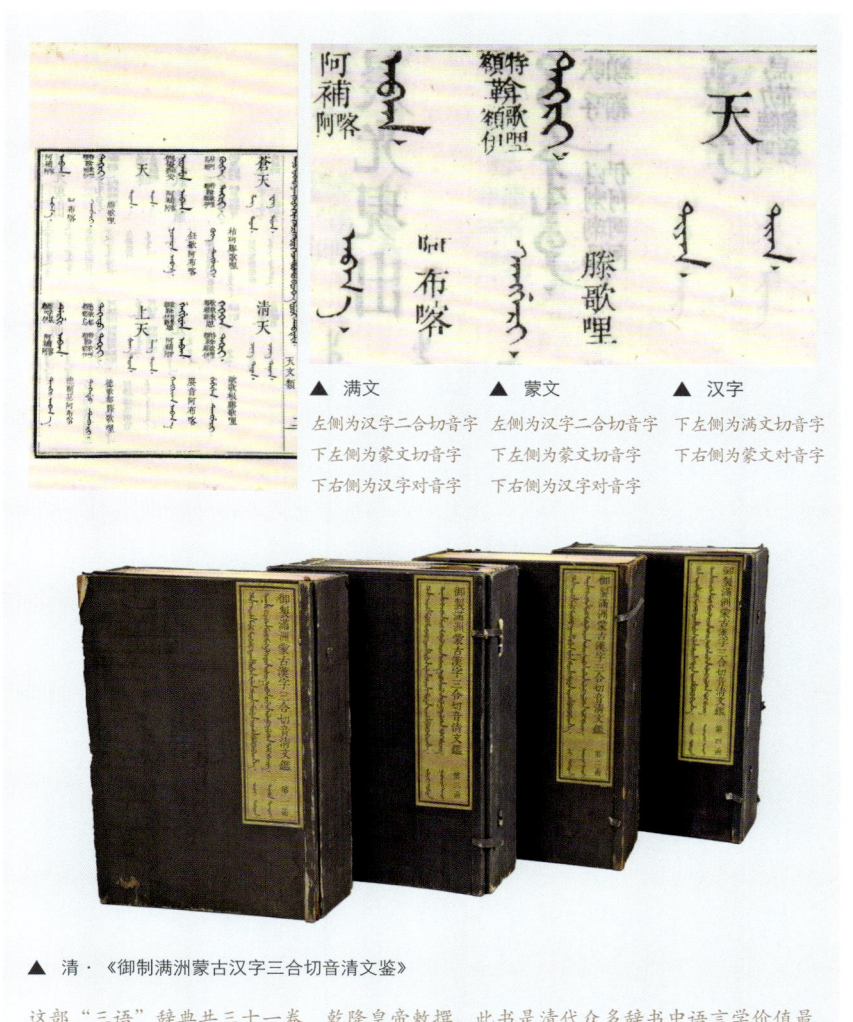

▲ 清·《御制满洲蒙古汉字三合切音清文鉴》

这部"三语"辞典共三十一卷，乾隆皇帝敕撰。此书是清代众多辞书中语言学价值最高的一部，确立了编纂满、蒙、汉三体合璧辞典典范，后被收入《四库全书》。

▲ 东晋·顾恺之《女史箴图》卷（宋摹）（局部）

清镜照新妆

爱美之心，人皆有之。在远古时代，猿人便已学会对着水面，梳理打扮自己。那时用于盛水的容器，就是镜子的雏形，被称作"监"。自商代开始铸造青铜器以来，盛水的容器逐渐从陶器变成青铜器等金属器皿，于是"监"字便被金字旁的"鉴"取代。古人长期以水为鉴，直到青铜镜出现才打破了这一传统。

以铜为鉴

中国是世界上最早使用青铜镜的国家之一，在距今约4000年的齐家文化墓葬中就发现了青铜镜。从铸造技术、艺术风格等方面来看，中国青铜镜的发展历程可以划分为三个重要时期：盛行于战国时期，繁荣于两汉，鼎盛于唐代。在其他种类的青铜器逐渐消失于历史长河的时候，青铜镜却因其实用性强、应用广泛，持续不断地被铸造并广泛使用。直至清代玻璃镜问世，青铜镜才退出了"梳妆界"的舞台。

▲ 唐·月宫镜

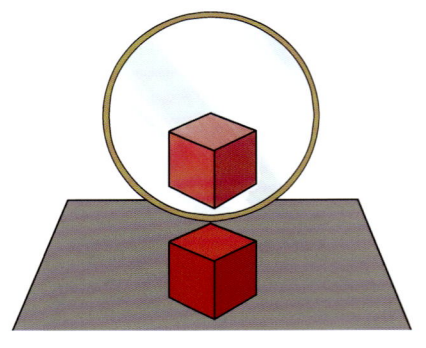
▲ 玻璃镜成像效果示意图

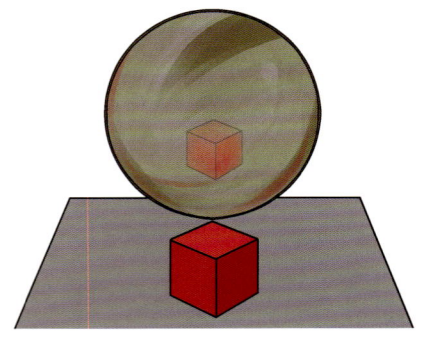
▲ 青铜镜成像效果示意图

青铜镜照得清楚吗

博物馆在展示青铜镜时，常令其背面朝向参观者，展示其各式纹样，而令镜面朝向展柜内部，所以参观者没有机会"照镜子"。这种展示方式往往引发人们的好奇心：青铜镜真的能够照清楚吗？答案无疑是肯定的，但其成像效果与我们今天的玻璃镜大相径庭。唐代是我国铸镜技艺的高峰时期，当时使用了高锡材料，使得铜镜的纹饰与镜面都非常光亮。故宫博物院的专家就曾选取唐代青铜镜进行实验，其总结的结果是：青铜镜景深较长，镜中的像比实物小很多，另外在光亮度上也与玻璃镜有较大差异。

镜子的多重身份

在长期的发展演变中，镜子不仅是简单的生活工具，还被赋予了丰富的文化内涵，广泛应用于人们的生活中。镜子可作随葬品，古人认为镜子能够驱赶邪物，将其放入墓中可守护逝者安宁；镜子也可作陪嫁物，圆形的镜面象征着圆满、财富和良缘，被视为爱情的象征，因而许多镜子背面也刻有祈愿婚姻美满的文字；镜子还可作馈赠品，在日本、越南、阿富汗、伊朗等地都发现了中国青铜镜，推测它们是古代送给各国使节的礼物。正因青铜镜蕴含多重魅力，诗人常将"镜"作为意象融入作品之中，通过镜子来抒发情感，如唐代诗人张若虚在《春江花月夜》中写道"可怜楼上月徘徊，应照离人妆镜台"。

▲ 清·画珐琅双喜字八吉祥纹把镜

▲ 清·硬木嵌珠宝镜盒

▲ 清·朱本《对镜仕女图》轴（局部）

▲ 清·银嵌金星石粉盒

▲ 清·银烧蓝花卉纹瓜式胭脂盒

▲ 清·铜镀金四方委角粉盒

对镜贴花黄

从过去"女为悦己者容"的传统观念，到如今"女为己容"的现代思想，女性的生活中始终不乏胭脂水粉的点缀。尽管古人的胭脂水粉难以存留至今，但我们仍能通过众多出土的镜匣、粉盒、漆盒、胭脂盒等器物，领略到中国古代女性的审美意趣与生活情调。

精不精致看首饰

故宫博物院藏有大量清宫后妃的首饰，以材质区分的话，主要分为黄金加白银、珍珠加宝石两大类。虽然大部分首饰都无从考证其原主人是谁，但我们却可以通过这些首饰，拾起她们的一些生活碎片。

戴东珠耳环的皇后

后妃有一类首饰只在重大礼仪场合佩戴，用来搭配礼服、吉服等正式服饰。这类首饰镶嵌有大量珍珠，其中产自东北松花江的东珠堪称极品。就如皇后身着礼服时，她的朝冠、帽顶、箍头的金约、脖间的领约、胸前的朝珠，以及坠于耳畔的耳环，无不装饰着东珠。中国自汉代就有妇女戴耳环的记载，这些耳环多用金、玉、珍珠、宝石等珍贵材料制作。不过满族贵族女子佩戴耳饰的方式有些特别，为"一耳三钳"，即每耳需坠三串耳饰，既体现了民族特色，又彰显了贵族身份。

▲ 清·《孝贤纯皇后朝服像》轴（局部）

▲ 清·金环镶东珠耳饰

日常打扮也要美美的

梳妆打扮是贵族女子每日生活中非常重要的内容。除了正式场合，后妃日常休闲时也会时刻保持自己的精致形象，身上每一处能佩戴饰品的部位绝不会"留白"。就拿头部来说，她们平日里会梳具有满族特色的"两把头"，这时就需要用到"扁方"来固定头发，而扁方两侧的发髻，还可以插戴绒花、簪子、流苏等发饰。至于手部，后妃们会佩戴各式手镯或手串。这些手串有个特别之处——不仅可以戴于手腕处，还可悬挂在衣襟的扣袢上。此外，她们在身穿便服时，袍上还会系一个小香囊，既显优雅精致，又能飘出阵阵微香。

▲ 清·黄色缎绣荷花纹长方抹角式香袋（左）
清·黄色缎心红缎边绣云福禄寿纹长圆香袋（右）

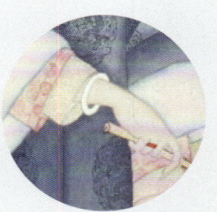

香囊

▲ 清·白玉浮雕缠枝花纹手镯

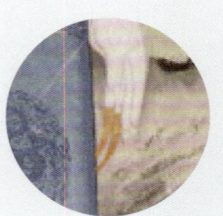

手镯

▲ 清·银镀金珠石累丝指甲套

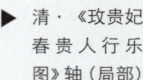

指甲套

▶ 清·《玫贵妃春贵人行乐图》轴（局部）

第三章／华彩文物篇

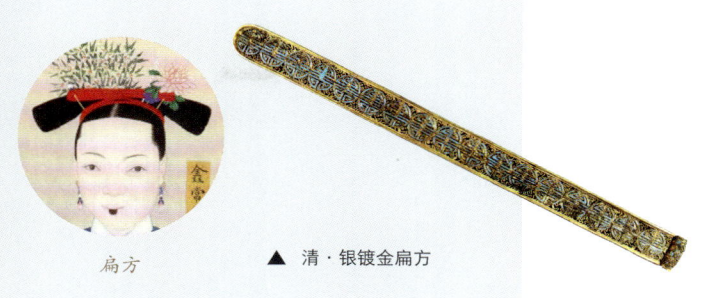

▲ 清·银镀金扁方

扁方

手串

▲ 清·碧玺十八子手串

戒指

▲ 清·翠戒箍

精致到手指尖

清代宫廷中的后妃们有蓄长指甲的风尚，一般是留长无名指和小指的指甲，以甲型细长挺直为美。一方面是为了让手指看起来修长纤细，另一方面是因为指甲留得越长，就越能表明她们平日无须亲自干活，是一种身份的象征。不过，长指甲容易断，而且过长时还会弯曲变形，所以就需要佩戴指甲套，以起到保护和矫形的作用。制作指甲套的材料包括金、银、玉、玳瑁、珐琅等多种珍贵材料，表面装饰雅致美观，极具观赏价值，与现代"美甲"的概念有着异曲同工之妙。指甲套背面多为镂空设计，使指甲套轻便透气，可防止闷热，体现了古人的智慧与审美。

执子之手的信物

戒指又称指环、手记，最初是宫廷女子用以避忌的标记，汉魏之后戒指逐渐成为男女之间寄情定信的纪念物。清宫戒指有两种造型，一种圆润厚实，材质多为白玉、珊瑚、翡翠、黄金等，有的外壁或内壁上还会刻字；另一种简约大方，以金为戒托，镶嵌红宝石、蓝宝石、祖母绿等，颇具现代感。其中，有一组很特别的对戒，一只内壁雕刻中文"惟精惟一 允执厥中"，另一只内壁雕刻英文"I LOVE YOU FORGET ME NOT"（我爱你勿忘我），表明戒指主人对爱情非常忠贞，想要与对方相守到老。这对戒指的主人就是末代皇帝溥仪和他的皇后婉容。

▲ 溥仪、婉容合影

皇帝的经典造型

清代皇帝有七类服饰，分别是礼服、吉服、常服、行服、雨服、戎服和便服。这些衣服作为最"贴近"皇帝的物品，不仅彰显了当时精湛的丝织技艺，也反映出君主的生活状态。以下服饰，大家对哪套最为熟悉呢？

顶奢风：重大典礼穿礼服

礼服是皇帝在重大典礼及祭祀活动中所穿着的服装，包括朝冠、朝袍、衮服、端罩、朝珠、斋戒牌、朝带、朝靴八小类。其中，朝袍有蓝色、明黄色、红色和月白色四种颜色，分别是皇帝在祭祀天、地、日、月时穿的。明黄色朝袍又分为朝服与祭服，区别就在于衣袖的颜色：衣袖为明黄色的是祭服，衣袖为石青色的是朝服。皇帝祭地时穿明黄色祭服，搭配颜色相近的琥珀或蜜蜡朝珠；皇帝出席元旦、万寿、冬至等庆典及重大朝会时，穿明黄色朝服，搭配东珠朝珠。乾隆时期对朝袍式样做出严格规定：圆领、右衽大襟、马蹄袖、附披肩领、上衣下裳相连，服饰上饰有象征帝王美德的十二章纹和40余条各类金龙。

▲ 清·蓝色缎绣彩云金龙纹夹朝袍

▲ 清·明黄色缂丝彩云金龙上珍珠毛下棉朝袍

▲ 清·大红色缎绣彩云金龙染银鼠皮边夹朝袍

▲ 清·月白色彩云金龙妆花纱夹朝袍

▲ 清·《雍正帝朝服像》轴

图中雍正皇帝身着明黄色彩云金龙夏朝服，衣袖为石青色，是参加盛大典礼时所穿的服饰。

多巴胺：过年过节穿吉服

吉服是专为宫廷喜庆节日等场合设计的服装，包括吉服冠、吉服带、衮服和吉服袍。其中，吉服袍就是我们常说的"龙袍"。由于皇帝的朝袍和吉服袍均有明黄色的，且饰有很多龙纹，人们容易将二者混淆。其实，辨别它们的方法很简单：朝袍采用上衣下裳相连的设计、有披肩领；吉服袍采用直身剪裁，且无披肩领。吉服袍又被称为"彩服""花衣"，这是因为吉服袍可根据不同时令节日，灵活变换服色和纹样，远不止大家印象中的明黄色彩云龙袍一种。不仅如此，有时皇帝也会按照自己的兴趣爱好，定制自己的龙袍。

▲ 清·蓝色江绸平金银龙夹龙袍

▲ 清·明黄色缎绣彩云黄龙夹龙袍

◀ 清·《雍正帝读书像》轴

图中雍正皇帝身穿吉服，端坐于锦垫之上，手捧书卷，默默沉思，仿佛在体味书中三昧。

极简风：读书斋戒穿常服

常服是在一般性正式场合穿的服装，包括常服冠、常服袍和常服褂。常服既蕴含礼服性质，又具有吉服作用，是在皇帝生活中"出镜率"极高的正式服装。在经筵大典、丧期内的吉庆节日、节日期间先皇帝后的忌辰，以及拈香、祷告和斋戒时，皇帝都需要身着常服，以示肃穆与虔诚。因此，常服不同于礼服、吉服的富贵奢华，而是主打"极简风"，服色多为石青色、蓝色、酱色、草绿色等，并以素织暗花为装饰主体，营造一种低调而雅致的美感。

▲ 清·《康熙帝读书像》轴

图中康熙皇帝身穿常服，盘腿端坐，凝神静思，仿佛正在深思书中精华。

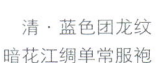

清·蓝色团龙纹 ▶
暗花江绸单常服袍

户外风：外出狩猎穿行服

行服是皇帝外出巡行、狩猎时穿的服装，包括行服冠、行服带、行服袍、行服褂、行裳五部分。行服非常便于骑马出行和射箭狩猎，其设计充满巧思。例如，行服袍的右下襟是单独的一小片布料，用纽扣与衣袍主体相连，待皇帝骑马时便可将右下襟撩开系上，看起来就好像缺了一小块，所以它也被称作"缺襟袍"。

▲ 清·郎世宁等《乾隆皇帝射猎图》轴（局部）

图中乾隆皇帝身穿行服，正在南苑猎场射野兔。

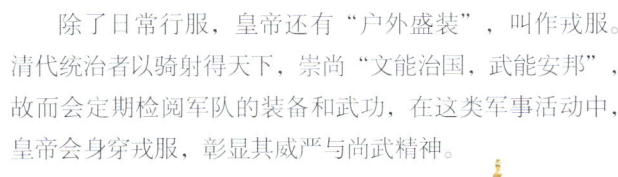

▲ 清·石青色素缎银鼠皮行服褂

▲ 清·绛色团龙纹暗花实地纱棉行服袍

除了日常行服，皇帝还有"户外盛装"，叫作戎服。清代统治者以骑射得天下，崇尚"文能治国、武能安邦"，故而会定期检阅军队的装备和武功，在这类军事活动中，皇帝会身穿戎服，彰显其威严与尚武精神。

◀ 清·郎世宁《乾隆皇帝大阅图》轴

图中的乾隆皇帝当时47岁，身穿明黄色大阅甲，亲临南苑（今北京南郊）检阅八旗将士。

清乾隆·黄色缎绣金龙纹 ▶
铜钉乾隆帝御用棉甲

皇帝的非典型装扮

这套《胤禛行乐图》册共 14 开，描绘了不同休闲场景中的雍正皇帝，均与我们印象中的皇帝形象大不相同：他或扮为林间弹琴的文人，或扮为水边小憩的渔夫，甚至扮为山里打虎的西洋人……雍正皇帝真曾如此装扮，如此"行乐"吗？

雍正皇帝乱穿衣？

清·《胤禛行乐图》册 ▶

最令人感到意外的，首先是雍正皇帝的衣着。清代宫廷服饰制度极为严格，清初甚至明令禁止满人穿汉服。但在这套图中，雍正皇帝穿得最多的就是汉服，他分别扮成了儒士、僧人、道士、渔夫等。除了汉服，他还穿上了新疆传统服饰、蒙古贵族衣袍和西藏喇嘛袈裟，呈现出跨民族、跨宗教的穿衣特点。这就与当时的国情有关了，清代版图覆盖汉地、蒙古草原、青藏高原和新疆回部（哈密、吐鲁番地区），人口主要由满、汉、蒙、回、藏五大民族构成。雍正皇帝如此多元的服饰风格，表现出他对于不同民族文化、宗教信仰的包容态度。

扮洋装，打老虎？

穿本国各族服饰尚可理解，但是装扮成法国贵族去深山里打老虎，是怎么一回事？刺虎是满族皇室的常见活动，乾隆时期也有一幅郎世宁等人为其绘制的刺虎图。这类图为了烘托皇帝的高大勇猛，画家总是将老虎画得又小又弱。细看这幅行乐图中的"刺虎"，画中老虎面露微笑，显得恭顺可爱，好似随时可被制服。至于皇帝这一身洋装和假发，则可能是受到欧洲 18 世纪"假面舞会"风潮的影响。法国国王路易十四痴迷中国风，曾在凡尔赛宫举办了一场"中国皇帝"主题的盛大舞会，出席的很多法国贵族都装扮成中国人模样。康熙、雍正年间，宫廷中有不少西洋传教士供职，皇帝与画师自然也有机会了解到欧洲贵族"扮装"与肖像画。雍正皇帝曾多次命人绘制自己的洋装画像，从这一点不难看出他思想前卫、标新立异的个人特质。

▲ 清·《胤禛行乐图》册之"刺虎"页

▲ 清·郎世宁等《乾隆皇帝刺虎图》轴

图像之外的雍正皇帝

事实上，雍正皇帝的一生并不轻松。他 45 岁时登基，在位 13 年，以勤政著称。康熙皇帝过世之后，雍正皇帝将自己的居所从乾清宫迁至养心殿。这里不仅距离"御门听政"的乾清门更近，也与军机处、内奏事处等重要机构近在咫尺，极大提升了他每日的办公效率。养心殿西暖阁的勤政亲贤室，相当于雍正皇帝的办公室，他每日在此召见官员、批阅奏章、处理政事等。室内匾额上书"勤政亲贤"四字，可谓是雍正皇帝一生奉行的信条。除了生日，雍正皇帝几乎每日都在辛勤工作，经常处理政务到深夜。如此严格自律的雍正皇帝，真的会有闲暇时光四处"行乐"吗？

▲ 清·泥塑雍正皇帝像

▲ 养心殿西暖阁 勤政亲贤室内景图

行乐图中的真实与想象

"行乐图"一般以描绘皇家的娱乐生活为主题，但通常是画中人所向往的生活状态，而非对现实生活的写实记录。此套《胤禛行乐图》的绘者、绘制时间均无从得知，但画中内容必然是雍正皇帝本人授意的。在他之前，未曾见过哪位皇帝有过如此别出心裁的画像。这类"扮装"画像至迟在元代出现，雍正皇帝承袭了这种创作方式，将皇家气韵与文人生活合而为一，同时也将自己的理想隐于画中。乾隆皇帝延续了自己父亲对于"扮装"画像的热爱。在《是一是二图》轴中，乾隆皇帝扮成文人模样，坐在一幅山水屏风前的榻上，四周摆放着他自己收藏的各类古玩，包括商代青铜觚、王莽时期的嘉量。最妙的是，屏风上挂了一幅乾隆文人装扮的画像，正俯视着坐在榻上的他。不同于雍正皇帝的"隐晦"，乾隆皇帝自己题诗解释了画中含义："是一是二，不即不离。儒可墨可，何虑何思。"

▲ 清·《是一是二图》轴

食中觅暖意

"民以食为天",饮食之事向来是人们生活中的头等大事。中国古人自掌握了火的使用后,便不断创新烹饪方式和炊具,从明火炙烤到铁锅煎炒,从陶鬲煮粥到火锅涮肉,这一路演变,塑造出独特的中华美食文化。一张热气腾腾的饭桌,不仅是为满足口腹之欲,更是让人将温热的食物吃进心里。

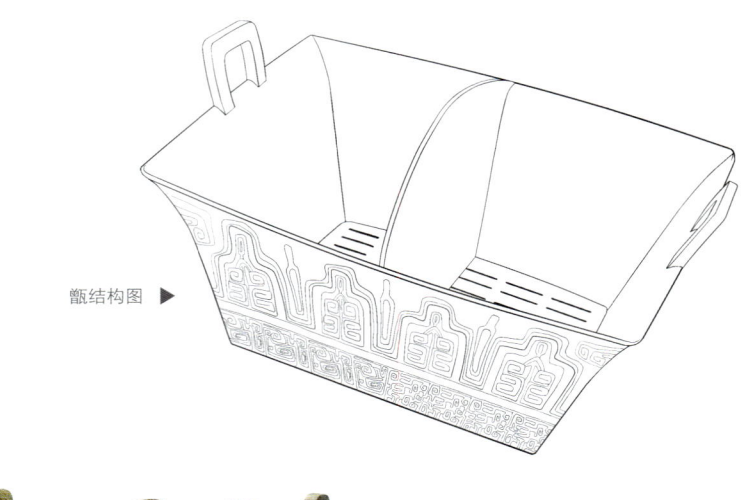

▶ 甗结构图

陶制"小奶锅"

故宫博物院陶瓷馆展出了一件红陶盉及支座,造型类似于我们今天把平底小奶锅放到煤气灶上的样子。"盉"是新石器时代先民们使用的一种炊具,人们将盂放到支座上,再在支座下面点火,便可以加热盂中的食物或水。这种加热方式与用陶鬲煮粥时的相同。"鬲"的特点在于腿和足部都是空心的,而且从腹部开始分裆,如此设计就是为了能让其快速吸收热量,然后传递给内部的粥。可以说,正是因为鬲的出现,才有了粥这种古老食物,继而影响了后来人们的烹饪方式与饮食习惯。

▲ 战国·环带纹方甗

青铜"鸳鸯蒸锅"

先民在用陶鬲等炊具烹煮食物的时候,发现水沸腾所产生的蒸汽温度很高,便萌生了利用这些蒸汽来加热食物的念头。于是,他们创造出了一种"蒸饭神器",叫作"甗"。甗由两部分构成:下部其实就是鬲,上部叫作甑,上下部之间放置一个箅子,以便鬲中产生的蒸汽能够顺畅进入甑。故宫博物院藏的这件青铜甗很特别,因为甑中间还有一个隔板,这种设计并不常见。有了这个隔板,就可以用甗同时蒸两种不同食物,这就好比今天的鸳鸯火锅。用上部的甑蒸食物的同时,还可用下部的鬲炖煮食物,做饭效率大大提升。即便时至今日,蒸煮仍然是我们重要的烹饪方式之一,所以像鬲、甗这类炊具看似离现代文明很遥远,但实际上从未真正退出我们的生活。很多现代小家电的设计灵感,都是在"复刻"古人这种上蒸下煮的厨房智慧。

▲ 新石器时代·磁山文化红陶盂及支座

▲ 商·灰陶鬲

银制小火锅

中国人吃火锅的历史渊源与游牧民族有关。游牧民族经常迁徙，居无定所，所以在饮食这件事上不如农耕民族讲究。草原上烹饪条件有限，他们便经常煮一大锅开水，再把所有肉菜放进去煮，这可以说是火锅的起源。清代统治者为满族，有吃火锅的传统。在清宫中，火锅又称"热锅"，其材质有陶瓷、纯银、银镀金、铜、锡、铁等。右图这件银寿字火锅由锅、盖、烟筒、闭火盖组成，锅内有炉膛，可烧炭火。待水烧开后，便可将生鱼、生肉、蔬菜等食物放入沸水，涮熟即可食用。时至今日，我们在老北京火锅店里，仍然可以吃到这种小火锅。除了这类"一体式"火锅，清宫还有简易小火锅，它由火碗、支架、酒精碗三部分组成，三部分可以分开，既可用于为食品保温，又可直接烧煮食物。

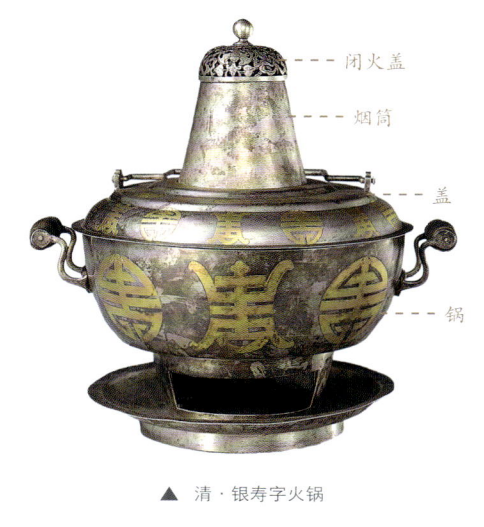

▲ 清·银寿字火锅

▲ 清·锡火锅

▲ 清·银带盖火锅

▲ 清·掐丝珐琅团花纹菱花式火锅

▲ 清·画珐琅喜字花卉纹火锅

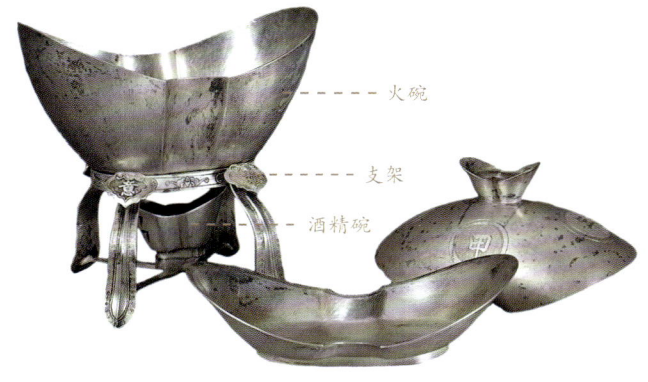

▲ 清·银"甲子万年"字元宝式火锅

与民同乐的火锅宴

在寒冷冬日里吃一顿火锅，身上、心里都能暖暖的。在清代，火锅是宫廷筵宴活动中必不可少的。作为长寿老人，康熙皇帝和乾隆皇帝都曾举办过"千叟宴"，是清宫中仅有的四次数千人以上的盛宴。嘉庆元年（1796）正月初四，85岁高龄的太上皇乾隆皇帝在刚将皇位传给皇十五子颙琰（嘉庆皇帝）后，便在皇极殿举办了最后一次"千叟宴"。此次宴会，太上皇乾隆皇帝邀请所有60岁以上的文武官员参加宴会，不仅为老人们准备了玉如意、楠木鸠杖、养老银牌等礼物，还特别赐百岁老人六品顶戴，赐90岁以上老人七品顶戴，以示敬老。此次宴会的主菜正是火锅，每张膳桌摆放两个火锅，整个宴会共用火锅1500余个，可谓是一场名副其实的火锅盛宴。

饮茶的讲究

中国是最早发现、种植并利用茶叶的国家。中国古人最初是"食茶",将茶叶粉碎,与葱、姜、橘皮、薄荷等香料共煮后服用,像喝粥一样。直到唐代陆羽的《茶经》问世,茶才成为一种精致饮品,发展千年,流传至今。

茶与水:贡茶需好水

故宫里有好茶!四川的灌县细茶、安徽的银针茶、福建的武夷茶、浙江的龙井茶、云南的普洱茶……这些都是往昔各地向清宫进贡的茶叶名品,统称为贡茶。贡茶制度始于晋代,在唐代基本定型,此后历代沿袭发展,在清代达到巅峰,当时的贡茶种类接近百种。晋代至元代,贡茶都以团茶、饼茶的形态为主,经过拍压成形,越做越精致,价值也随之攀升。后来,明太祖朱元璋废止进贡团茶,要求一律以平民饮用的芽茶进贡,继而引发后世主流饮茶方式的转变。若要享用一杯好茶,除了茶叶要好,水也至关重要。康熙皇帝就表示"若遇不得好水之处,即蒸水以取其露烹茶饮之。"乾隆皇帝指出水以"味甘""质轻"为佳,以此评定北京西郊玉泉山之水为"天下第一泉",还特别崇尚使用露水、雪水来烹茶。

▲ 清·灌县细茶　　▲ 清·云南普洱茶膏　　▲ 清·银针茶

▲ 煎茶法

▲ 点茶法

▲ 泡茶法

▲ 清·严泓曾《斗茶图》轴(局部)

茶与器:备茶配好器

古人在饮茶上极为讲究,直观地体现在各类精美的茶具之上。备茶方式不同,所用器具组合也不同。唐代盛行煎茶,人们将茶饼碾碎成粉末,放入茶釜中煎煮,加适量盐调味,像喝汤一样饮茶。宋元时期流行点茶,用执壶向茶盏浇注沸水的动作即"点",其手法直接影响茶汤的颜色。宋人热衷于"斗茶",比赛谁能让浮沫在盏壁上留存得更久,黑釉盏因能凸显浮沫颜色而倍受推崇。"唐煎宋点"都需碾茶、罗茶等烦琐步骤,而且人们是将茶沫与茶汤一起喝下,与我们今天饮茶的习惯很不同。元代开始简化备茶步骤,尝试煮茶,将散茶投入鼎、釜等容器中烹煮,水沸即停,无须调味,故此类茶被称为"清茶"。明中期以后,人们开始用茶壶泡茶,只需经过候汤、注水、投茶三步便可饮用。

茶与乳：清宫爱奶茶

宋代实施了"茶马法"，以茶与边疆民族换取马匹，此法既令朝廷获得了优质马匹，又通过茶叶贸易促进了各民族间的融合。自此各地区之间便有了以茶易马、以马换茶的贸易往来。茶传入游牧民族地区，开始融入当地饮食结构，茶与酥油、牛乳"融合与碰撞"，演化出适应不同民族需求的茶饮品种。到了清代，身为满族的皇室，尤为喜爱喝奶茶，乾隆皇帝用餐时常喝奶茶。清宫奶茶种类丰富，不仅是日常饮品，还出现在宫廷庆典、筵宴、围猎等重要国事活动中。熬制奶茶讲究颇多，牛乳要选用皇家放养奶牛所产的鲜奶，茶叶则精选黄茶、普洱茶、安化茶等，而用水更是非玉泉山的清泉不可。

清代的奶茶器具主要有奶茶桶（多穆壶）、奶茶壶和奶茶碗三类。在这张"围猎聚餐图"中，可见皇家射猎时使用奶茶桶斟奶茶的场景。

▲ 清乾隆·掐丝珐琅缠枝莲纹嵌石多穆壶

▲ 清乾隆·银奶茶壶

▲ 清乾隆·和阗白玉错金嵌宝石碗

▲ 清·郎世宁《乾隆皇帝围猎聚餐图》轴

▲ 宋·建阳窑黑釉兔毫盏

▲ 明·龙泉窑青釉提梁壶

"茶"与"TEA"：远销海外的中国茶

茶风靡全球，与咖啡、可可并列为世界三大饮料。英国、日本称茶为"国饮"，发展出独具民族特色的饮茶文化。荷兰、丹麦、摩洛哥、美国等，也都是茶叶消费大国。可是，这些国家中许多并不产茶，他们之所以有茶喝，是因为中国茶通过陆路、海路远销世界各地。茶作为"外来物"出现时，当地语言会最先做出反应。纵观世界各民族语言，"茶"字发音有两种规律，一种以"cha"为基础，另一种则以"te"为基础。"cha"系列的发音，源于中国北方官话，影响到南亚、西亚、中亚及欧洲部分地区，最远传到非洲东部；"te"系列的发音，源于中国闽南等地方言，最早通过海路获得茶的东南亚、非洲南部、西欧等地区的国家，包括英国、荷兰，大多使用这个发音。

喝酒的风雅

酒，流淌过漫长的历史长河，早已不仅是一种饮品，更是盛大筵宴上的礼仪象征、亲朋小聚时的温暖畅意、诗人笔下的理想寄托、阖家欢乐时的美好祝福。

▲ 商·兕觥

▲ 五代·顾闳中作（宋摹本）《韩熙载夜宴图》卷（局部）

▲ 商·兽面纹角

▲ 西周·凤鸟纹爵

▲ 宋·景德镇窑青白釉刻花注壶、温碗

▲ 清·银烧蓝暖酒壶

饮酒须有礼

在我们熟知的青铜器中，很多都是酒具。商代人们嗜酒，再加上酒是祭祀仪式上的必备"圣物"，故而留下了大量青铜酒具，比如爵、角、尊、觥、觚、杯等。西周建国后，汲取殷商亡国的教训，颁布了一系列禁酒令，并形成较完备的酒礼，用以规范社会秩序，防止人们饮酒过量而失礼。在《周礼》《礼记》等书中，均有关于饮酒礼仪的记载，宴席上有专门监察礼节的职官和史官监督人们适度饮酒。酒筵奏乐也有规范，初时演奏鼓瑟，然后合乐演奏《诗经》之中的《关雎》《葛覃》《卷耳》《采蘩》《采苹》，尾声时奏《陔夏》作为结束曲。奏乐不仅为了饮酒助兴，也是要时刻提醒大家饮酒时莫要失礼。

温酒更宜饮

在商周时期，喝温酒的习俗便已在人们生活中出现。"爵"就是一种贵族阶层使用的煮酒器。到了唐宋时期，喝温酒的习俗在社会上盛行，出现了以注壶、温碗为主的温酒器。在《清明上河图》《韩熙载夜宴图》中都有描绘人们饮用温酒的场景。明清时期，温酒器的材质和样式更加丰富，兼具实用功能、艺术情趣和文化内涵。如右图这件银烧蓝暖酒壶，由内壶和外套两部分组成，造型独特且雅致：外套呈六棱柱状，六面分别錾刻梅、兰、竹、菊、荷花等纹样；内壶为圆柱体，有流、盖及双提梁结构，用于盛酒；内壶与外套之间有较大空间，用于盛装热水，以此温酒。

辞岁饮屠苏

"屠苏"是一种由多种中药调制而成的药酒。古人在阖家过年时,会饮用屠苏酒,祈求新的一年平安健康。饮酒时需按照先幼后长的顺序,因为少者过年长一岁,值得庆祝,老者过年少一岁,便不着急饮这杯酒。苏轼在《除夜野宿常州城外二首》中写道"但把穷愁博长健,不辞最后饮屠苏",意思是说即便穷困忧愁,只要身体健康,便也不介怀年华老去,甘愿最后饮屠苏。清代雍正时期,过年饮屠苏的民俗传至宫廷,被赋予更多政治意义。每年的正月初一子时(晚上11点到次日凌晨1点),皇帝会在养心殿东暖阁"明窗"处举行开笔仪式。届时,皇帝将屠苏酒注入金瓯永固杯中,点燃名为"玉烛长调"烛台上的蜡烛,再以镌刻"万年青""万年枝"的专用毛笔,依次蘸取朱墨、黑墨写下吉语,祈望新的一年政事通达。

酒中蕴诗意

魏晋时期,文人在政治上常会感到压抑和苦闷,于是,饮酒成为他们逃避现实、抒发胸臆的重要途径。著名的"竹林七贤"以饮酒狂放著称,也留下了许多与酒相关的诗文。到了唐代,不少社会名士、文人墨客更是痴迷饮酒,如诗仙李白常在饮酒后才思泉涌,有道是"李白斗酒诗百篇,长安市上酒家眠"。文人饮酒之际,除了吟诗作赋,还热衷于酒令游戏。晋代书法家王羲之在《兰亭集序》中所记载的"曲水流觞",便是一种古老的酒筵游戏:在平浅曲折的山泉旁边,将盛有美酒的觞(酒杯)置于水中,让它缓缓流动,漂到谁的身边就由谁饮酒赋诗,作不出者须罚酒三杯。这一雅事不仅是文人之间的娱乐,更是他们才情与智慧的较量,尽显文人的风雅与浪漫。

▲ 晋·青釉羽觞盘

▲ 清·郎世宁等《乾隆帝岁朝行乐图》轴(局部)

在郎世宁等绘制的《乾隆帝岁朝行乐图》轴中,金瓯永固杯和玉烛长调烛台均由皇子皇孙或专人捧持。金瓯永固杯为皇帝专用,"金瓯"原指盛酒器,后来被用来比喻国家疆土和政权。

▲ 清·金瓯永固杯

▲ 明·文徵明《兰亭修禊图》卷(局部)

在紫禁城的乾隆花园中,乾隆皇帝也效仿《兰亭序》中文人诗酒聚会的场景,设计了"禊赏亭"与"流杯渠"。

家中必备几大件

近来流行的"新中式"家具，设计灵感不少源自明清家具。故宫博物院现存明清家具 6200 余件，大多由皇帝亲自挑选、监制，皇帝甚至还参与过设计。那么，在古代帝王的生活中，不可或缺的几大件家具，都有什么呢？

坐卧两用的床

我们常提到"床榻"，但实际上，床与榻是有差别的。"床"最初有卧具、坐具两种含义。西汉后期才出现"榻"，专指坐具，除了矮小外，与睡觉所用的床并无较大差别，所以古人习惯将"床""榻"并称。在古代有一类床榻叫"罗汉床"，可坐可卧，设在寝室作为卧具称为"床"，设在客厅待客则称为"榻"。右图这件紫檀嵌碧玉龙纹罗汉床，是清代乾隆时期的家具珍品，尽管名为"床"，但被放置在客厅或书房中作为"榻"来使用。其正中摆放小炕几，两边铺设坐褥，可休闲小憩，也可办公议事。清代皇帝、后妃睡觉用的床多数是炕床，由四个方桌拼合而成，后侧靠墙，前面和两侧以隔扇做围挡，再于前侧挂帘，就成了我们熟悉的"床"的造型。

▲ 清·紫檀嵌碧玉龙纹罗汉床

▲ 坤宁宫喜床

▲ 清·《胤禛围屏美人图》之"烛下缝衣"

▲ 明·紫檀木雕夔龙纹玫瑰椅

不舒服的椅子

汉代以前，人们普遍是"席地而坐"。自南北朝之后，逐渐出现高足座具，椅子的高度随之增加，人们的坐姿也慢慢转变为"垂足而坐"。这把紫檀木雕夔龙纹玫瑰椅制成于明代，曾摆放在翊坤宫的配殿道德堂里。慈禧皇太后、婉容都住过翊坤宫，或许她们也坐过这把椅子。"玫瑰椅"是明式家具中常见的椅子类型之一，造型轻巧，通常为内室女眷坐具。在《胤禛围屏美人图》之"烛下缝衣"中，女子坐的正是玫瑰椅。美则美矣，但坐着可能并不舒服。因为玫瑰椅椅面与椅背垂直，而且椅背只比扶手高一点儿，如果想倚靠或斜躺着歇会儿，后背一定会硌得生疼。其实，这种不舒服的造型是故意设计的，因为中国古代儒家礼仪要求人们应保持恭敬的坐姿，而玫瑰椅的设计正是为了契合这一礼仪规范。

可以转的大圆桌

明清时期的桌子大体分为方桌、长方桌（长宽比不超过2:1）、长条桌（长宽比超过2:1）和圆桌。方桌、长方桌可做书桌用，桌面宽些便于读书写字。长条桌可做画桌，这样展卷布纸时才不会局促。圆桌在中国家具发展史上出现得较晚，可设在客厅、书房或者餐厅。雍正年间还出现了一种新颖的圆转桌。雍正八年（1730），雍正皇帝收到年希尧进贡来的"番花独挺座方面桌"，他以此为灵感，下旨命人仿照此桌用黑漆或红漆做一个圆面桌，底座中腰部安转轴，做一个"推着转"的桌子。紫檀描金彩漆葵花式圆转桌便是实物例证。在《是一是二图》轴中也描绘了一个圆转桌，与此桌极为相似，桌上还摆放着乾隆皇帝喜欢的珍奇古玩。

▲ 清·紫檀描金彩漆葵花式圆转桌

▲ 明·万历款黑漆描金龙纹箱式柜

放私房钱的箱柜

古代用于收纳的家具总称为皮具，包括柜、格、架、箱，用于存放衣物、文玩、书籍、杂物等。其中，柜、箱四面全封，格或封或闭，架多为三面或四面开敞。它们两两搭配又可组合变化，做出架柜、柜格、箱柜、架格等。这件明代万历款黑漆描金龙纹箱式柜，就是箱子和柜子的组合体。其顶部有箱盖，正面有柜门，打开柜门后有小抽屉，可以放各种物件。在其箱盖上还嵌有一张用满文写的纸笺，据专家研究，其内容表明此箱曾被康熙皇帝放在自己卧室里，用于存放一些"私房钱"，这些金银可作为临时的赏钱。

▲ 清·《康熙帝便装写字像》轴中的方桌

▲ 清·《是一是二图》轴中的圆转桌

▲ 清·《胤禛围屏美人图》之"持表对菊"

▲ 清·《胤禛围屏美人图》之"观书沉吟"

▲ 清·《胤禛围屏美人图》之"捻珠观猫"

雅室何须大

观察一位女性如何布置生活空间，便如同窥探了她内心一隅。故宫博物院藏有一套"十二美人图"，名为《胤禛围屏美人图》。整套画作描绘了十二位美人的日常风雅，亦真亦幻，涵盖客厅、卧室、书房等室内场景。虽只取一角之景，也足以令人感受室内的清雅。

娇花映红颜

自宋代起，插花便是一大雅事，所以美人居室内也摆设许多瓶花。在"持表对菊"中，白色瓷瓶内扦着菊花；在"裘装对镜"中，窗台上的钧窑玫瑰紫菱花式花盆里栽着水仙；在"博古幽思"中，书桌上的葫芦式小瓶内插着几朵小花。古人在选择花器方面颇为讲究，明代文人张谦德在《瓶花谱》中写道："冬春宜用铜瓶，夏秋宜用瓷瓶，书室宜小瓶。"明清时期，流行在花瓶中加置铜质内胆，起到冬季保温和固定花枝的作用。

文墨染伤悲

屋内陈列的书册、书桌、棋盘、香炉、瓶花、书画等物品，都营造出一种"美人氛围感"，但同时也烘托出一种落寞心境。在"观书沉吟"中，美人手里拿着书，目光却随着思绪飘到远处，似乎在思索些什么。其身后的叶形贴落上题写"樱桃口小柳腰肢，斜倚春风半懒时。一种心情费消遣，细编欲展又凝思。"描写的正是画中的美人。而她手中的书，正巧翻到《金缕词》，道出美人为何"凝思"："劝君莫惜金缕衣，劝君须惜少年时。花开堪折直须折，莫待无花空折枝。"

▲ 清·《胤禛围屏美人图》之"裘装对镜"

▲ 清·《胤禛围屏美人图》之"博古幽思"

▲ 清·《胤禛围屏美人图》之"消夏赏蝶"

似有暗香来

古代女性屋内往往还会飘出淡淡幽香。在"裘装对镜"中，美人左手持镜，右手搭在一个手炉上，此炉原是取暖工具，但也可放入香料，起到香炉的功用。在"观书沉吟"中，美人身后的香几上，摆着一个黄铜乳足冲天耳宣德炉，炉中的香灰堆成山形，上置银叶隔火熏香，香炉边还放着海棠形的螺钿香盒。在"捻珠观猫"中，美人左臂轻倚桌案，桌上摆着铜胎掐丝珐琅鼎式香炉，配有木盖和白玉捉手；她的右手娴雅地捻着念珠，看样子应为伽南香十八子手串。伽南香是沉香中的上品，散发着木质的芬芳，有时还混合着花香，故而备受清宫后妃们的青睐。

博古隐思绪

一般屋内会有个小角落，摆满美人心爱之物。在"博古幽思"中，美人坐在转角处的斑竹椅上，被黄花梨多宝格半环绕，格内陈列着珍贵的文玩摆件，包括汝窑三足洗、北宋汝窑青瓷无纹水仙盆、天青釉盏托、明代宣德宝石红釉僧帽壶、青铜觚等。不过，她并没有在欣赏这些宝物，而是目视斜下方，露出几分幽思。这种情景在"消夏赏蝶"中也有体现，美人看着窗外蝴蝶发呆，桌上摆着棋盘，似在等人来。这不免让人联想到在这些女性空间中不曾露面的另一位，也就是这套美人图的设计者——雍正皇帝。

原是"屏"中人

从画中虚拟场景回到现实世界，这些"美人"或许本身也是雅室的一部分。康熙四十八年（1709），康熙皇帝晋封胤禛为雍亲王，将圆明园赐给他做府邸。据专家研究，胤禛在此居住13年，期间命画家定制了这套美人图，贴于"深柳读书堂"内的围屏上。这一时期，康熙皇帝正在头痛继任者的问题。不同于其他皇子明争暗斗，胤禛选择了韬光养晦。因此，此套图画的虽是美人，可所表之意未必只是闺房愁思，或许还夹杂着胤禛当时某些难以言说的思绪。

推荐阅读：杨新，《<胤禛围屏美人图>探秘》，刊发于《故宫博物院院刊》，2011年第2期；
巫鸿，《中国古代绘画中的女性空间》，生活·读书·新知三联书店，2019年第1版

可移动的小书房

乾隆皇帝有一件紫檀木旅行文具箱，用于盛放他喜用、赏玩的文房四宝及文杂器具，据档案记载，箱内物品曾多达73件，可谓是移动的小书房。那么，乾隆皇帝在外出时，究竟有哪些心爱之物是他无法割舍，必须随身携带的呢？

"文具箱"与"活腿桌"

此物制成于乾隆二十二年（1757），"紫檀木旅行文具箱"是现代称法，"紫檀木活腿桌"才是当时称法。这两种名称，刚好对应其折叠前后的状态：闭合时，是可收纳各类文具的木箱；展开后，是可写字、读书、对弈的小书桌。机巧之处在于桌腿，通过金属合页嵌接在板面之下，桌腿放倒后可藏于箱槽内。箱内并置两个长方形木架锦面多宝匣，匣内布满层、格、槽，将空间划分得细致又巧妙，可容纳数量惊人的文房器具、生活用具、书画手卷、细巧古玩等。每件物品在匣内均有固定位置，器格按其形状和大小特制，严丝合缝，稍作移动便无法全部收入匣内。这设计灵感很可能源自明代士大夫游山时所带的"叠桌"与"备具匣"，乾隆皇帝按此文人逸游的传统，为自己打造了专属"游具"，并且在功能与趣味性上进行了更多创新与拓展。

不止文房四宝

古代的文具是个宽泛的概念，除文房四宝外，还有许多文杂器具。在此箱中，可见湘妃竹管笔、黑漆描金云龙纹笔、黑墨、朱墨、松花江石葫芦式砚、象牙臂搁、折叠笔筒、青玉水丞、白玉雕花纹葫芦式水池、镇纸等，这些是读书写字的必备之物。此外，还有冠架、香炉、象牙签、挖耳勺、木框镜、火镰、烛台这类生活用品，出门在外时大有用处。比如，光线昏暗时，可用火镰取火，点燃小蜡盏，再将配套的灯挡固定在蜡台上，如此便可悠然读书了。为了节省空间，箱内很多物品都是特别定制的，如笔筒、冠架都做成折叠式，灯挡与烛台做成拆装式，收纳时十分方便。

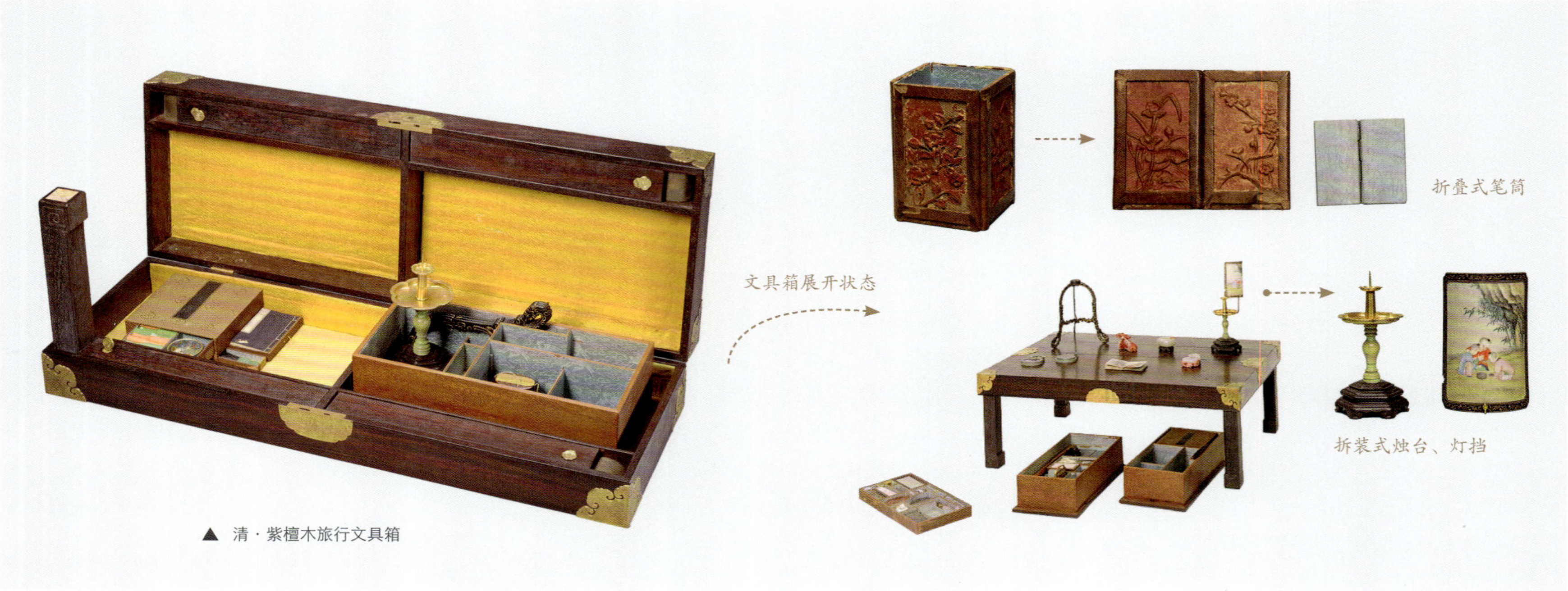

▲ 清·紫檀木旅行文具箱

文具箱展开状态

折叠式笔筒

拆装式烛台、灯挡

"迷你版"书画手卷

乾隆皇帝喜爱书画,定制了一些微型书画手卷,就是为了能装进这个文具箱。箱内的书册有《佛说观无量寿佛经》《应制诗选》《类苑俪语》等。画作有《山水册》页、《春郊散牧图》手卷、《秋山行旅图》手卷,它们均出自同一位宫廷画师,名为周鲲。周鲲出生于江南画师家庭,最擅长画山水,曾与郎世宁、丁观鹏等宫廷画师合画《乾隆雪景行乐图》轴,图中树石部分出自周鲲之手。乾隆皇帝曾多次赞赏周鲲,并在诗中写道"我爱周鲲笔,天然淡间浓"。他在定制此件紫檀木旅行文具箱时,明确指定要在第一匣内放周鲲的山水小册,第二匣内放周鲲的两幅手卷,可见他对周鲲作品的偏爱。

  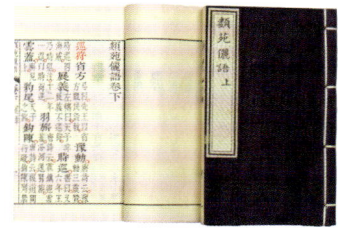  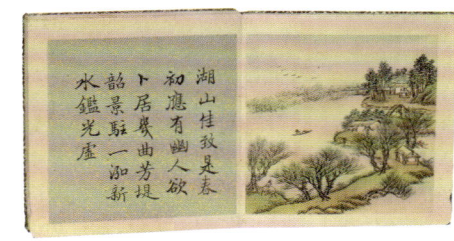

▲ 《佛说观无量寿佛经》　　　　▲ 《类苑俪语》　　　　▲ 清·周鲲《山水册》页

▲ 清·周鲲《春郊散牧图》卷(局部)　　　　▲ 清·周鲲《秋山行旅图》卷(局部)

文具箱里的小玩具

除了办公、读书,皇帝也需要一些小玩具。在清宫档案的记载中,有几件物品名称十分有趣,比如"折叠双陆棋盘""小千里眼""西洋家伙",这些均能在此文具箱内找到。双陆棋是一种两人对弈的棋类游戏,二人轮流掷骰子并按点行棋,先把己方所有棋子移离棋盘的一方获胜。双陆棋曾风行于隋唐,乃至辽、宋、金、元,颇为文人雅士所喜爱,但因弈法多靠运气,以致明清时期渐成赌博之风,清中后期朝廷便明令禁止双陆棋。"小千里眼"是一个小望远镜,由西洋传教士带入中国。"西洋家伙"指来自西方国家的各种物品,如此箱内的西洋绘图器、画珐琅人物图盖银盒。

▲ 双陆棋

▲ 画珐琅人物图盖银盒

▲ 望远镜　　　　▲ 绘图器

无处不在的香

太和殿的三层须弥座石阶上陈列着 18 尊青铜香炉,皇帝御座两侧则摆放了各式香薰、香筒,而后妃们更是随身挂着香囊、香袋……这些都印证一件事:香,在古代无处不在。

香具:营造氛围的利器

香具是指与香料有关的各类器具,包括存储香料用的香盒、香囊、香袋,燃香用的香炉、香薰、香筒、香盘、香插,还有香几、香匙、火箸等辅助用具。古代名流雅士在读书、弹琴时有焚香的习惯,营造出一种清幽静雅的文人氛围。帝王宝座前左右两侧,通常会陈设一对"垂恩香筒",点香之后,香烟就会从香筒的孔洞飘出来,营造出神秘肃穆的庙堂氛围。而在高墙宫闱中,后妃们会随身佩戴香囊,既能点缀衣服,又能散发芬芳,营造出衣香鬓影的美人氛围。

▲ 清宫香囊

清宫香囊的样式繁多,材质以布、棉、绸、缎为主,但也有用玉、金、象牙等制作的硬质香囊。

宋·赵佶《听琴图》(局部) ▶

香几上的香薰正飘出袅袅香烟,与悠悠琴声交织在一起。

香料：宫廷生活的必需品

香料虽看起来不起眼，但却是宫廷生活的必需品。大到祭祀大典、斋醮礼佛，小到室内熏香、妆容打扮、饮食调味、医药保健，都需要用到香料。明清两代宫廷对香料的需求极大。据《明实录》记载，嘉靖二十九年（1550），嘉靖皇帝命户部采买"沉香七千斤、大柱降真香六万斤、沉速香一万二千斤、速香三万斤、海漆香一万斤、黄速香三万斤"。基于清宫档案和现存实物，清代宫廷香料主要有沉香、降香、檀香、严露香、四色香、莲头香等。这些香料通过地方土贡、海外朝贡、收购采买等渠道进入到宫廷，由内务府统一管理，按定额分发给内廷各宫殿、外围各寺庙、内务府辖各园囿等处。

有钱也难买的龙涎香

唐代，龙涎香成为皇室尊贵地位的象征。至明代，宫中所用香料更是以龙涎香为最佳。嘉靖年间，宫中所存龙涎香本就不多，还因嘉靖四十一年（1562）宫中失火而尽数被毁，皇帝屡次下旨催购龙涎香。嘉靖至万历年间，每两龙涎香价值百金，但即便有钱也很难买到，一是龙涎香本就稀有，二是当时它的主要来源远在非洲索马里。那么，中国宫廷如何获得龙涎香的呢？唐代的龙涎香，多半是由波斯和大食国商人经由海上商船传入中国的。宋元时期海上香料贸易空前繁荣，所以购买龙涎香的渠道变得畅通无阻。明成祖朱棣登基后，多次派郑和出使西洋，宣扬国力的同时，以瓷器、丝绸、茶叶等换取国内稀缺的香料，其中便有从索马里带回的龙涎香。清代，宫中所用龙涎香主要来自暹罗常年稳定的进贡，至道光十五年（1835），乾清宫存有龙涎香一百六十一斤十一两，数量较为可观。但随着清末国力衰微，海外朝贡骤减，所存龙涎香也随之变少。

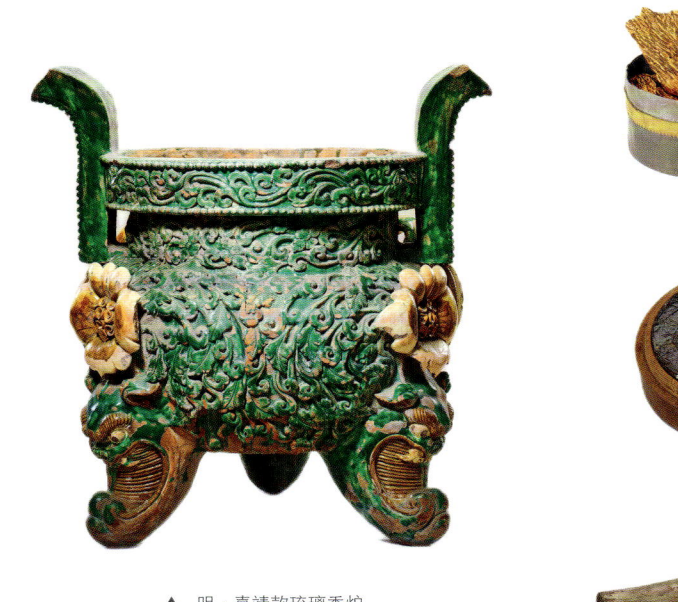

▲ 明·嘉靖款琉璃香炉

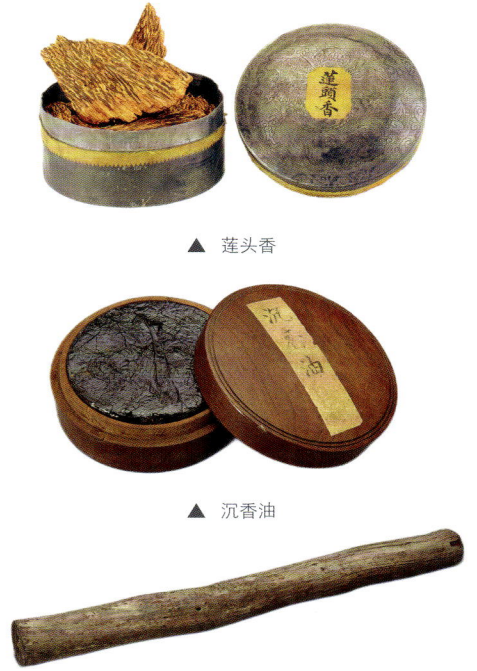

▲ 莲头香

▲ 沉香油

▲ 降香

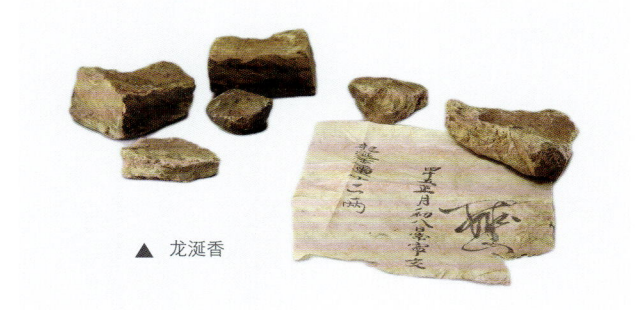

▲ 龙涎香

本土香与外来香

香料按照主要来源可分为本土香料和外来香料。我国本土的香料，主要产自南方地区，因为那里高温多雨，极为适合香料植物生长。汉唐以来，陆上、海上丝绸之路逐渐畅通繁荣，不仅让中国的丝绸、瓷器、茶叶远销海外，东南亚、南亚及欧洲的香料，如番沉、檀香、龙脑香、龙涎香、丁香、郁金香、迷迭香等，也以贸易或朝贡的方式进入中国，极大地丰富了中原地区的香料品种。古人在美容化妆用品中大量使用香料，包括洗澡用的澡豆，护肤用的面脂、面膏，美白用的香粉，护唇用的口脂，护发用的香泽、香膏，而且很多用的都是外来香料，十分金贵。或许正因如此，自唐代以来，女子的"脂粉钱"便不是一个小数目。

▲ 19世纪英国·香水　　清晚期后妃多使用西方香水。

▲ 北宋·张择端《清明上河图》卷

扬帆去远行

古代的交通工具主要有骆驼、驴、马、牛车、轿子、人力车、船等，其中船可作为远行的工具。

从《清明上河图》说起

张择端所绘的《清明上河图》卷，可谓是一卷"宋人生活日志"，将清明时节北宋都城汴京（今河南开封）的人物与风景，从城里到城外都记录了下来，极为细腻生动，令观赏之人仿佛身临其境。此卷为绢本，纵24.8厘米，横528厘米，所绘内容可分为三段：卷首是汴京郊外的乡野春光；中段是以虹桥为中心的汴河两岸，一片车水马龙、人声鼎沸的生活景象；卷尾是城里的各种商贸活动，喧闹的商肆在卷尾渐趋平静。画面长而不冗，繁而不乱，将数百人物安排在各种生活场景中，再现当时繁华热闹之景。

繁忙的汴河

汴河风光约占全卷五分之二的篇幅。汴河作为一条人工河流，是北宋时期重要的漕运交通枢纽。据《宋史·河渠志》记载："汴河，自隋大业初，疏通济渠，引黄河通淮，至唐，改名广济。宋都大梁，以孟州河阴县南为汴首受黄河之口，属于淮、泗。"北宋时期，每年通过汴河运到都城汴京的物品，不仅包括多达数百万石的米粮，更有数不胜数的江南特产，由此可想象彼时汴河上船舟往来的繁忙之象。水路交通不乏惊险瞬间，比如画中的虹桥部分。桥的右侧有一艘船正要驶入桥洞。此处河面较窄，水流湍急，桥梁也低，船员们正在紧张配合，忙得不可开交：有人用篙顶住桥梁，有人用力撑篙，有人放倒桅杆，有人从桥上抛下绳索……船上的紧张忙碌引来桥上看热闹的人群，如同我们看画之人一样，他们担心这艘船能否平安驶过。

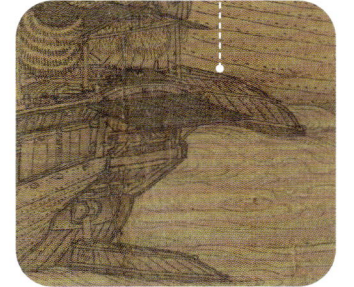

货船与客船

张择端尤其爱画"舟车""市桥郭径"等,他在此图中刻画了近30条状态各异的船只,真实表现了宋代内河船的建造水准。由卷首观至中段的汴河部分,首先看到有两艘货船停靠在岸边,伙计们正在将船中的麻袋扛到码头上,老板坐在麻袋堆上,指挥伙计们如何码放。麻袋看起来很重,装的应是粮食。再往左看,有一艘正在行驶的客货混载大船,船上共有11个人,另有5个人在岸上拉纤。这艘大船吃水很深,说明载重量很大。前舱有间客房打开了窗子,一对母子正在欣赏沿岸的风光。仔细观察这些船的尾部,不难发现它们都安装了升降舵,可根据吃水深浅来确定舵位高低,吃水浅时将船舵拉高,吃水深时则将之降下,可谓是当时的造船"黑科技"。

从内河到外海

宋代的造船技术臻于成熟,推动水路贸易往来日益繁荣。而贸易的繁荣,又反过来推动造船技术水平提升,使得当时已能造出可承载数百人的大型海船。宋代,大宗贸易开始从陆上转向海洋,海上丝绸之路空前繁荣,丝绸、瓷器、茶叶、香料等都是主要贸易商品。由于中国制造的海船船体高大,安全性高,舱内又很舒适,很多阿拉伯商人来中国时都愿意搭乘中国船。这些中国船所具备的船舵、水密隔舱结构及龙骨装置,直至15世纪都居世界领先地位,也为郑和从1405年到1433年率领船队七次下西洋提供了先决条件。

海洋生物画谱

故宫博物院现藏有五部描绘海洋生物、飞禽、走兽等题材的清宫旧藏画谱，其中四部为宫廷画师所绘制，唯有一部《海错图》出自民间画家之手。能让看尽世间奇珍的皇帝收入宫中，《海错图》究竟有何与众不同呢？

最早的海洋生物绘本

《海错图》是一部关于海洋生物的博物学画谱。"海错"二字，是中国古人对于多样杂陈的海洋生物的统称，包括鱼类、贝类、虾蟹类等。此谱共四册，前三册收藏于故宫博物院，第四册收藏于台北故宫博物院。其内页图文并茂，图画错落排布，笔触细腻艳丽。作者笔下既有凶猛的深海鱼类，又有憨态可掬的小鱼小蟹，他还将自己的观察与考证写在图旁，文字长短不一，但均以朗朗上口的简短赞诗作为小结。

擅长绘画的生物学者

《海错图》的作者是聂璜，钱塘（今浙江杭州）人，主要活动于明末至康熙年间（1662—1722）。他既是一位以工笔重彩见长的画家，也是一位才识过人的生物学者。他一生致力于研读中外有关动植物的文献，也热衷于四处云游，足迹遍及如今的贵州、湖北、河北、天津、云南等地，实地考察不同生态环境下水生生物的物种状况、生活习性等。康熙三十七年（1698），他将在东南海滨所见的鱼、虾、贝、蟹等绘制成册，共刻画了数十种海洋生物，即《海错图》。不同于前人画鱼的方式，他并非要表现山水间的自然情趣，抑或表达对现实社会的隐晦深思，而是以工笔重彩展现出极强的标本式写生特点。他在外考察二十余年，"每睹一物，则必图而识之，更考群书，核其名实"，遍询船户渔夫之后才会落笔，终于完成这部《海错图》，并成为他唯一的传世作品。

是画谱，也是食谱

《海错图》细致描绘了 371 种海洋生物，有些只存在于口耳相传的传说或图腾，有些则真实生活在深海或远洋。其中不乏很多被古人视为美味佳肴的海洋生物，为此作者还特别写下食用方法和注意事项。如在叙述"河豚"时，他称"不食河豚，不知鱼味。其味为鱼中绝品"，但又提示"然有大毒，能杀人"，须"不但去肝，目之精、脊之血并宜去之。洗宜极洁，煮宜极熟，尤忌见尘。"

从民间到宫廷

聂璜在康熙年间绘制完成了《海错图》，但画上未见任何敬献之词，可见他本人并无将其进呈皇宫之意。那么此画谱是何时进入宫中的呢？据《雍正四年·流水档》记载，《海错图》是在雍正四年（1726）由副总管太监苏培盛交予清宫造办处，但无从考证他是如何得到《海错图》的。乾隆三年（1738），《海错图》进入乾隆皇帝视线。他命人将其重新装裱，放于自己在紫禁城内的重要居所重华宫内。乾隆皇帝作为游牧民族的后代，对于鹰雁、虎豹、麋鹿、黄羊等各类飞禽走兽司空见惯，但对于生活在东南海域的神奇水生生物较为陌生，所以特别钟爱这本独树一帜的海洋生物画谱。故宫博物院曾于 2003 年举办"清代宫廷画谱展"，在展出的百余件精品画谱中，《海错图》凭借一群"呆萌"的海洋生物脱颖而出。

▼ 清·《海错图》(部分内页)

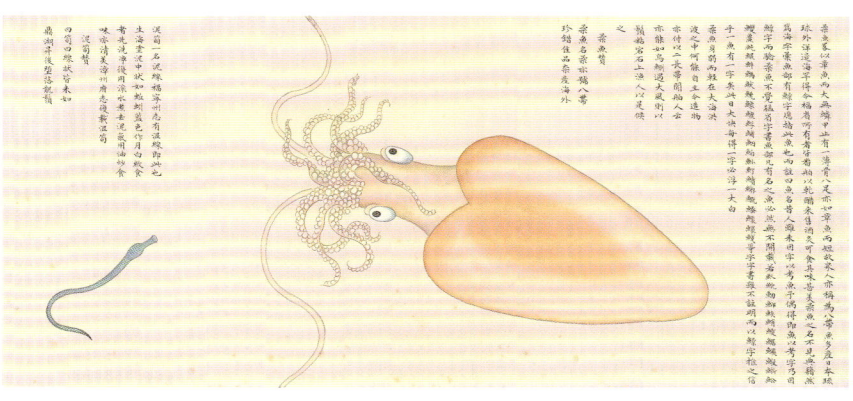

薄薄一张纸

如果这世上不曾有纸，我们便很难知晓古人眼中的"物象精华、乾坤微妙"，文明将如同在寒夜中艰难闪烁的火花。

最古老的纸本画

《五牛图》卷是目前所见最早作于纸上的画作。此画无作者款印，但最终被专家判定为唐代韩滉的传世名作，依据主要有三。首先是画风，韩滉在德宗时期历任宰相、浙东西两道节度使，曾多次在乡间体察民情，以绘农家风俗和家畜著称。其次是流传有序，此画后幅有元代赵孟頫、明代项元汴、清代金农等十四家题跋，引首、前隔水、本幅、后幅均有乾隆皇帝题跋，另有宋内府"睿思东阁""绍兴"和清内府"乾隆鉴赏""石渠宝笈"等印。最后是画纸，纸质为麻料，与唐代纸张特点相符。唐代以前，古人绘画作品以绢本居多，就是在绢、绫、帛等丝织物上创作的书画。纸本画之所以能流行起来，根本原因在于中国造纸技术的诞生与持续发展。

纸上的印

 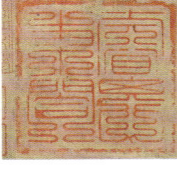  

绍兴　　　睿思东阁　　　乾隆鉴赏　　　太上皇帝

做出一张好纸

做出一张好纸，关键在于原料。早期纸张以麻纸居多，原料取自旧麻布、破渔网等，虽然廉价易得，但做出的纸较为粗糙。另外，旧麻布数量毕竟有限，无法满足日益增长的用纸需求，人们便开始尝试用树皮造纸。南方地区树木资源丰富，盛产名纸，如浙江嵊州剡溪一带，也正是王羲之弃官后的隐居之地，山林里生长着大量藤蔓植物，故当地盛产细腻莹润的藤纸。宋代流行用竹子造纸，因为竹子生长得又多又快，而且做出的竹纸书写起来极为流畅。宋徽宗时期的书法家米芾，就用竹纸写过许多作品，他在《评纸帖》中评价，绍兴的竹纸比杭州的藤纸还要好。长纤维的皮纸有韧性，短纤维的竹纸、草纸更细腻，于是宋人尝试将它们"混搭"，便有了安徽宣城制作的青檀皮与稻草混料纸，也就是大名鼎鼎的"宣纸"。

宫廷里的彩色笺纸

中国古人不仅在造纸原料和技术方面推陈出新，还不断探索新的艺术加工方式，制作出有各种色彩、纹饰的笺纸，以供文人雅士题诗作画。唐代女诗人薛涛，居住在成都浣花溪畔，自己动手用当地特产的木芙蓉皮造纸，再用木芙蓉花汁将纸染成桃红色小笺，题诗赠予元稹、白居易、杜牧、刘禹锡等好友，被后世称为"薛涛笺"。经过唐、宋、元数百年的实践摸索，造纸业在明清时期蓬勃发展，明清宫廷曾大规模监制带有纹饰的彩色笺纸，有很多尚未使用过，仍完好地保存在故宫博物院中。

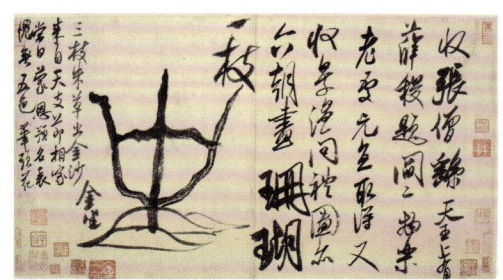   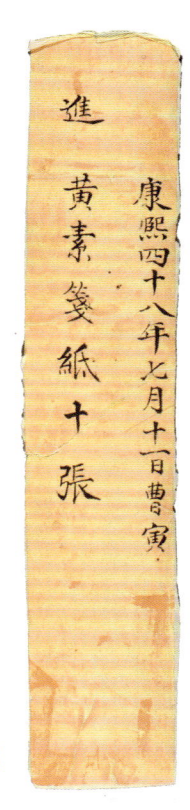

▲ 宋·米芾行书《珊瑚帖》页　　▲ 清·御制淳化轩刻画宣纸　　▲ 清康熙·曹寅恭进黄纸

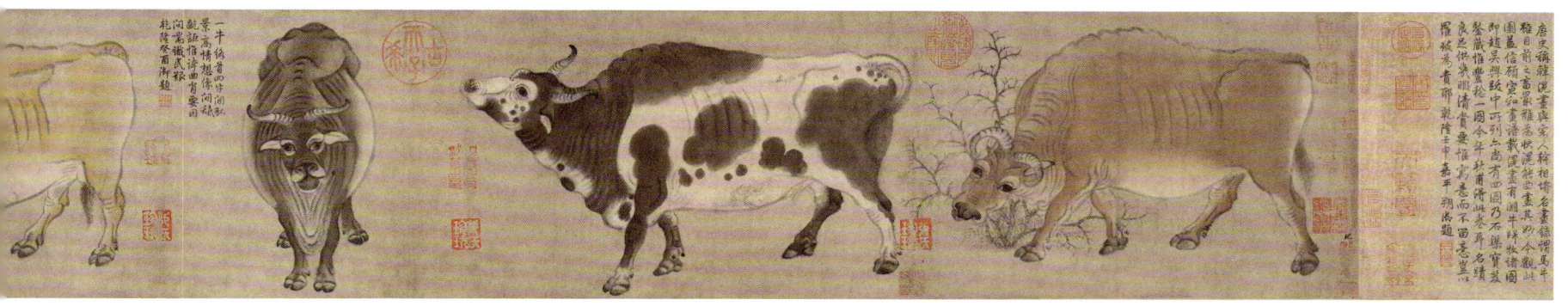

▲ 唐·《五牛图》卷

绢上的印

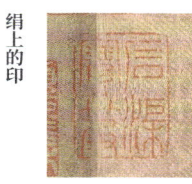
石渠宝笈

石渠定鉴

宝笈重编

可以发现绢和纸的差别么？"绍兴""睿思东阁""乾隆鉴赏""太上皇帝"盖在《五牛图》卷的画纸上，而"石渠定鉴""宝笈重编"则盖在裱画的绢上，"石渠宝笈"盖在纸、绢交界处。

▲ 明·蜡印故事笺（局部）

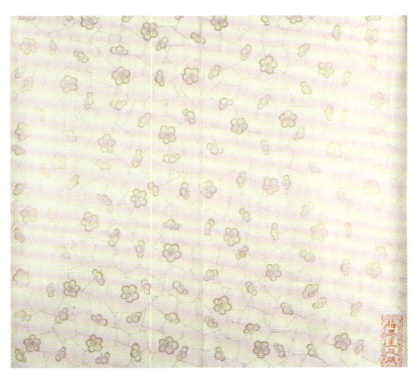

▲ 清乾隆·梅花玉版笺

 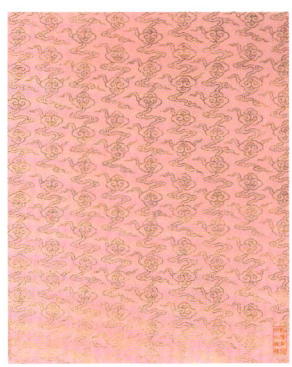 

▲ 清乾隆·仿明仁殿画金如意云红粉笺

走向世界的造纸术

没有纸以前，中国人的主要书写材料有竹简、缣帛等，竹简不便携带，缣帛轻薄但昂贵。那么，其他国家和地区呢？印度人用过贝多罗树叶，苏美尔人用过泥板，埃及人用过莎草片，欧洲人用过羊皮纸……这些材料各有优劣，但均非大规模传播知识的最佳载体。正因如此，当"中国纸"东传日本，西传中亚、西亚、北非、欧洲之后，便很快取代了当地原有的书写材料。各国掌握造纸术后，结合自身资源创新原料与技术，做出不同于中国的纸张。比如日本纸，中国自宋代起量产竹纸，皮纸逐渐不占主流，但日本竹子少，所以仍以楮树（构树）皮等做皮纸，工艺精细，纸张质感极佳。再如高丽纸，原料是朝鲜半岛上盛产的楮树皮、桑树皮，纸质因厚实坚韧而出名，在明清时期被作为贡品进献宫廷。

读书人最爱的印刷术

在古代，读书并非易事。就技术层面而言，是印刷术的出现，才让更多的人有书可读、读得起书。

彩印版的古书

提到古书，人们脑海中浮现的画面大多是：微微泛黄的纸张上，排列着自右向左、自上而下的工整黑字。但其实，有些古籍也是“彩印”的，比如在清代乾隆时期印刷的清宫戏本《劝善金科》。全书利用文字颜色及大小的差异，区分戏本中不同内容：戏目用单行大绿字，宫调用双行小绿字，曲牌用单行大黄字，科文与服色都以小红字旁写，曲文用单行大黑字，韵白则以小黑字旁写。这种“彩印”方式，既有助读作用，又可美化版面，充分体现了清代印刷技术的高超水平。这种印刷技术叫“套印”，不仅用于印书，当与版画技术结合时，便创造出套色版画，其原理类似于大家今天在博物馆盖的套色印章。

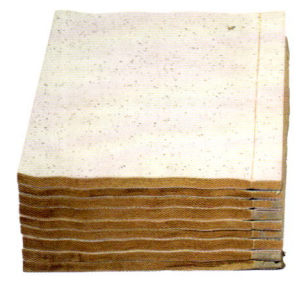

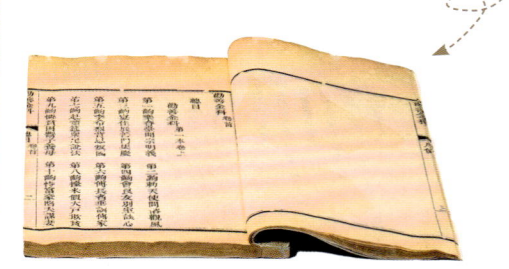

▲ 清宫戏本《劝善金科》

勸善金科 第一本卷上
第三齣 宴佳辰善門集慶 眞文韻
生扮羅卜戴巾穿直領帶數珠繫儒絛從上場門上唱
雙角套曲 新水令
少年養正事修身。韻 論修身善爲根本。韻
至心皈萬法。句 竭力奉雙親。韻 菽水晨昏。韻 身外事吾
何論。韻 中場設椅轉場坐科白 三陽應律轉鴻鈞浩蕩
均霑大造恩五色瑞雲盈宇宙四時佳氣滿家門小生
姓傅名羅卜王舍城人氏詩書舊族積善傳家爹爹傳

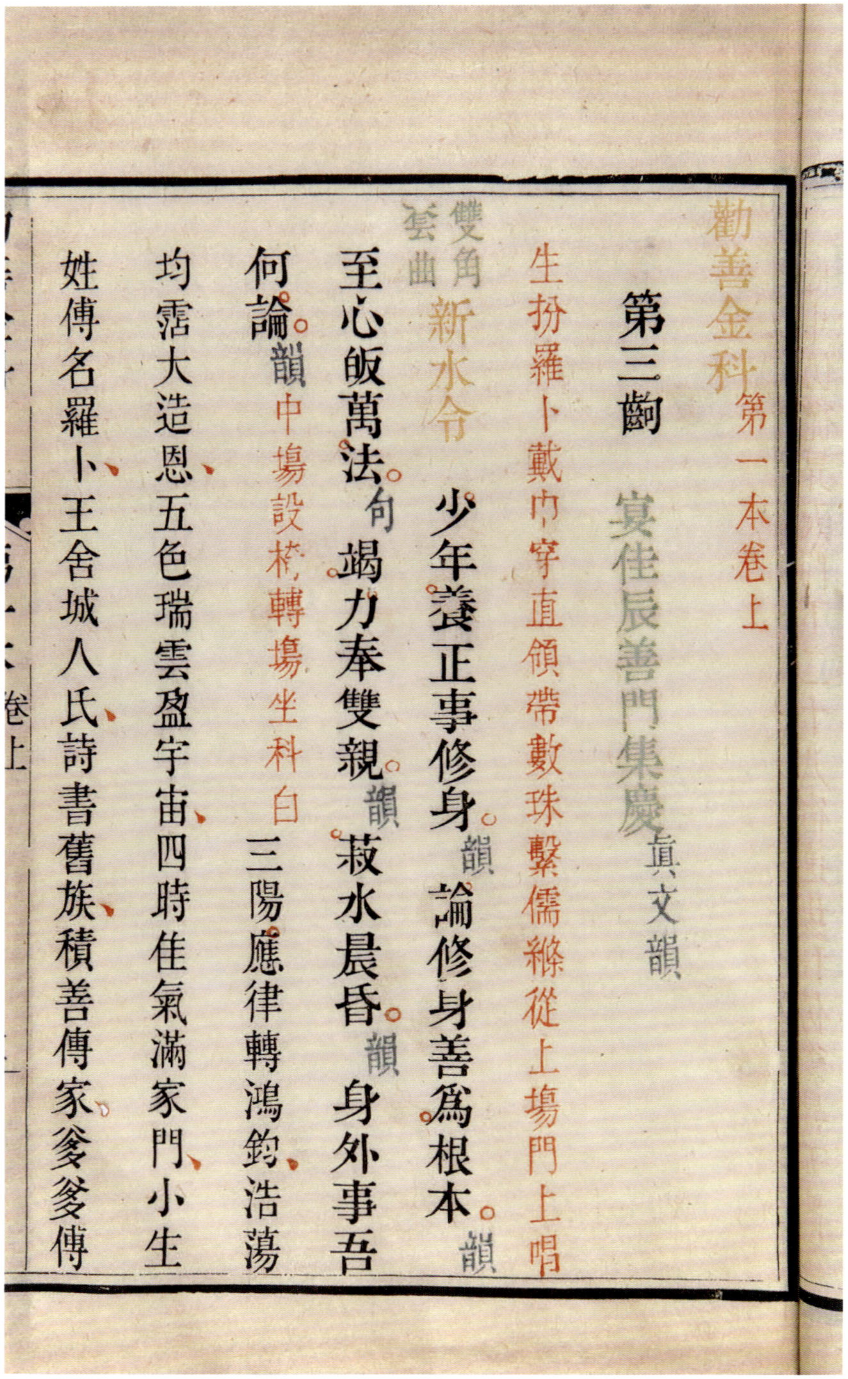

皇宫里的修书处

《劝善金科》这部戏改编自明代的《目连救母劝善记》，在清宫岁末或其他节令时进行演出。这套精美的彩印版《劝善金科》也正是在清宫里刻印的。康熙十九年（1680），皇帝在武英殿设修书处，专门负责内府图书的雕版、印刷、装帧。修书处刊刻的书籍种类繁多，在康熙时期就有 120 多种，包括经学书籍、史学著作、法律图书、政书、自然科学图书、皇帝御撰图书，以及满文、蒙文等少数民族语言文献等。除满足皇帝御览、宫内陈设、奖励臣民外，这些书籍还会颁发给各省官府、书院等，或是用于对外文化交流。这些书印刷字体极佳，印墨为特制，印纸为洁白细腻的开化纸，统称为“殿本”。

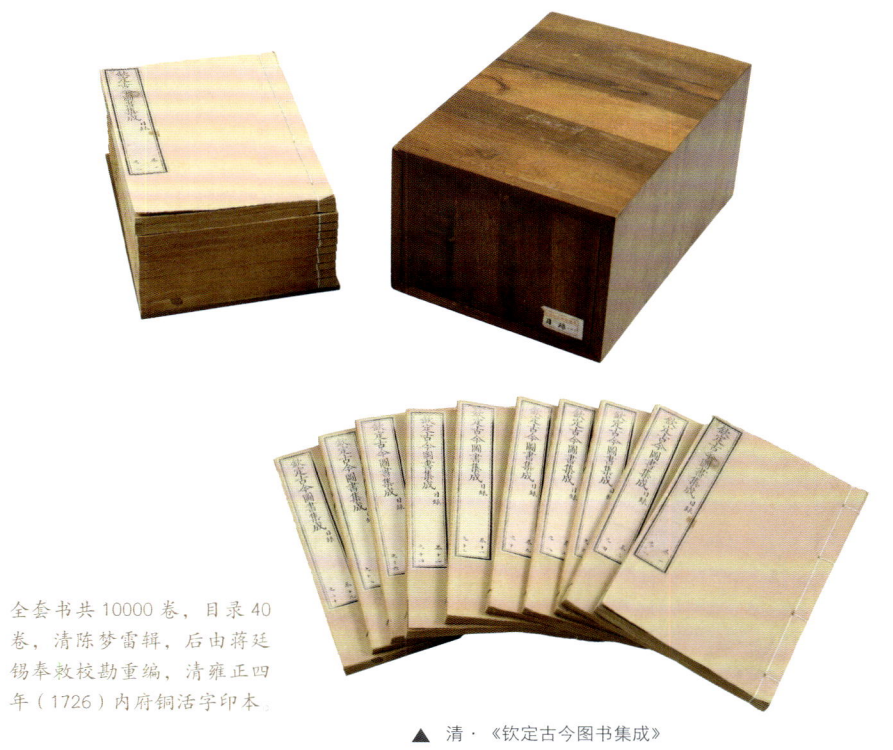

全套书共10000卷，目录40卷，清陈梦雷辑，后由蒋廷锡奉敕校勘重编，清雍正四年（1726）内府铜活字印本。

▲ 清·《钦定古今图书集成》

从"活字版"到"聚珍版"

武英殿修书处使用的印刷方法有很多，包括雕版印刷、铜活字印刷、木活字印刷、多色套印和铜版印刷。雕版印刷出现于唐代，到宋代技术已经十分成熟，但若用雕版印刷大部头，要先花好几年的时间刻版。于是，毕昇发明了活字印刷，用泥胶制字，一字一印，称为泥活字。后世又出现锡活字、木活字、铜活字和铅活字等。活字印刷能有效节省刻版时间，但在宋代并未受重视和推广，反倒是在清代得到空前发展。武英殿修书处用铜活字印书仅见于康雍两朝，有"古代大百科全书"之称的《古今图书集成》就是用铜活字印刷的，全书共10000卷，刻字工程量可想而知。可惜这批铜活字并未留存下来，而是在乾隆年间被熔掉用于铸钱了，以致后来编撰《四库全书》时，修书处只能再刻制枣木活字来完成印刷。乾隆皇帝认为"活字版"名称不雅，特赐名"聚珍版"，书前刻有"武英殿聚珍版"六字。

印刷、出版与教育

印刷技术的发展，直接带动了出版行业的兴盛，使知识普及和思想传播的成本大幅降低，最终影响了国民教育。唐太宗时期（627—649），一卷手抄书的价格大约是一千文。但到了开成三年（838），日本和尚圆仁在扬州购买一部雕版印刷的佛经注疏时，每卷仅需一百一十文，几乎是手抄本价格的十分之一。书籍价格的直接下降，让更多人获得了读书的机会，学校与书院也随之繁荣，读书人大幅增加。据学者研究，宋代大部分进士出自江苏、浙江、福建、江西、四川、安徽等地印书重镇。除了令读书成本降低，印刷还提高了文本的准确性与规范性。手抄本难免有错漏之处，校勘精良的版本便能永久流传，比如我们中学语文必背课文范仲淹的《岳阳楼记》，就出自北宋时刊印的《范文正公文集》。

▲ 清·《钦定四库全书》

▲ 清·《钦定武英殿聚珍版书》内页

古人眼中的星辰大海

小小金圆球，竟然装得下古人眼中的星辰大海！

天球仪：小圆球里的大宇宙

这件金嵌珍珠天球仪为清代乾隆年间内务府造办处制作，由天球、支架、底座三部分组成，通体为黄金质地。天球直径为 29.5 厘米，外围装有赤道环和地平环，表面镶嵌大小不一的珍珠，以示天上星辰，最大的珍珠象征最亮的一等星，最小的珍珠象征最暗的六等星。星间有阴线相连，以示星座，既包含中国传统的三垣（紫微垣、太微垣、天市垣）、二十八星宿，也包含当时西方的天文观测成果。华丽外表之下，小圆球内部另有乾坤。在天球底部，有3个小孔，插入钥匙后拧紧发条，便可触发球体内部的机械装置：天球按顺时针方向旋转，每24小时旋转一周，相当于地球每日自转一周。同时，天球顶部的时针也会随天球转动而指示时辰，并于每时辰的初、正报时，每逢正午、酉正、子正、卯正奏乐。

清乾隆 · 金嵌珍珠天球仪 ▶

浑天说：宇宙是个鸡蛋？

"天圆地方"这一早期宇宙观，无疑根植于中国传统文化，比如天坛、铜钱的造型，都是其具象化表现。而天球仪的存在，则反映出中国古人对于宇宙形态的另一种更为接近真理的假说——浑天说。该假说将天看作圆圆的蛋壳，日月星辰附于天壳上，地则好比蛋黄，被包裹于其中。天文学家依照浑天说，将日月星辰的位置标注在球面上，来模拟演示天象的运行，这类仪器被称为浑象、天体仪或天球仪。但若要观测星辰并得到准确坐标，则需要另一类观测仪器——浑仪：将球面镂空，仅保留必要的环，在上面标注刻度，并在球的中心设置一根可以转动的窥管用来观测。

▲ 清光绪·天球仪

罗盘：探索宇宙的万能"搭子"

金嵌珍珠天球仪的底座为铜胎花卉纹掐丝珐琅托盘，盘上有东、西、南、北四字，其中心是一个罗盘。罗盘是在指南针基础上发展而来的，不仅能以磁针指明方向，还包罗宇宙相关的各类信息，如星宿、五行、天干、地支、八卦、二十四山等，在天文观测、军事侦察、航海定位时都有用途。罗盘经常与其他工具和仪器组合存在，除此类天文仪器外，还常见于便携式日晷。日晷是利用太阳投射的影子来测定时刻的装置，在钟表传入中国以前，一直是人们重要的计时工具。随着人类活动范围不断扩大，日晷从固定式发展出便携式，使用时需先用指南针确定方位，再使日晷的晷针在南北方向上，如此即便在野外也能准确知道时间。

▲ 清乾隆·铜镀金腰果形赤道式日晷

星辰、罗盘和大海

远洋航行中，导航技术至关重要。在早期航海时代，人们主要利用日月星辰来辨别航行方向。到北宋年间，人工发明与制造的磁罗盘开始广泛应用于航海活动。北宋地理学家朱彧在其著作《萍洲可谈》中写道："舟师识地理，夜则观星，昼则观日，阴晦观指南针。"这说明当时人们已经具备海洋测绘和定量导航的能力，宋代也由此成为中国海洋文化发展的重要时期。正是基于前人的航海经验，明代郑和才能成功带领船队七次远渡重洋。他所使用的导航技术主要是"牵星术"，即观测北辰星（北极星）、灯笼骨星、华盖星等亮度大且具有鲜明特征的恒星，测算其与海平面的高度角（仰角），据此定位。测量时间一般在日出前的12分钟或日落后的12分钟之内，因为只有在这两个时间段才可同时看到星辰与海平线。《郑和航海图》是中国最古老的航海图，对牵星术有丰富记载，并附有四幅"过洋牵星图"，为后世留下了宝贵的航海导航资料。

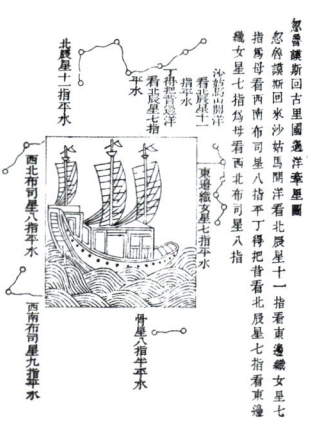

▲ 明代茅元仪所著《武备志》第240卷《郑和航海图》之"过洋牵星图"

图上标注了自宝船厂开船从龙江关出水直抵外国诸番。

丹药与火药

炼丹炉的某次意外爆炸，成为发明火药的灵感。火药的出现，让天上有了烟花，地上有了炮火。

从《陆瀚炼丹图》轴说起

此画创作于明末崇祯年间，描绘了一位道士赤脚盘腿坐于蒲垫上，身前摆放一个小炉，身后有一个竹篓。他双手抱一个葫芦，里面似乎装着炼好的丹药。道教备受明代皇室尊崇，明成祖朱棣在"靖难之役"中宣称，自己得到执掌北方天界的玄武大帝的庇佑，以致他后来营造紫禁城时，专门在最北端修建钦安殿，奉祀这位道教神仙玄武大帝。炼丹之术看似只与道教相关，但其烧炼方法皆遵从阴阳、五行和《易经》八卦的基本概念，从这个角度来说，与儒家思想本是同源。实际上，无论是大乘佛教还是道教，都深受忠诚、守信、正直、守职、孝道等儒家价值观的影响，佛寺、道观所设置的课程中也经常包含儒家经典内容。

▲ 明·《陆瀚炼丹图》

▲ 清·《雍正道装双圆一气图像》轴

胤禛《烧丹》："铅砂和药物，松柏绕云坛。炉运阴阳火，功兼内外丹。光芒冲斗耀，灵异卫龙蟠。自觉仙胎熟，天符降紫鸾。"

养心殿里的炼丹往事

养心殿曾是紫禁城的权力核心，如何能与炼丹扯上关联呢？养心殿建成于明嘉靖十六年（1537）六月，"养心"二字取自《孟子·尽心下》中"养心莫善于寡欲"，嘉靖皇帝在殿南处建了一座砖石结构的无梁殿，作为他烹炼丹药之处。到清代，雍正皇帝将寝宫从乾清宫迁至养心殿。他既崇佛又信道，做皇子时就对道教炼丹术感兴趣，作诗《烧丹》。他与道士来往频繁，常年服用道士所炼丹药，还会将丹药赏赐给大臣。雍正十一年（1733），他命人在养心殿抱厦设三面围屏隔断墙，内置一座铜八卦炉和五根铅条等，这些正是炼丹所需器具和原料。

炼丹不成反爆炸

炼丹术形成于西汉初期，人们研究炼丹术的目的是制出长生不老药"金液"与"还丹"。这个愿望显然无法达成，而且丹药中含有大量铅、汞、硫等，长期服用无益反而有害。不过，炼丹师在炼丹活动中熟练掌握了各种化合、分解、置换、氧化、还原、蒸馏、升华、结晶、溶解等操作方法，且能够将各种物质进行转化及无机合成，为中国古代化学发展做出了一定贡献。在炼丹过程中，炼丹师经常会用到的硝石、硫黄和木炭等物质，这些恰好是火药的重要原料，在操作时，稍有不慎，就极有可能引发爆炸。道教典籍《真元妙道要略》专门记载了炼丹术的相关内容，其中就提到硝石若未经"伏火"处理，绝对不能与硫黄等物质共烧，否则"立见祸事"。

▲ 清·康熙皇帝御用铁交枪

▲ 清·乾隆皇帝御用百中枪

从"祸事"到军事

频发的炸鼎事故，引发了两类炼丹师截然不同的思考。一类炼丹师想避免发生爆炸，研发出许多"伏火方"，提前改变硝石、硫黄等物质的爆裂性质。另一类炼丹师想掌握爆燃的规律，总结出最强爆燃效果的药剂配方，以应用于火攻战术。至迟到10世纪，火药和火器在中国已经应用于军事。970年，北宋兵部发明出一种"火箭"，将火药包绑在箭镞下，再用弓弩发射出去，以延烧敌方军械装甲。此后，古人还发明出各种金属制火炮、管形火器以及地雷、水雷等火药武器。13世纪火药和火器从中国传到阿拉伯，后又传到欧洲。

▲ 18世纪·马戛尔尼进自来火鸟枪

这支枪是清乾隆五十八年（1793）英国使者马戛尔尼率团来华时进献给乾隆皇帝的礼物。

▲ 清·皮镶铜花火药袋

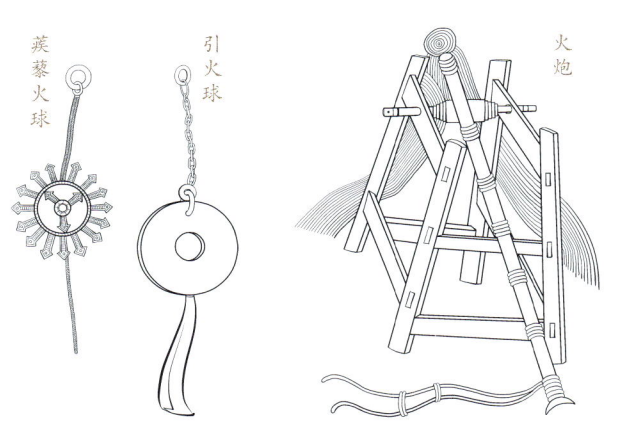

▲ 古代火药武器

清宫里的烟花和鸟枪

康熙六十年（1721）年的正月初一，沙皇派往清廷的使团，在中国宫廷里看到一场此生所见最为壮观的烟火表演。烟火是最好的，但火器此时已不是。虽然康熙皇帝、乾隆皇帝常用鸟枪狩猎，但清代的军事思想以"弓马骑射"为本，在一定程度上抑制了火器的发展。

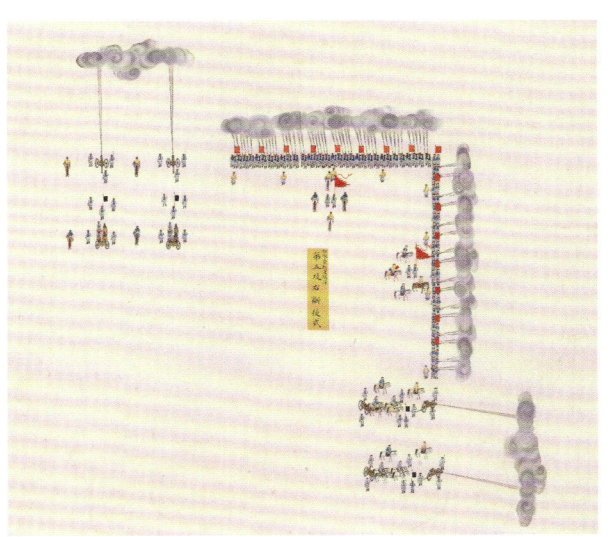

▲ 清人枪炮叠战连环阵图式册

宫廷里的另类瓷

提到瓷器,我们能马上想到很多"经典款",比如唐三彩、宋青白、元青花、明斗彩……除了这些,故宫博物院中还藏有一些"另类瓷"。

▲ 宜兴窑烧制的紫砂的核桃、荸荠、栗子、花生、瓜子

陶瓷馆里的大闸蟹

故宫博物院陶瓷馆中有一件白色瓷盘,盘中盛放着一只大闸蟹,四周还散落着核桃、莲子、花生、红枣、瓜子、菱角等果品。若是不说,恐怕很难看出这些全是瓷做的吧!这件粉彩雕塑蟹果盘烧制于清代乾隆年间,属于"像生瓷",是一类专门仿制动物、植物及非瓷质器物形态的瓷器。烧造像生瓷,非常考验工匠们对于釉、彩等装饰工艺的运用能力,因为像生瓷之所以能以假乱真,很大程度上得益于其细腻逼真的颜色过渡效果。蟹钳上的绒毛、核桃缝隙间的污垢、石榴籽的晶莹……正是这些入微的细节刻画,让它们看上去与实物一般无二。

真假难辨的像生瓷

清乾隆时期,皇家御窑厂的制瓷技术已登峰造极,不仅能仿烧动植物的外形和颜色,还能仿烧出木器、漆器、铜器、金器、石器等器物的材质和纹理。据乾隆时期进士朱琰所著《陶说》记载,当时御窑厂几乎能够仿烧各种手工艺品:"戗金、镂银、琢石、髹漆、螺甸、竹木、匏蠡诸作,无不以陶为之,仿效而肖。"工匠们似乎将陆子刚治玉、朱碧山治银、鲍天成雕琢犀角等各大名家的绝技,全部运用到陶瓷制作之中,烧造出一批"以假乱真"的像生瓷。

▲ 清乾隆·粉彩雕塑蟹果盘

▲ 各式各样的像生瓷

"秀外慧中"的镂雕瓷

除了像生瓷，乾隆时期还出现各种构思奇巧的镂空转心瓶、转颈瓶、套瓶等瓷器杰作。黄地粉彩镂空干支字象耳转心瓶便是其中代表之作，它由内、外瓶套合而成，颈部有对称的象耳，腹部有四个圆形镂空开光。透过镂空处，可见内瓶上所绘的粉彩婴戏图，画面中孩童或骑马嬉戏，或击鼓欢庆，生动有趣。瓶肩部装饰有两圈字符纹饰，上圈为"万年""甲子"及十位天干，下圈为十二位地支，两圈皆可转动，组合成如丁酉、戊戌等。这种镂空转心瓶设计精巧、工艺复杂，制作难度可想而知。而开创这种新型瓷瓶的人，正是当时景德镇御窑厂的督窑官唐英。

唐英与御窑厂

清代的陶瓷产区有很多，但最能代表该时代水平的当属饶州窑，即景德镇御窑厂。乾隆宫廷中的像生瓷与镂雕瓷，绝大多数出于此窑，而主持烧造工作的就是唐英。唐英自号蜗寄老人，曾在宫中养心殿当差20余年，后于雍正六年（1728）奉旨驻景德镇御窑厂署佐理陶务，直至乾隆二十一年（1756）卸任。任职期间，他潜心钻研制瓷工艺，管理御窑厂有方，不仅成功复刻宋代汝、官、哥、定、钧五大名窑瓷器，更在釉彩、器型上不断推陈出新。

▲ 清乾隆·像生瓷山子　底部自右至左刻楷体"蜗寄居士清玩"六字单行款。此山子应为唐英亲手制作的文房用具。

▲ 清乾隆·黄地粉彩镂空干支字象耳转心瓶

▲ 清乾隆·天蓝地轧道粉彩暗八仙云鹤图篆字笔筒

仿古与创新

唐英最大的贡献在于他在陶瓷领域的仿古和创新。"仿古"最初源于祖先崇拜，后来发展为一种将现在与过去连接起来的艺术尝试，愈加成为文人审美情趣的象征。宋代兴起仿古之风，宋徽宗再造古代祭器和乐器，以期重建三代（夏、商、周）的礼仪制度。后又出现以鼎、鬲、簋为造型的香炉，以玉琮为造型的插花盛器，使仿古器物有了新的用途与审美价值。清代雍正皇帝、乾隆皇帝同样追慕前朝器物，在此背景下，唐英烧制了大批仿古瓷，但他并非机械式模仿，而是结合清代审美与技艺特点进行创新。在仿古的过程中，唐英融会贯通了各种制瓷手段，创造出巧夺天工的像生瓷和镂雕瓷。

乾隆皇帝的纪念碑

在宁寿宫的乐寿堂里,摆放着一座巨大的大禹治水图山子。它的魅力在于,初见令人赞叹不已,细观则引人深思:为何玉山这么大?又为何以"大禹治水"为主题?

文人爱玉,以玉比德

在远古时期,玉器是重要的礼器,被认为是人与神沟通的媒介。到秦汉时期,玉的礼器功能逐渐淡化,演变为贵族佩戴的饰物和随葬品,不同身份等级的人需按规定佩戴相应形制的玉器。此外,孔子提出"君子比德于玉",使玉又多了一层完美德行的寓意,愈加受到文人的喜爱。进入宋代后,玉雕也逐渐从标识身份的物件,变成了文人案头把玩的摆件,"玉山子"正是诞生于这一时期。玉山子以山水、人物或历史故事为题材,高度一般为10~30厘米。然而,这座大禹治水图山子却是个例外,其高度(含底座)有接近3米高,重达5000公斤,只可远观不可把玩,实在异乎寻常。

▲ 清乾隆·青玉携琴访友图山子

通高 24.3 厘米,宽 20 厘米。

▲ 清乾隆·青玉兰亭修禊山子

高 11.6 厘米 宽 31.5 厘米

乾隆与大禹

乐寿堂是乾隆皇帝退位后的寝宫。这座大禹治水图山子是乾隆皇帝下令做的,也是他让人摆放在乐寿堂的。按乾隆皇帝的说法,做这个玉山子是为了致敬大禹。然而,有必要在自己的私人空间里摆放这么大的玉山子吗?在跋文中,乾隆皇帝提及大禹真正的功绩,在于"定九州",因治水曾探寻河流源头,可能来到过昆仑。而昆仑山所在的回疆(清代对新疆的旧称),已被他平定并收复,纳入大清版图;回疆人民特别爱戴他,向其进献了这块巨大的美玉。他的言外之意是,他认为自己的功绩可比大禹。乾隆皇帝自称"十全老人",他的"十全武功"里有一项就是平定回疆叛乱。从某种角度来说,乾隆皇帝越是致敬大禹,就越是在自我肯定。

▲ 清乾隆·青玉大禹治水图山子 高 224 厘米,宽 96 厘米,座高 60 厘米,重 5000 公斤

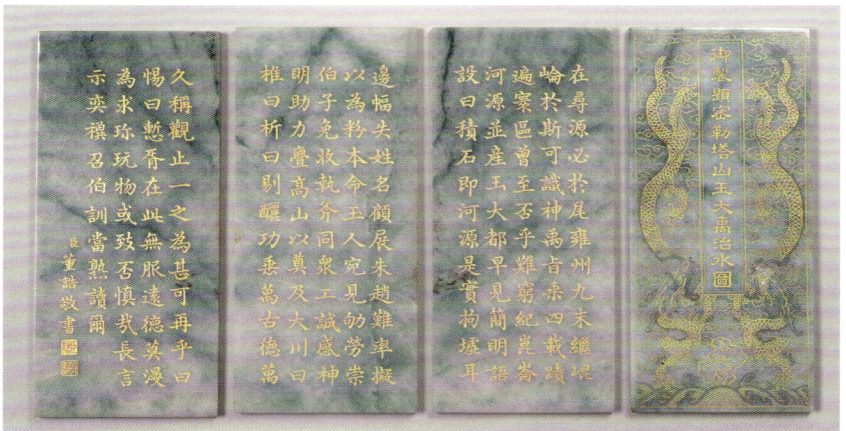

▲ 清·乾隆皇帝御题"密勒塔山大禹治水"翡翠册

▲ 南宋·赵伯驹（传）《大禹治水图》卷（局部）（现收藏于台北故宫博物院）

说好的"治水"，怎么都在"开山"

"大禹治水"的故事家喻户晓。然而，这座玉山刻画的重点不是"治水"，而是聚焦众人"开山"的时刻。大禹治水是中国绘画里的传统题材，当时清宫内府藏有一幅宋人绘制的《大禹治水图》卷，颇受乾隆皇帝喜爱。他想延续先人的传统审美，便钦定以此画作为玉山的设计底稿。他亲自监督内务府，先按玉山的前后左右设计四张画样，制成蜡样，再同玉石一并送往扬州雕琢。鉴于当时扬州天气炎热，蜡样容易融化，于是工匠们又照着蜡样刻出木样以供参照。我们今天看到的大禹治水图山子，基本还原了宋代画作中的所有人物和场景。像这种"挪用"传统图像再创作的做法，在中国古代艺术品中十分常见，比如桐荫仕女玉山就是此类创作方式的代表。乾隆皇帝通过这样的做法，实现了与古人跨越时空的精神交流。

▲ 清康熙·《桐荫仕女图》屏

持续十余年的三地接力赛

这座"3D版大禹治水图"，前后耗费10余年才完工。乾隆年间，人们在新疆和田区的密勒塔山发现了一块重达5300多公斤的特大玉料。乾隆皇帝命人将其速运往京城，然而，实则"速运"之路充满艰难险阻。首先是开采，玉料处于海拔近5000米的高山之中，那里终年积雪、空气稀薄，以当时的技术至少需要两三年才能将玉料移下山。其次是运输，玉料被安置在特大专车上，前有百余匹马拉车，后有千人协力推运，逢山开路，遇水架桥，冬季则泼水成冰以滑行拽运，每日行进约3公里，历经3年方抵达紫禁城。乾隆皇帝见到玉料后，立即命造办处做画样、蜡样，并于1781年同玉料一并走水路运至扬州，由两淮盐政管辖的扬州工匠负责雕刻。扬州工匠昼夜不停、分批工作，终于在1787年完成了玉雕的主体部分。同年，玉雕被运回紫禁城，但此时它并非成品，乾隆皇帝于次年又命如意馆的刻玉大师朱永泰，在玉雕背面刻上自己的御制诗及"五福五代堂古稀天子宝""八徵耄念之宝"两枚印，这一精细工作大约耗时一年方才完成。至此，这座"3D版大禹治水图"玉雕才算是真正圆满完工！

▲ 清乾隆·桐荫仕女玉山

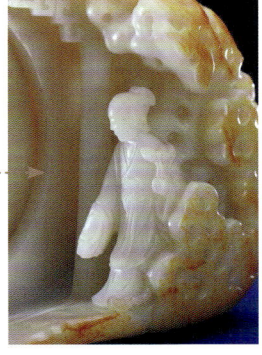

▲ 五福五代堂古稀天子宝

▲ 八徵耄念之宝

大玉瓮与小火镰

玉瓮，作为一种大型的玉制盛器，象征着帝王的清廉与恩德。火镰，曾是古代普遍使用的取火工具，后也成为清代官服上的装饰物件。这两种看似毫无关联的物件，却在紫禁城里有过紧密的关联。

从青玉云龙纹玉瓮说起

在故宫博物院的乐寿堂里，展示着一件清代乾隆时期的青玉云龙纹瓮，它曾与寓意长寿的南山积翠玉山并肩陈设于乐寿堂的宝座两侧，象征"福如东海，寿比南山"。这件玉瓮体量很大，高70厘米，宽119厘米，重约2500公斤。其外壁以高浮雕技法雕刻九龙戏珠纹，九条龙于波涛云气之间，有的曲身盘踞，有的腾云攀登，有的夺珠嬉戏，姿态各异，气势磅礴。玉瓮内底镌刻乾隆皇帝御制诗文《玉瓮记》，从诗中可知，这件玉瓮的制作灵感来自元代的"渎山大玉海"。渎山大玉海是迄今发现的最大一件古代玉器，其玉料来自河南南阳独山，由元世祖忽必烈于至元二年（1265）令皇家玉工制成，代表着元代玉作工艺的最高水平。乾隆皇帝认为相较于渎山大玉海，自己这件青玉云龙纹瓮"质美而工精"。那么，此件玉瓮的玉料从哪儿来？工艺又如何更胜一筹呢？

乾隆时期兴起的大型玉器

青玉云龙纹瓮制成于乾隆四十五年（1780）。乾隆时期，宫廷里出现了许多此类大型玉器，玉料都来自新疆。这并非巧合，而是因为乾隆二十四年（1759）清代平定了回部叛乱，自此控制了新疆和阗、叶尔羌等玉产区，玉路得以畅通，质地优良的新疆玉料被源源不断地输送到宫廷。这件玉瓮的玉料正是一件重五千余斤的新疆和田玉。乾隆四十一年（1776）四月底开始了对玉瓮的设计，且做瓮剩余的玉料计划要被拿去做宴会所用的盘、碗、盅、碟等餐具。如意馆画出玉瓮纸样后，交由两淮盐政进行制作，历时四年半，终于在乾隆四十五年（1780）十月完成。若非当时开创了凿錾制玉技术，将石器、铜器制作中的凿錾技术运用到大型玉器制作当中，整个工期恐怕将延长到二十年之久。而这项技术的关键，就是小小的火镰片。

清宫曾大量采购火镰片

火镰是古人取火的重要工具，由火石、火刀和火绒组成。火刀即火镰片，用钢制成，与火石相互撞击时可产生火花，以此引燃由野草或棉花制成的火绒。清代宫廷逢年节时的赏赐中，不乏精美的火镰包，这是因为满族男子成年后多嗜好烟草，习惯外出时佩戴火镰包。神奇的是，原本用于取火的火镰片，却多次出现于大型玉瓮制作的相关记载中。在制作此件青玉云龙纹瓮的期间，乾隆皇帝就发出"成造大玉瓮凿錾花纹所用火镰片由山西巡抚置办"的谕旨，要求山西自次年起向造办处供应火镰片，连续五年，每年一万斤，专门用于制作大玉瓮。这是因为凿錾制玉技术需要消耗大量火镰片，多位凿錾匠、石匠可持火镰片同时对玉器施以凿錾，此举有效弥补了传统制玉法在雕琢大型玉器时操作不便、耗费工时的缺陷。

▲ 清乾隆·青玉云龙纹瓮

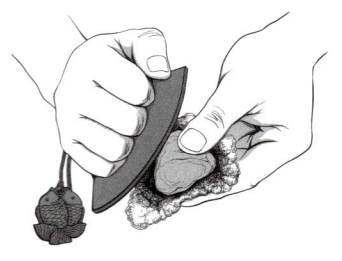

▲ 火镰取火

▲ 清·黑漆描金花卉纹火镰袋

▲ 清·金累丝嵌松石火镰 套

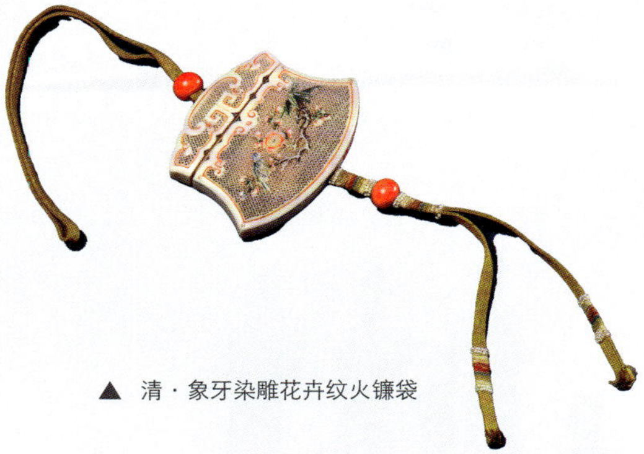

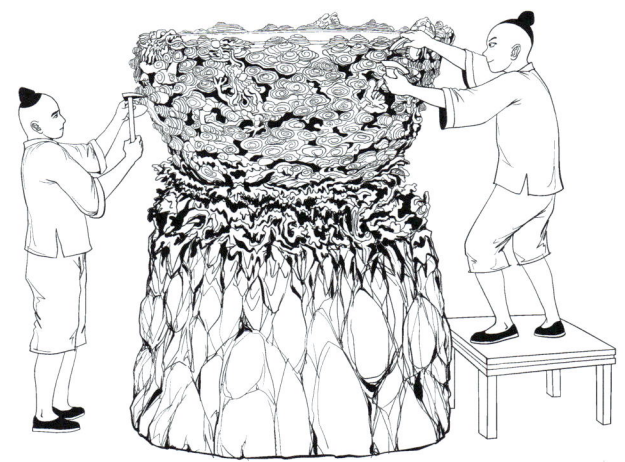

▲ 用火镰片凿錾大型玉器

▲ 清·象牙染雕花卉纹火镰袋

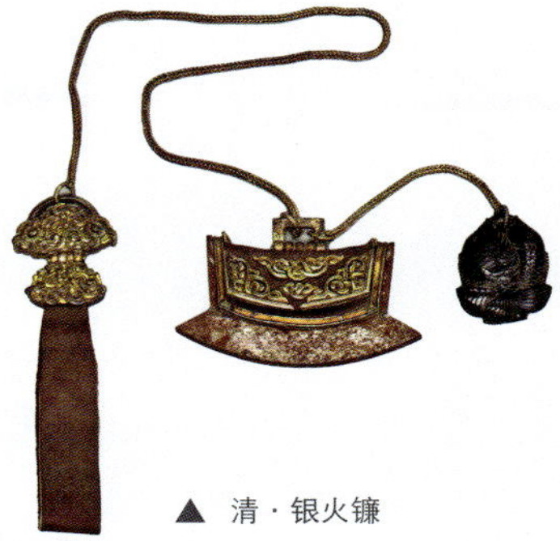

▲ 清·银火镰

▲ 传统小件玉器制作

一个火镰片引发的贪污案

案件的主角名为通武，正是"凿錾制玉法"的开创者，原是清宫造办处金玉作的工匠。乾隆皇帝很喜欢通武的手艺，不时传旨要看他的最新作品，甚至在他生病时还特别下旨为他延医治疗，就算他犯了错也是从轻处罚。正因通武发明了凿錾制玉法，他愈加受乾隆皇帝器重，快速升迁至员外郎，专门负责宫廷玉器凿錾工程的组织与协调工作。然而，在承办采买火镰片的过程中，通武谎称火镰片是甘肃所产，每斤价格银二钱八分，但实际是淮路（今安徽境内）所产，每斤价格银四分。自乾隆三十一年（1766）起，他陆续侵吞银两七千七百七十二两六钱，用来购置房产与衣物。最终，通武在乾隆皇帝的权衡之下获得宽大处理，免于一死，但此后应不在宫中当差了。

▲ 清·掐丝珐琅火镰

推荐阅读：郭福祥，《乾隆宫廷制玉新工具"秦中钢片"考——兼论凿錾技术与清宫大型玉器制作的关系》，刊发于《故宫博物院院刊》2017年第1期。

接着奏乐，接着舞

人类最早的乐声是什么？是清晨人们劳作时的号子声，是篝火旁伴舞的敲击声与呼喊声，又或许是深夜母亲随口哼唱的小曲……总之，音乐的出现，让我们的精神世界从此不再寂静。

"乐"从何起

尽管我们无法留存最早的乐声，但《诗经》却记录了西周初年至春秋中叶的三百余首"歌词"，分为"风""雅""颂"三类。这种分类与西周时期建立起的礼乐制度紧密相关。礼乐制度将"礼"和"乐"相结合，贯穿人们社会生活的各个方面。"乐"包括雅乐、燕乐等不同类型。雅乐庄重肃穆，用于祭祀、朝会等重大场合。燕乐活泼欢快，用于宫廷宴会等娱乐场合。春秋时期，孔子极力推崇西周的礼乐制度，认为音乐可以陶冶人们性情、促进社会和谐，应在不同礼仪场合演奏不同的音乐，通过音乐的美感来引导人们遵守礼仪规范。

乐舞相伴

音乐与舞蹈相伴而生。在唐代，乐舞成为人们生活中的重要内容，不仅在节日庆典上要看歌舞表演，富贵人家外出郊游时也要带上伎乐。唐代贵族还会在墓中放置成套的乐舞陶俑，以此来陪伴过世之人。故宫博物院雕塑馆中展出了一组乐舞俑，十分引人注目，其中乐俑有6件，舞俑有2件。乐俑三坐三立，立者分持琵琶、排箫、笙；坐者两人分持钹、腰鼓，另一人手中乐器遗失，从身姿推测其所持乐器可能是琵琶。舞俑上穿翻领半袖衫，下着长裙，头部微侧，两臂一上举、一下垂，双腿一侧伸、一屈曲，腰肢轻扭，翩翩起舞。从服饰与舞姿看，她们所跳之舞应属于传统汉族舞蹈范畴内的"软舞"。

《韩熙载夜宴图》卷中有奏乐和歌舞表演的场景。《礼记·乐记》云："金石丝竹，乐之器也。诗，言其志也；歌，咏其声也；舞，动其容也。三者本于心，然后乐器从之。"这体现了诗、乐、舞浑然一体的面貌。

▲ 唐·陶伎乐女俑群

陶彩绘持排箫女俑
陶彩绘持琵琶女俑
陶彩绘女舞俑
陶彩绘持笙女俑
陶彩绘持腰鼓女俑
陶彩绘持钹女俑
陶彩绘伎乐女俑

▲ 五代·顾闳中作（宋摹本）《韩熙载夜宴图》卷（局部）

宫廷音乐

宫廷音乐最早可追溯至夏、商、周三代。西周创立礼乐制度后，宫廷音乐被纳入"礼乐"范畴，自此奠定宫廷音乐强烈的社会属性，也成为后世宫廷音乐效仿的雏形。发展至明清时期，宫廷音乐中等级最高的是"中和韶乐"，它归属于雅乐范畴，用于祭祀、朝会、宴会等重大典礼活动。"中和"对应儒家思想的中庸之道，即天地万物均能各得其所、达到和谐境界；"韶乐"出自相传为舜帝所作的乐舞《韶》，后引申为"美好的音乐"。有多美好呢？据《论语》记载，"子在齐闻《韶》，三月不知肉味"。演奏中和韶乐的乐器按材质可分为八类，即金、石、土、革、丝、木、匏、竹，即所谓的"八音"，符合儒家"大乐与天地同和"的礼乐思想。

《光绪大婚图》描绘了光绪皇帝大婚典礼后太和殿的庆贺仪式，殿外廊下可见演奏中和韶乐的场景。

▲ 清·《光绪大婚图》（局部）

宫廷戏曲

除了中和韶乐这类正式宫廷音乐，皇帝与后妃们平日休闲时常听的是戏曲音乐。戏曲源于民间，融合了民间歌舞、说唱、滑稽表演等多种艺术形式。元代，蒙古族统治者对歌舞戏曲情有独钟，促使元杂剧等戏曲开始频繁在宫廷中演出。清代，满族统治者深受汉文化影响，各朝帝后都酷爱听戏，每逢节令、庆典必要看大戏。乾隆年间，乾隆皇帝在紫禁城里多处修建戏台，包括畅音阁、漱芳斋戏台、倦勤斋戏台等。20世纪初，留声机进入清宫，随之而来的还有大量唱片，其中最多的就是百代公司出品的京剧粗纹唱片。2005年，故宫博物院在畅音阁举办了一个宫廷戏曲展览，特别用留声机播放清宫旧藏戏曲唱片，用声音将观众带回那个年代。

▲ 清·戏剧图册之《空城计》

▲ 清·刘鸿声《空城计》唱片

▲ 民国·留声机

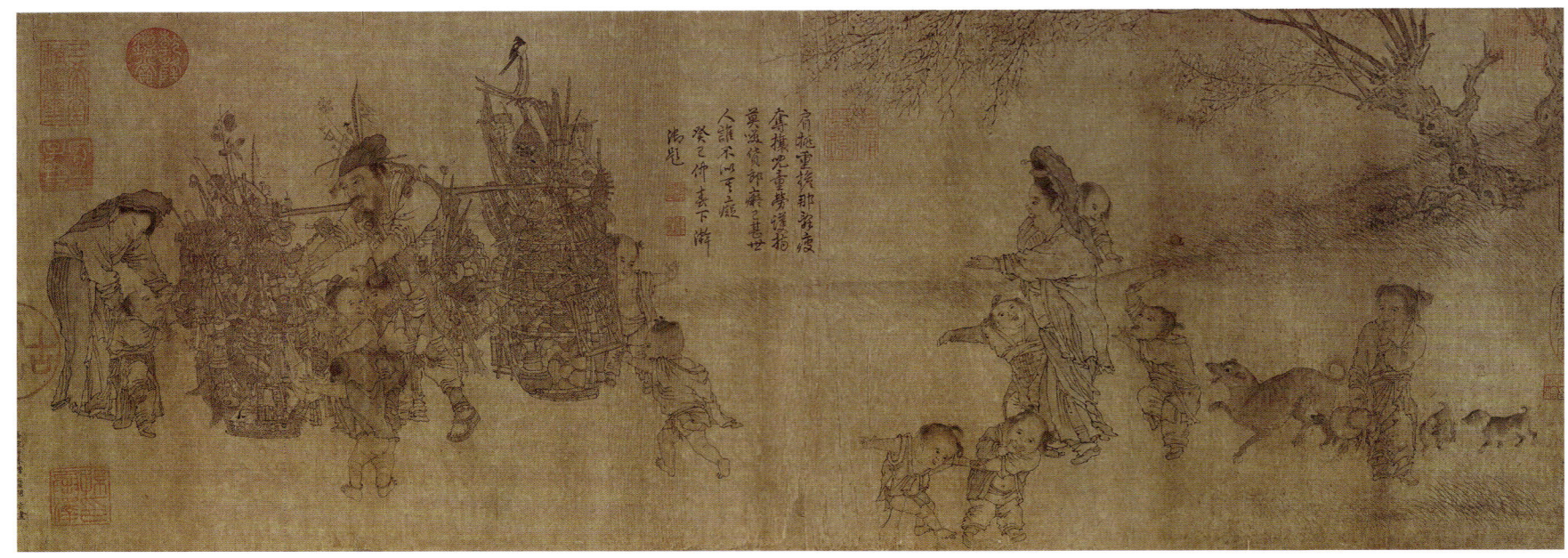

▲ 南宋·李嵩《货郎图》卷（局部）

虚实之间的货郎

货郎是在宋代出现的职业。货郎往返于城市与乡村，挑着重重的担子，走街串巷，不仅为偏僻的乡村带来所需的货物，也带来各种新奇的见闻。每当货郎现身，都会引起人们的热切围观。

南宋李嵩《货郎图》卷

南宋宫廷画师李嵩所绘制的《货郎图》现存四件，其中一件收藏于故宫博物院，其尺寸为纵 25.5 厘米，横 70.4 厘米。画面上货郎肩挑杂货担，不堪重负地弯着腰，欢呼雀跃的儿童奔走相告。货担上物品繁多，从锅碗盘碟、儿童玩具到瓜果糕点，可谓无所不有。作者的描绘极尽精微，对人物的刻画惟妙惟肖、生动传神，让南宋市井生活的一瞬热闹跃然纸上。南宋时期，"货郎图"逐渐兴起并成为风俗画的重要门类之一，这与当时社会经济繁荣、民生富裕不无关系。宋室南渡后定都临安（今杭州），这里不仅是政治文化中枢，也是商贸货运集中地，往来商人汇聚于此，对此类风俗画颇为喜欢，这进一步推动了"货郎图"的流行与发展。

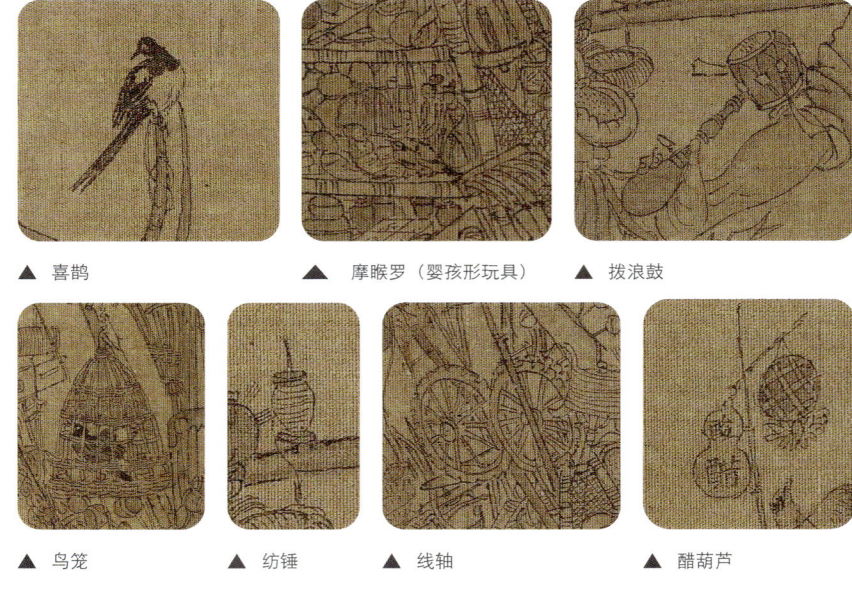

▲ 喜鹊　　▲ 摩睺罗（婴孩形玩具）　　▲ 拨浪鼓

▲ 鸟笼　　▲ 纺锤　　▲ 线轴　　▲ 醋葫芦

货郎的百宝担

货郎究竟带来了什么，让乡村百姓如同过节般开心呢？他的货担上拴着喜鹊，还有玩具，如泥质的摩睺罗、拨浪鼓、噗噗噔、鸟笼等，此外，他还备有实用的生产工具，如纺锤、线轴、木杈，以及日常所需的生活用品，如醋葫芦、扫帚、马扎。不仅担子中有物品，就连货郎身上也挂着眼药、玩具刀等小件物，他和他的货担堪比一个移动的百货店。不过，他的工作可不止卖货这么简单。从画面中一些带文字的布条看，他还承担着代写文书契约、医治小儿疾病、诵读经文等兼职工作，简直就是连接城市和乡村的一个全科小能手。

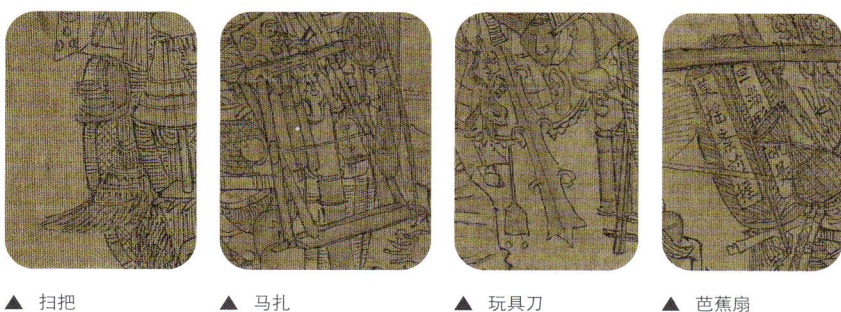

▲ 扫把　　▲ 马扎　　▲ 玩具刀　　▲ 芭蕉扇

李嵩留下的谜语

货担上的一把芭蕉扇格外引人注目，扇面上有一句诗，读起来十分奇怪："旦淄形吼是，莫摇紊前程。"其实，这句诗取自五代时期宰相冯道的《天道》："但知行好事，莫要问前程。"若按芭蕉扇上的字念出来，其实就是杭州话的发音方式。冯道在大唐灭亡之后的乱世经历了五个政权，看尽世间的纷乱扰攘，才以此诗表明心境。这又何尝不是李嵩的心声呢？李嵩年少时因家境贫寒当过木匠，后来被宫廷画师李从训收为养子，随其习画。他历任南宋光宗、宁宗、理宗三朝画院待诏，擅长画农村景物和风俗人物，时人尊称其为"三朝老画师"。从贫苦木匠到宫廷画师，他一路走来所坚持的，或许就是这句"但知行好事，莫要问前程。"

"民间货郎"与"宫廷货郎"

到了明代，"货郎"题材更是"大行其道"，宫廷画师绘制了多幅《货郎图》。若将李嵩《货郎图》与明代宫廷《货郎图》对比，观者会感受到强烈的风格差异，前者人物朴素平实，场景更像村野山间，后者人物华丽贵气，场景散发着宫廷气息。因而有一种普遍观点：李嵩画的是"民间货郎"，勾勒的是南宋的市井生活，而明代《货郎图》画的是"宫廷货郎"，反映的是明代宫廷生活。但也有学者提出，从南宋到明代，《货郎图》实际上都是宫廷元宵时节的节令画作，画的不是真实的卖货郎，而是杂剧表演中的"货郎儿"。其中一个理由是货担过于"满载"，货郎如何能扛着四处奔走而不使货物散落一地呢？围绕《货郎图》的讨论除了关于作品本身，还有关于日常与节庆、皇家与民间、现实与虚幻之间的种种关系的。这些困惑与讨论，都为解读《货郎图》增添了更多趣味。

▲ 明·嘉靖款剔彩货郎图盘

▲ 明·《春景货郎图》轴

▲ 明·《夏景货郎图》轴

Chapter Four
China-West Exchanges
故 宫 还 可 以 这 么 看

第四章
中西交流篇

果美俠

第一位宫廷钟表修复师

纪录片《我在故宫修文物》，点燃了公众对文物修复工作的极大热情。其中，以钟表修复师的工作最博人眼球。他们能让华美绚丽的钟表再现灵动的身姿，转出精巧的花样，甚至出其不意地变个魔术、送句吉语，让观众叹为观止。殊不知，宫廷钟表的修复，可以追溯到紫禁城迎来的第一位西洋人那里。

▲ 《利玛窦像》

▲ 明·《万历皇帝像》（局部）

从进贡说起

成功进入紫禁城的第一位西洋人是利玛窦。明万历二十八年十二月二十一日，即 1601 年 1 月 24 日，距离春节不到 10 天，利玛窦历经各种曲折，终于到达了北京。他以进贡的名义，来给万历皇帝送礼物。送的礼物既有耶稣画像，也有圣母玛利亚画像，更有必不可少的《圣经》、十字架等。皇帝除对画像的逼真程度表示赞叹外，并无太多兴趣，反倒是其中的两件自鸣钟，帮助利玛窦叩开了紫禁城的大门。

钟表停摆了

利玛窦送给万历皇帝的自鸣钟是一大一小两件。大自鸣钟因不好安放，万历皇帝专门命人在花园里为其造了一座木塔，木塔有楼梯、窗户和敞廊，钟表就放在里面，便于皇帝随时前去观看。小自鸣钟深得皇帝喜爱。当时，上紧发条可以自动打点报时的钟表，绝对是最奢侈时尚的新鲜玩意儿。

▲ 利玛窦初入紫禁城

▲ 花园中存放大自鸣钟的木塔

▲ 明·《孝定皇后像》（万历皇帝母亲）

据说皇帝的母亲也听说了这样的新奇物件，想要一睹为快。"小气"的皇帝舍不得，便偷偷吩咐照看钟表的小太监动了手脚，让小自鸣钟停摆后送给皇太后观看。皇太后发现它既不走时，也不报时，大失所望，就将钟表还给了皇帝。这是"人为"的钟表停摆，但是有时候，钟表也会出毛病，真的停摆不走了，便需要送修。

太监做学徒

宫里的钟表只要一有问题，皇帝就召利玛窦进宫。但很多时候，钟表并不是坏了，只是需要正常上发条，只要做好日常使用和维护工作就好。于是，在利玛窦的建议下，皇帝选派了四名聪明伶俐的小太监，跟着他学习钟表的使用和维护。据说他们学得很快，还在皇帝面前展示学到的技能，皇帝很高兴，四名学徒也因此得到了晋升。

▲ 小太监学习钟表的使用和维护

▲ 孝定皇后与小自鸣钟

更钟的创制

皇宫使用和收藏钟表的历史，正是从利玛窦向万历皇帝进献钟表开始的。此后，通过进献、购买以及宫廷制作等，明清宫廷的钟表收藏品越发丰富。其中，更钟的创制独具特色。雍正皇帝不满足于钟表的西方计时方式，要求工匠制作出能够白天报时，夜间打更的"更钟"。这说起来容易做起来难。西方计时的每个小时的长短是均等的。但中国计时习惯与节气相关，一年四季夜晚的长短并不相同，于是每夜五更中每一更的长短也不同。在西洋人徐日升的帮助下，工匠专门设定更与调更装置，制造出独一无二、能够按时"报更"的更钟。在故宫博物院钟表收藏品中，更钟可谓是中西方技术与文化融合的代表性创新成果。

送修宣武门

万历皇帝很喜欢小自鸣钟，一旦出了毛病，就送去修理。负责看管钟表的小太监，要搬着钟表送到利玛窦的住处。据说这钟一出皇宫，就有好奇的人纷纷前往观看。甚至有人因此传说皇帝对西洋人有特别的好感。皇帝听说后，就下令不再把钟带出宫修理，而是请赠送钟表的人进宫来修理。万历年间，西洋人是不允许住在北京的。利玛窦等人初来乍到，住在专门接待外藩进贡人员的"四夷馆"，后来经过各种努力，才被允许在宣武门附近租赁房屋，这里也成为宣武门教堂的源头。皇帝要求在宫里维修钟表，成为利玛窦出入紫禁城并长久留在北京的机会，而他的身份正是宫廷钟表修复师。

▲ 围观利玛窦修钟表

▲ 清·《雍正朝服像》（局部）

▲ 清·紫檀嵌珐琅重檐楼阁更钟

无处不在的钟表

利玛窦向万历皇帝进献钟表,成为紫禁城钟表收藏的开始。目前故宫博物院收藏各类钟表 1600 余件,向我们揭示了以钟表为代表的中西方技术与艺术交流的盛况。

令人震惊的钟表收藏

皇宫的钟表收藏品,一部分来自对外交往的礼物。如 1720 年,俄国公使伊斯梅洛夫伯爵来访,他代表沙皇送给康熙皇帝的礼物,就包括两件镶嵌钻石的怀表和一件装在水晶盒里的时钟。康熙皇帝为了炫耀一下他的钟表收藏,特意命担任翻译的意大利人马国贤,带公使和他的随从参观了皇帝的钟表收藏室。据说,他们一进房间,公使就被眼前琳琅满目的钟表所震撼,品种之繁多、数量之庞大,让其不禁怀疑这些钟表都是赝品。为了打消其疑虑,他们被允许亲手拿几件看看,才发现竟然全是极品。更让他们惊讶的是,这些只是用来送礼的钟表,皇帝实际拥有的钟表,远远不止这些。

▲ 皇帝的部分钟表收藏品

来自路易十四的钟表

俄国沙皇向皇帝赠送钟表,法国国王路易十四也不例外。故宫博物院收藏有一件铜镀金壳开光人物像怀表,直径约为 6.5 厘米,厚度有 4.5 厘米,系有一条 18 厘米长的金属链,链的末端为给怀表上弦的钥匙。这件怀表有一黑鲨鱼皮表套,套上用金钉镶嵌出漂亮的团花,使整个表看上去贵气、精致。表壳上的开光人物,正是法国国王路易十四。机芯内标有工匠名款和产地:THVRET A PARIS,意为工匠蒂雷制作于巴黎。这位工匠在法国钟表史上名声显赫,所制钟表与法国宫廷关系密切。此表作为法国国王送给康熙皇帝的礼物,除路易十四肖像外,还特意在机芯摆轮保护罩上,镂雕一条代表中国皇帝的五爪金龙,很像两位帝王通过这件怀表在实现跨越时空的对话。

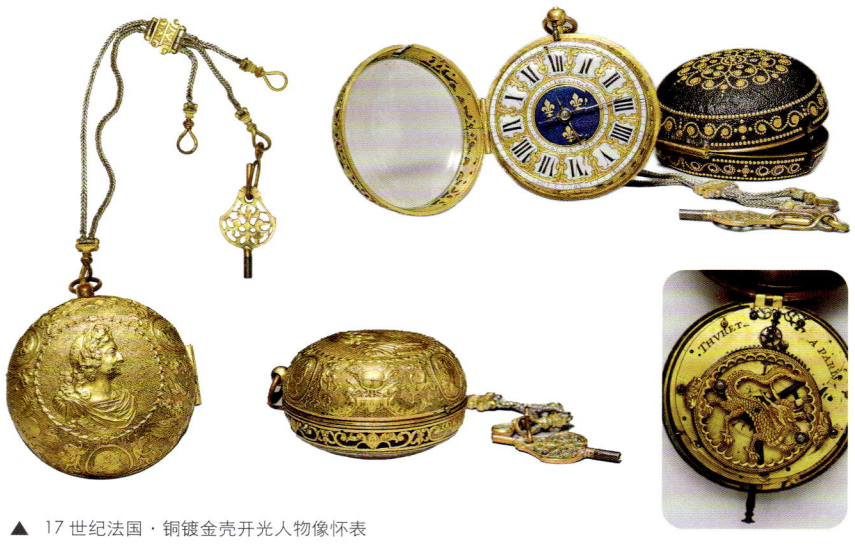

▲ 17 世纪法国·铜镀金壳开光人物像怀表

一对插屏三件钟表

故宫收藏有一对紫檀木边框插屏,高 2.18 米,宽 1.14 米,分别嵌铜胎画珐琅仕女画,画中人物处于伊斯兰建筑场景中。很特别的是,这对插屏上竟然绘有三件钟表。其中一件插屏画的建筑窗外,放有一圆桌,桌上有果盘、花觚、六角式盒和镀金怀表。怀表呈鼓圆状,外壳四面各有圆环,环上系丝带,表盘采用白色珐琅制成,但没有指针。画中一位仕女倚窗而立,窗帘半掩之间,隐约露出一点儿表盘,可知这是一件大型座钟。

▲ 清·硬木边座嵌画珐琅西洋人物图插屏

另一幅插屏画中,三位仕女手执金塔、折扇、花瓶,在院中交谈,远处屋内一人似在倾听。建筑空地上,一件黑漆描金嵌蓝色珐琅的单针大型钟表引人注目。尽管画中钟表刻画并不准确,比如没有上弦孔,缺失指针等,但这可以表明当时钟表已经在人们生活中无处不在。

▲ 清·硬木边座嵌画珐琅西洋人物图插屏

▲ 清·《乾隆帝及妃威弧获鹿图》卷

精致的表套

怀表因体量小、便于携带,深得清朝人喜爱。为了保护好怀表,同时也为了在不同季节与不同服饰搭配,清宫往往为怀表制作专门的表套。表套多为织绣品,配彩色丝线穗,绣精美纹饰,如适合端午的"五毒葫芦"、寓意吉祥的"玉堂富贵"、适合婚礼的"龙凤呈祥"等。表套常与荷包、扇套、扳指套、眼镜套等成套搭配。也有金质表套,采用六成金,运用镂空、累丝、点翠、点蓝等装饰工艺,十分奢华。在《孝钦后弈棋图》轴中,与慈禧皇太后对弈的年轻男子,腰间即佩戴一件小表,这件小表正是装在红底金绣的表套里。

马鞍上的钟表

众所周知,清朝皇帝善骑射,每年秋天都到木兰围场狩猎。《乾隆帝及妃威弧获鹿图》卷描绘的就是乾隆皇帝狩鹿的场景。画中乾隆皇帝跨马飞奔,左手持弓,右手拉弦放矢,直接射中前方飞奔的鹿。皇帝身侧,一位皇妃骑马随行,负责递上箭矢。这幅画作场景引人入胜,动态十足,却很容易让我们忽视一些细节。仔细看,两人马鞍的鞍桥前面,都镶嵌有钟表。这类带有钟表的马鞍在当时数量不少,专门存放于武备院时,钟表要拆下来由做钟处管理,用时再安上,确保钟表走时精准。

▲ 清·金表套

▲ 清·《孝钦后弈棋图》轴(局部)

▲ 清·木镶鲨鱼皮铜钉马鞍

推荐阅读:郭福祥,《时间的历史映像》,故宫出版社,2013年4月第1版。

钟表的使用：从皇宫到民间

故宫博物院收藏有各种华丽的钟表，有些钟表除用于计时外，俨然成了皇帝的"大玩具"。装饰华丽的钟表吸引人关注，计时的表盘反倒成了点缀。英国制造的铜镀金雄鸡动物楼阁式钟，高达 2.44 米，表盘却小得可怜，比怀表大不了多少；铜镀金鸟音挂钟，远远看去就是一只鸟笼，置于底部的表盘如不仰头根本看不见。这不禁让人怀疑，当时的人们真的用钟表计时来安排工作和生活吗？

▲ 18 世纪英国·铜镀金雄鸡动物楼阁式钟

▲ 18 世纪英国·铜镀金鸟音挂钟

因钟表误时

钟表与传统计时器（如沙漏、日晷）相比，使用更方便、计时更准确。所以不仅皇宫里使用钟表计时，与皇帝接触的达官显贵也养成了以钟表计时的习惯。不过，钟表需要修理、保养才能走时、报时准确，否则容易耽误事儿。乾隆朝著名学者赵翼就曾记载傅恒因钟表计时不准而耽误上朝一事。傅恒为孝贤皇后的弟弟，乾隆朝重臣，他家钟表众多，甚至家里仆人也各有一表悬戴于身。一天皇帝御门听政，傅恒因表显示还未到上朝时刻，慢条斯理地步入早朝场所，却发现皇帝早已正襟危坐，傅恒被惊出一身冷汗，忙向皇帝叩首认错。

看钟表起草奏章

赵翼曾称，上朝"不误者，皆无钟表者也"。这反映出不止傅恒一人以钟表计时安排朝堂事务。乾隆朝著名官员、学者、书法家、曾主持编纂《四库全书》的于敏中，也是习惯于用钟表的人。据说他每逢起草奏章，砚的旁边即放上钟表。就像我们今天一样，有钟表在侧，何时开始工作、已伏案多久等，都方便知道。这有利于人们合理安排工作，做到劳逸结合。

▲ 傅恒因上朝迟到向皇帝叩首认错

▲ 起草奏章的桌上会放置钟表

民间"闹钟"

尽管皇帝和官员都以钟表计时,但毕竟钟表有许多机械装置,价钱很贵,只有有钱人才买得起。民间常用的是自制"闹钟"。清初曾从南方"旅行至京"的葡萄牙人安文思,记载了中国普通百姓夜间所用的独特"闹钟"。这是一种用树皮粉或檀香、沉香做成的圆锥形的香,在香中间系绳将之悬挂,香上有五个标志区用以区分夜里的五更,点燃下面的香头,香会慢慢燃烧。一般来说,用这种方法不会出大的差错。有要事需要及时起床的人,在标记处挂上一样小东西,香燃到这一点时,这件东西会落下砸到下面的铜盘把人惊醒。与钟表相比,这种"闹钟"显然更便宜,更适合普通百姓使用。

▲ 清朝民间的"闹钟"

仿制钟表

我国仿制钟表的历程,与利玛窦北上进京的历程紧密相连。1598年,利玛窦到达南京,将以钟表为代表的西洋奇器展示给南京士人。这么有趣的物件,引起了当地手艺人的浓厚兴趣与仿制热情。然而,仿制并非易事,大约10年以后,才有一位名为黄复初的人成功制成了自鸣钟。后来,上海也有工匠成功仿制出自鸣钟。难得的是,对机械钟表的仿制并不限于工匠。明代学者王徵与西洋传教士交流广泛,更对机械制作兴趣浓厚。他将自己设计制作的器物汇编成《新制诸器图说》,其中便包括可报更、报时的"轮壶"。这充分显示出明末机械装置的仿制水平。

肇庆的制钟匠

清朝皇帝对钟表很感兴趣,不仅从欧洲进口钟表,还在宫内造办处成立了自鸣钟处和做钟处,专门收藏和制作钟表。中国人对钟表的仿制,早在明末伴随着钟表的传入就已经开始了。1583年,意大利人罗明坚和利玛窦初到肇庆,结识了知府王泮。王泮听说濠镜澳(今澳门)可以制造钟表,就希望罗明坚给他定制一件。但是罗明坚没有足够的钱,便直接将一名濠镜澳的钟表匠带到肇庆。王泮对此很高兴,找来两名最好的匠人,跟随这名钟表匠在教堂中学习制作钟表。这是已知最早在国内制作钟表的案例。

▲ 学习制作钟表

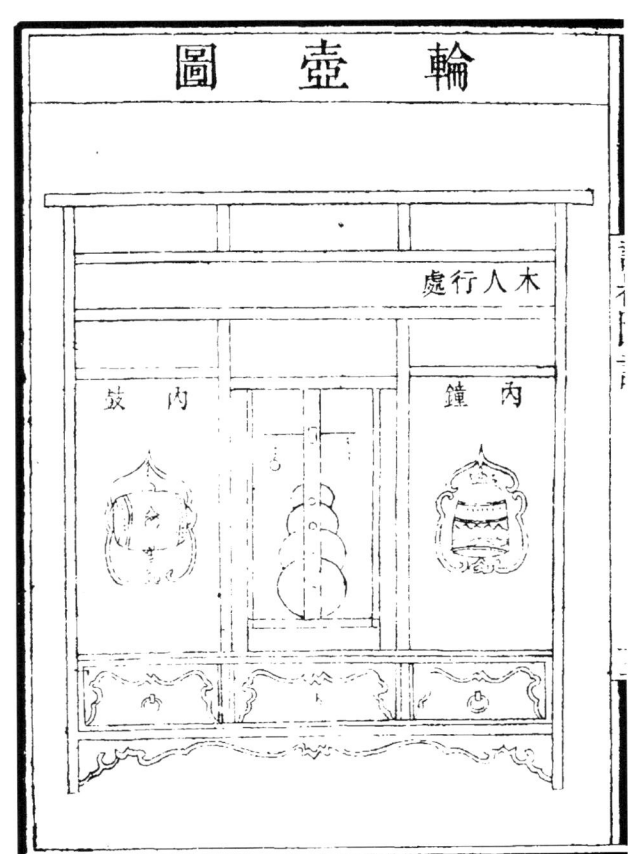

▲ 明·《新制诸器图说》轮壶图

皇帝的赏赐

17—18世纪，中西文化交流迎来一次高潮。尤其康熙、雍正、乾隆年间，不少来自欧洲的西洋人供职于宫廷。他们在感受中国风土人情的同时，也凭借着皇帝的特殊恩宠，认识并了解中国的宫廷文化。

新年的赏赐

受季风影响，西洋人往往于七八月从欧洲出发，经海路抵达中国沿海，再辗转来到北京。他们入宫廷觐见皇帝，大都在农历新年前夕。这是中国人最重视的节日，皇宫里为庆祝新年，会准备十分丰盛的赏赐。这些赏赐同样也会惠及来到宫里的西洋人。张诚是法国国王路易十四派给康熙皇帝的数学家之一，他在日记中写道：年三十当天，三跪九叩礼完毕，皇上赐给众西洋人两桌宴席，包括十二盘丰富的饭菜，二十一种水果。新年当天，赏赐更多，每人一只鹿、五只野鸡、两条鱼和两条鹿尾。可见赏赐十分丰富，很有过年气氛。

▲ 丰富的食物

宫里的红包

宫里过年，不仅赏赐丰盛的食物，也会赏赐银两。这些银两装在宫廷特制的口袋里，称为"馈岁荷包"，就是宫里的红包。如雍正五年（1727）正月初五，包括郎世宁在内的在京西洋人集体入宫，获得皇帝赏赐的大荷包一对和貂皮两张。法国人冯秉正也有记载，说皇帝让人送他们每人两个钱袋，钱袋拴在腰侧，里面装有半两白银。这类荷包由锦缎制作，绣有精美图案，表达吉祥寓意。比如故宫所藏一件红色荷包上绣有鹌鹑和插着谷穗的瓶子，象征平安、丰收。荷包有抽绳，方便存放或取出物品，形状有扁圆形的，也有元宝形的。荷包里的"压岁钱"有金元宝、银元宝，也有佛教八宝图案的金银钱，透出皇宫特有的奢华。

▲ 清·金元宝八宝

▲ 清·红色缎绣岁岁平安纹椭圆荷包

▲ 清·金元宝

罕见的橘子

西洋人为皇帝服务，还会经常获赏水果。这些水果不仅种类丰富，且不乏稀有品种。按照份例，宫里的果房每天给西洋人的果品包括红枣、桃仁、圆眼、荔枝、西葡萄各二两，随时令而变的鲜果八个。其中，以来自南方的水果最为稀有。1696年4月4日，法国数学家张诚陪同康熙皇帝出巡，中途扎营榆林时，他收到了康熙皇帝派人送来的一个橘子，这在当时当地可是非常罕见的水果。此外，张诚等人在宫里为皇帝讲授数学时，宫内颁下的新年赏赐也会直接送到其住处，这些赏赐除牛肉、鱼以外，也有橘子。

▶ 清·《弘历盘山楼桔》轴

▲ 清·《康熙帝戎装像》

荔枝的保鲜

故宫藏品有不少以荔枝为题材创作的，比如象牙染色的荔枝盆景。南方佳果荔枝，除被皇帝赏赐给王公大臣外，也经常被赏给在宫中服务的西洋人。西洋人甚至专门记载了荔枝的保鲜方法：为了保鲜，需要在荔枝果实未成熟时带着树枝采摘，放在箱子中通过一些巧妙的措施，使其运到北京时果实接近成熟。在北京，人们还用装有烧酒并混合蜂蜜和其他配料的锡罐来使荔枝保鲜。这在今天看来，很像我们的水果罐头。关于荔枝核，西洋人还记下了其药用功能，说荔枝核稍加烘烤会变得易碎，研磨成很细的粉末后空腹用水冲服，是医治肾结石和肾绞痛的特效药。

▲ 清·剔红嵌玉委角长方盆染象牙荔枝盆景

获赏也无奈

从皇帝处获得赏赐，既是殊荣，也有无奈。在大型宴饮活动中，西洋人获赏的食物，往往是从御膳桌上撤下来的，食材虽好，却很难符合他们的胃口。康熙皇帝晚年时供职宫廷的意大利人马国贤，就抱怨御膳房给他们送去的食物，往往是凉的。为了避免吃凉的食物，他们经常在出门之前，先把胃吃到撑满。这种不规律的饮食很不利于健康。例如，为圆明园建造付出大量精力的法国传教士蒋友仁，就是因为过度劳累，外加不适应中餐且无法保持规律饮食而最终去世的。

▲ 清·填漆描金铜包角宴桌

西洋人的各式穿搭

清朝皇帝穿龙袍，官员着补服，不同场合、不同仪式，所着服色也往往不同。这不禁让我们生出疑问：在皇宫服务的西洋人，穿什么样的服装？中式还是西式？让我们从明末来华的利玛窦说起。

从"西僧"到"西儒"

利玛窦为世人熟知的形象，是戴着四角方帽的儒生。殊不知，这是他来华以后，逐渐适应中国文化的结果。他最初到广州时，并非儒生打扮，而是"髡首袒肩"的和尚形象，人称"西僧"。随着对中国文化的逐步了解，他才易佛为儒，换下棉麻的褐色僧袍，改穿丝质的文人服饰。他还经教会批准，开始蓄发留须，尤其是戴起了四角方帽。利玛窦说这帽子很像教会主教的法冠，但他们在西方是不戴帽子的，戴帽子是对中国文化的尊重。中国人认为，戴帽子是礼貌的标志，中国的传统并不讲究脱帽，只有犯了罪的人，才会被摘去帽子。

▲ 明末和尚形象

▲ 明末文人形象

▲ 不适应穿官服的意大利人潘廷璋

真官服，假官员？

顺治宫廷，有一位被尊称为"玛法"的西洋人，这就是任职钦天监的德国人汤若望。同一时期，与其齐名的还有比利时人南怀仁。他们在钦天监任职，遇朝会和典礼，须穿正式官服。不过，供职宫廷的西洋技艺人，并非都有真正的官职。那些画家、钟表师、西洋药师，入宫也需要穿"官服"，但他们却是"假官员"，没有官职。例如康熙年间，俄国使节伊斯梅洛夫来华，负责翻译的意大利人马国贤和法国人巴多明就都穿着高级官员的服装。如果不穿官服，他们就不能参加这样的活动。乾隆年间，意大利人潘廷璋初次进宫，也是穿着官员的长袍。当天他因为下雪路滑，又很不适应袍子的长度，走路时几次险些摔倒。

教会服饰穿给皇帝看

汤若望作为顺治皇帝的洋玛法，有时会向皇帝讲授天主教的教理。皇帝感兴趣的时候，为了满足皇帝的好奇心，他还会特意穿上神职人员的服装，向皇帝表演弥撒仪式。传教士来华初期，偶尔会被允许穿教会服饰。如汤若望和南怀仁，除参与天文历算工作，还在军事铸炮中发挥重要作用。两人经历明清更迭，火炮强弱在当时战事中至关重要。崇祯十三年（1640），兵部命令汤若望监造战炮，每次开炉熔铸时，他都穿司铎礼服，还供天主像。到了康熙十九年（1680），南怀仁于卢沟桥试炮，在炮成后，他也会在局内设台供天主像，并穿司铎礼服行祝祷礼仪。

▲ 汤若望监造战炮

外国衣服单薄，赐御貂褂一件

康熙年间，清廷与罗马教廷曾数次互派使节就当时文化领域爆发的"礼仪之争"问题进行沟通。康熙五十九年（1720），康熙帝在畅春园的九经三事殿接见来华的嘉乐。其间，皇帝特意问道，我看你们的画上，有带翅膀的人，这是为什么呢？嘉乐说这是象征人能通神灵，并不是真有长翅膀的人。对此，康熙皇帝说中国人不认识你们的字，不懂你们的道理，同样，你们也不认识中国字，也不要妄议中国道理！这番对话，显然很不愉快。但是皇帝见嘉乐所穿西洋衣服很单薄，考虑天寒，特意将一件自己御用的貂皮端罩（褂）赏赐给了嘉乐。

▲ 清·明黄色江山万代纹暗花江绸貂皮端罩

西洋来使，着本国服色？

在宫中供职的西洋人，被皇帝当作臣民，一切服饰遵行朝廷规定。但是，西洋人作为来华使节，衣着却有所不同。《万国来朝图》轴中，描绘有各国来使，其所穿服饰皆不相同，体现出异域特色。按规定，皇帝登基、生日和冬至三大节，王公百官须穿朝服，各国使节则穿本国服色。教皇使节多罗来华时，康熙皇帝曾亲自过问其衣帽穿戴如何。对此，在京传教士回复说：多罗见教皇时，穿重臣礼服，礼服长至脚面，像没有衣襟的套衣，扣子很密，外披斗篷。他们特意询问，多罗来时是穿西洋衣服，还是和在京的西洋人一样，穿本地衣服，请皇上定夺。皇上答复，他是修道之人，修的是西洋教，不是西洋派遣的进贡之人，还是穿本地服色吧。

推荐阅读：果美侠，《明清宫廷西方传教士服饰探析》，刊发于《故宫学刊》2016年第1期。

▲ 清·《万国来朝图》轴

一变三的画珐琅花篮

画珐琅，也称铜胎画珐琅，制作技法源于欧洲。康熙年间，曾专门聘请法国技艺人陈忠信，指导皇宫内的画珐琅烧造，使清廷的画珐琅烧造技艺得到很大提升。康熙、雍正、乾隆年间，宫内造办处和广州都设有珐琅作坊。目前故宫博物院收藏的画珐琅器物，除造办处烧造的以外，也有广州和法国制作的。这些器物见证了一段中西艺术文化交流的佳话。

三花篮同台亮相

在2024年以"紫禁城与凡尔赛宫"为主题的展览中，展出了三件画珐琅花篮，都是通体施黄色珐琅釉，器身绘盛开的粉红色花卉，间或饰蓝色、紫色小花，提梁上绘有花卉纹。花篮里满施天蓝色釉，外底皆施白釉，底中有年款，表明器物的制作年代。如果不是三件器物放在一起，很容易把它们当成同一件器物。不过，仔细对比，它们的纹饰与施釉的细腻程度、花朵呈现的颜色、露出的金属胎色等，都有比较明显的差别。

不同的辈分

原来，它们并非三胞胎，而是分别制作于康熙和乾隆年间。将花篮倒置，可见三件花篮底部，一件署有"康熙御制"，两件署有"乾隆年制"。康熙年间，宫内设有专门的珐琅作，至迟在康熙三十年（1691），就已经成功试烧出画珐琅。康熙晚期，画珐琅技术已相当成熟，烧出的画珐琅多以黄釉作底，不仅胎体轻薄，釉质更是温润细腻。品质上乘的器物，会署"康熙御制"款。乾隆四十年（1775），皇帝命人将十件康熙款、雍正款画珐琅器物送到广州，其中包括"康熙御制"的这件花篮。皇帝要求，仿制的器物署"乾隆年制"款。所以，看起来相似的三件花篮，辈分却不同，年龄差"超过半百"。

不同的出身

乾隆四十年送出的十件器物各具特色，形态与功能不尽相同。这些器物先由粤海关官员画样，随后在广州当地仿制。与此同时，这些图样还被送去法国仿制。两年后，送到广州的样品连同十件仿制器一起回到了宫中。而法国根据图样仿制的画珐琅器物，是在九年后才送到宫廷的。因此，展出的三件花篮，样貌虽相似，产地却完全不同，一件产自宫廷，一件产自广州，一件则产自遥远的法国。

▲ 清·康熙款画珐琅牡丹纹海棠式花篮（宫廷造）

▲ 清·乾隆款画珐琅牡丹纹海棠式花篮（广州造）

▲ 清·乾隆款画珐琅牡丹纹海棠式花篮（法国造）

▲ 清·康熙款画珐琅牡丹纹海棠式花篮底款

▲ 清·乾隆款画珐琅牡丹纹海棠式花篮底款

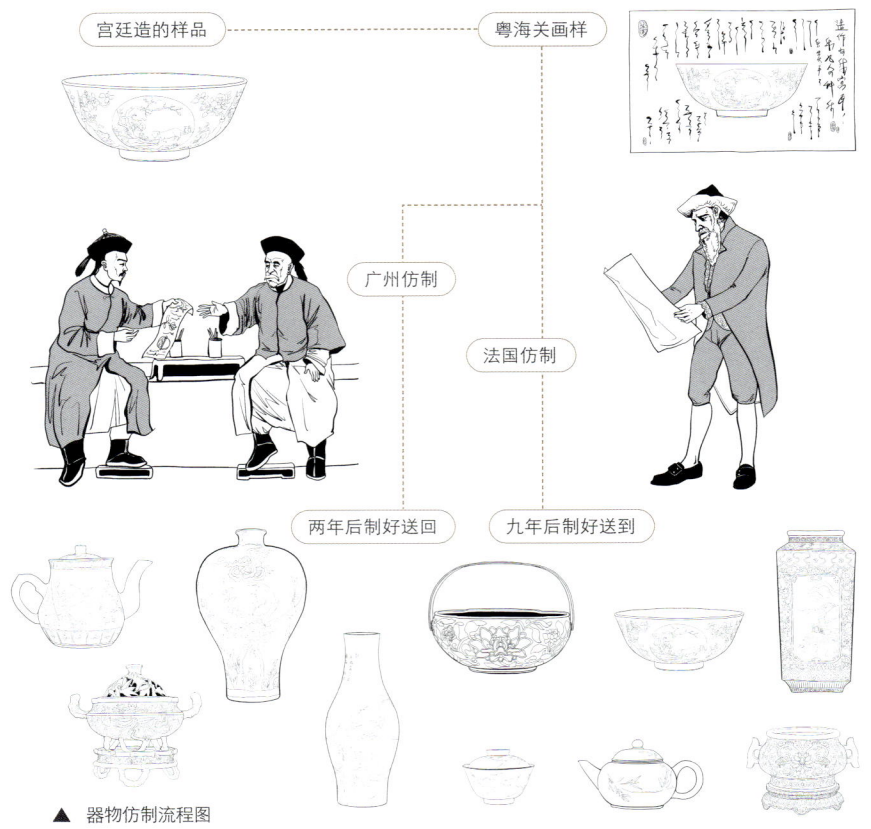
▲ 器物仿制流程图

表里皆不一

如前所述，三件花篮放在一起，从外表能够看出图案和釉色的差异。而底款则明确显示制造年份不同。即便同为"乾隆年制"的两件仿制器，法国制作的一件，也因为工匠不识中文，仅是机械地临摹汉字，致使"乾"字少了一横，"年"与"制"字明显没在一列对齐。此外，三件花篮除看得见的外表不一样，看不见的内里也不一样。经科技检测，"康熙御制"花篮和乾隆时期广州仿制的花篮均为铜胎，而法国仿制的花篮则是在铜胎基础上，又包裹了一层金皮，然后再在上面烧制珐琅釉。

▲ 广州制造仿制器的底款

▲ 法国制造仿制器的底款

法国制造的揭秘者

法国制造的花篮上，似乎没有任何与法国有关的信息。那我们怎么知道它是"法国制造"呢？揭秘者是故宫博物院收藏的一件乾隆款画珐琅菊花纹执壶。经检测，这件执壶也是金胎，底款署"乾隆年制"，为十件仿制器中的一件。意外的是，这件执壶金胎足底边缘内侧，有一细小红色痕迹，放大后能看出是"coteau"，为18世纪法国著名的珐琅画师Joseph Coteau的名字。此外，执壶的壶盖盖沿内侧，还有三个微小的戳印标记，放大后可识别出是法国巴黎金匠的标章、巴黎地区的征税标章和巴黎金匠行会金属纯度标章。由此，乾隆四十年要求仿制画珐琅器物的真相被揭开：即仿制器来自不同批次，其中一批来自法国，历时九年送达宫中。

▲ 18世纪法国巴黎征税标章、18世纪法国巴黎金匠行会金属纯度标章、18世纪法国巴黎金匠标章

▲ 清·乾隆款画珐琅菊花纹执壶

▲ 18世纪法国著名珐琅画师的署名

推荐阅读：王戈，《西洋制作乾隆款画珐琅器物考》，刊发于《故宫博物院院刊》2020年第7期；
王戈、刘瀚文、翟毅，《西洋制作乾隆款画珐琅器物考补证》，刊发于《故宫博物院院刊》2024年第4期。

从意外烧出的透明珐琅碗说起

清宫的珐琅工艺品中，有一类独特的透明珐琅制品，是将透明釉料施于金属胎之上，经烧制后形成可透视胎底、器物表面自然亮丽且有明暗变化视觉效果的珐琅艺术作品。透明珐琅最早产生于十三世纪的意大利中部城市锡耶纳，十六世纪传至南亚次大陆、中亚和西亚，十八世纪逐渐成为中国本土烧制的珐琅新品种。而清宫这类透明珐琅的烧制，却始于一只意外烧制"走样"的珐琅碗。

"走样"的珐琅碗

乾隆四十年（1775），皇帝命粤海关将十件前朝画珐琅器照样制作一套，并特别强调"不要广珐琅，务要洋珐琅"，这其中有一只画珐琅金碗。粤海关不敢忽视，除了在当地制作以外，还特意画样送到欧洲，让法国工匠也做一套。法国对来自中国的定制需求高度重视，谨慎地先试制了一只碗寄回中国。由于法国工匠只看到画样，没见到实物，将原本是画珐琅的碗做成了透明珐琅碗。这并不符合乾隆皇帝的要求，于是他又命人将原做样品的珐琅碗经粤海关转送法国，再次仿制了十件画珐琅器物。但是，这只"走样"的透明珐琅碗，却成了后来宫中透明珐琅器的源头。

▲ 法国工匠制造珐琅碗

不实的"康熙御制"

这件透明珐琅碗为金胎，胎外侧浅浮雕花卉纹和卷草纹，在四周刻弦纹底。花卉部分用红、蓝、紫三色透明珐琅料填充，而花叶部分则填绿色透明珐琅料，叶边缘和叶脉不填珐琅料，直接可见金胎。弦纹底填满透明珐琅料，呈现胎的金色。碗底为"康熙御制"款。如前所述，这只碗是乾隆年间制作的，只是照样署上"康熙御制"。但是后人怎么知道的呢？秘密在于该碗金胎上有三个戳印标记，尤其是征税标章和金属纯度标章，证明此碗金胎制作于1777年，即乾隆四十二年。

▲ 清康熙·"康熙御制"款金胎画珐琅碗（原型）现藏于台北故宫博物院

▲ 清乾隆·"乾隆年制"款画珐琅盖碗（广东造）现藏于台北故宫博物院

▲ 清乾隆·"康熙御制"款金胎浮雕透明珐琅碗（法国造）现藏于台北故宫博物院

▲ 清乾隆·"乾隆年制"款金胎浮雕透明珐琅碗（清宫造）现藏于台北故宫博物院

洋珐琅成广珐琅

金胎浮雕珐琅技术，正是从这只意外烧制的透明珐琅碗才于乾隆年间为宫廷所认知。此后，粤海关应用这种技术，制作出同样花色的 27 件"乾隆年制"金胎浮雕透明珐琅器物，包括 4 只碗、12 只盖碗、4 只提篮、2 件钟、一组五供。这些金胎浮雕透明珐琅器，加起来一共 28 件，全部收藏在台北故宫博物院。不过，宫里并不将此类珐琅器称为洋珐琅，而是称为"广珐琅"，比如提篮的原装木盒上，明确标明"乾隆年制金胎广珐琅一对"。下图为故宫博物院藏透明珐琅器。

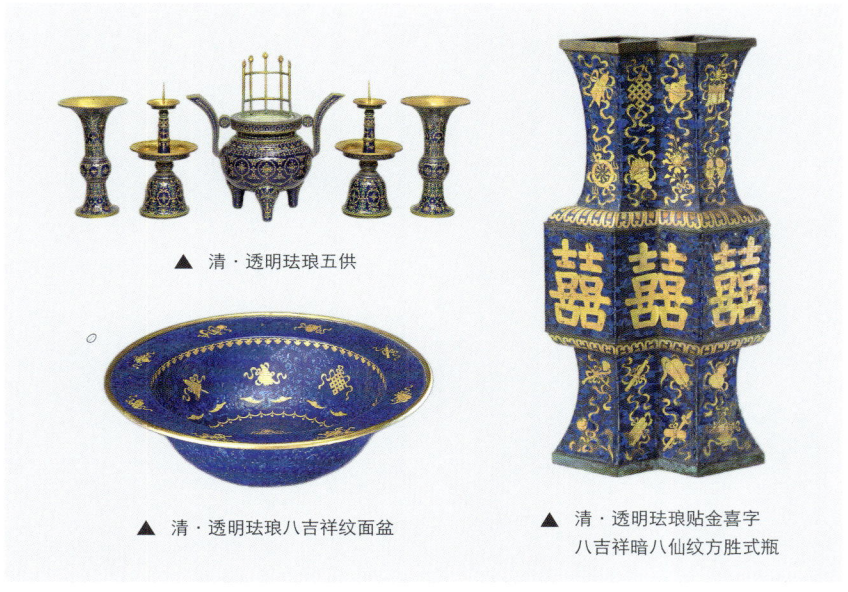

▲ 清·透明珐琅五供

▲ 清·透明珐琅八吉祥纹面盆

▲ 清·透明珐琅贴金喜字八吉祥暗八仙纹方胜式瓶

透明珐琅与画珐琅合体

法国工匠按照画珐琅器物图样意外烧出透明珐琅器物，成就了金胎透明浮雕广珐琅的新品种。随着珐琅技术的成熟和海外市场需求的变化，又出现了透明珐琅与画珐琅的合体作品。这种器物是以透明珐琅作周边装饰，中心部分设计大面积开光，开光内用画珐琅绘人物或场景。画珐琅的细腻与色彩丰富，搭配透明珐琅的灵动与晶莹剔透，使这类珐琅作品别有一番韵味。

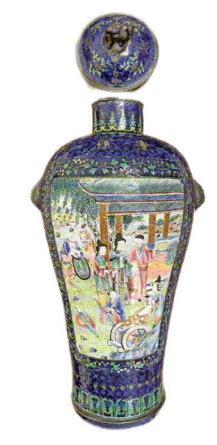

▲ 蓝地透明珐琅贴金银花卉画珐琅庭院人物盖罐

著名的蓝绿珐琅

在金胎浮雕透明珐琅的基础上，广州的珐琅制作技术迅速发展。在胎体改为银胎和铜胎基础上，大面积施用蓝色和绿色透明釉，成为广珐琅的主要特色。故宫收藏的广州钟表、广珐琅器物，大部分用的就是这种珐琅。为了使这种珐琅更为华丽，工匠们还在单色珐琅釉表面贴饰金银片，并在金银片上点缀其他颜色的珐琅釉，经过二次烧制后，再通体罩烧一层很薄的无色透明釉。这类珐琅因为釉的薄厚不一，随观看角度和光线变化，会呈现变化的绚丽效果。

▲ 清·透明珐琅贴金八宝系袱纹瓶

推荐阅读：郭福祥，《清代广东透明珐琅历史考察》，刊发于《总相宜·清代广东金属胎画珐琅·论文集》，香港中文大学文物馆，2023 年。

▲ 清·铜镀金嵌珐琅转花亭式卷帘白猿献寿钟

皇宫里的中西医交汇

康、雍、乾三帝统治下的清朝，中西交流是全方位的。除科学技术、文化艺术之外，在医学医药领域也多有交汇碰撞。皇帝征召西洋人入宫服务，除涉及天文、丹青、钟表以外，还包括医科。故宫博物院至今仍收藏有相对丰富的西洋药物、药具与医疗器械等，文献中也记载了不少中西医最初交流的有趣历史。

神父带来的神药

1692 年，康熙皇帝得了疟疾，高热不退。应召来京的法国传教士洪若翰和刘应，用随身携带的"金鸡纳霜"，治好了皇帝的病。此前，康熙皇帝就对这种西洋药粉很有兴趣，曾多次试验并见证其疗效，将其称为"神药"。此次生病，御医坚持中医治疗，但并不见效。皇帝怕病情加重影响到脑子，便自行决定按使用剂量减半服用西洋药粉。但是药量不够，疾病未得到根治。恰逢此时，两位神父抵达京城，新带来一斤"金鸡纳霜"。安全起见，皇帝正式服用之前要先行试药。几位病人和御前重臣索额图、明珠等分别试用，在证明"病人得以治愈，没病之人服用也没有副作用"后，皇帝才正式服用，并迅速康复。为了奖励法国传教士的功劳，皇帝将位于西安门内的一块地，赏给法国人，建造了著名的北堂。

▲ 皇帝为法国人建造的北堂

▲ 西洋人贡献药粉

皇帝的解剖学课本

康熙皇帝对西洋药物有浓厚的兴趣，曾命张诚、白晋为其编写满文版《西洋药书》。不仅如此，他还对人体解剖学充满好奇。法国人巴多明亲自将一部解剖学著作和一部医学大全译成满文，编纂成专供皇帝使用的人体解剖学课本。在

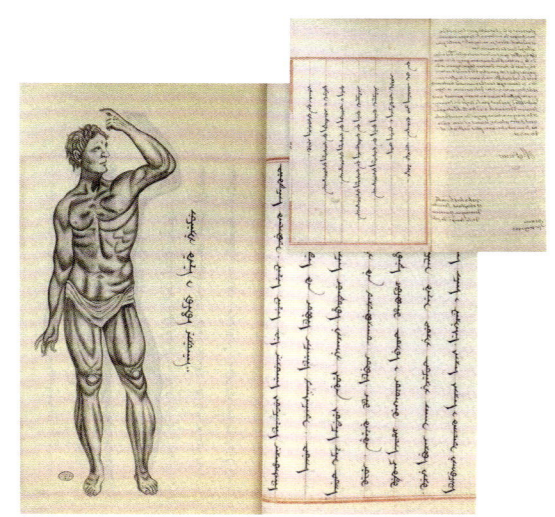 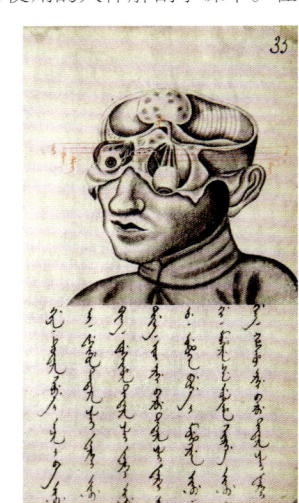

▲ 清·《钦定格体全录》满文版

当时诸多的解剖学著作中,巴多明选择了讲解准确又清楚的法国人迪奥尼斯的作品,而对于插图,他则选了刻印得好、图又大的丹麦解剖学家巴托林的作品。这部书用时五年编译完成,定名为《钦定格体全录》。该书仅手抄三部,分别藏于宫内、畅春园和承德避暑山庄。康熙皇帝认为,书中插图有关风教,无关人员不得阅览。另外,原作插图中人体敏感部位,均增加了衣服遮挡,以符合中国文化传统。

害怕针灸的西洋画师

中国人接触西医的同时,来华的西洋人也接触到中医。康熙三十九年(1700),意大利画家吉拉尔迪尼(中文名为聂云龙)被召入清宫,他在宫内成立专门的油画工作室,教中国学生西洋绘画。他擅长肖像画,皇帝出巡时他经常随同,也曾给康熙皇帝绘制肖像画。不过,他在宫中时间不长,仅四年就主动返回欧洲了。负责西洋人事务的赫世亨曾向康熙皇帝奏报,称西洋人聂云龙右肩疼痛,需派两名针灸大夫前去诊治。但聂云龙对针灸有所抵触,不想针灸。皇帝只好说,西洋人不想针灸,就不要强迫了吧。

▲ 清·太医院针灸铜人

巧克力进皇宫

1706年,教皇特使多罗觐见康熙皇帝时,携有许多西洋药物。康熙皇帝曾命武英殿总监造赫世亨向多罗索要。在要来的西洋药物中,有150块绰科拉,即巧克力。这是对巧克力进入皇宫的明确记载。作为西药,康熙皇帝对其药性并不了解,特意咨询了宫中的意大利医生鲍仲义。他回复说,此药属热,味甜苦,产自阿美利加、吕宋等地,服用时,须与白糖混合,放在铜罐或银罐内煮制,以黄杨木碾子搅和后饮用。

人参的疗效

宫廷画师班达里沙和蒋廷锡,都曾以"人参"为题材创作绘画作品。人参作为贵重的中药材,也受到西洋人格外关注。康熙年间参与地理测绘的法国人杜德美,对人参有过详细的描述。他听说人参是治疗过度劳累的灵丹妙药,可以止吐健脾、增补元气、延年益寿等。他便以"科学"的精神,亲自验证其药效。他不仅对比了服用人参一小时前后脉搏跳动的情况,还注意到服用人参后,人的胃口明显变好且浑身充满活力。起初,他对试验并不完全相信,以为只是试验当天他休息得好。然而几天后,当他累得要从马上摔下来时,他服用了半支人参,很快就不再虚弱了。之后几次的经历,更让他对人参的功效深信不疑。值得一提的是,人参的叶子也可以泡茶喝,茶汤不仅色泽好看,香味和口感也佳,至今故宫还收藏有人参茶膏。

▲ 清·光绪长春宫药房款银药铫

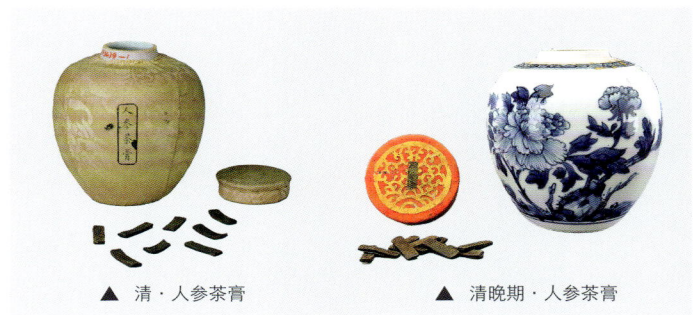

▲ 清·人参茶膏　　▲ 清晚期·人参茶膏

▲ 清·《人参花》图

推荐阅读:关雪玲,《清代宫廷医学与医学文物》,故宫出版社,2008年12月第1版;
关雪玲,《康熙朝宫廷中的西洋医事活动》,刊发于《故宫博物院院刊》2004年第1期。

皇宫里的西洋药物

西洋人在宫廷服务期间，有机会对人参、冬虫夏草等珍贵中药做详细了解，也有机会体验针灸等中医医术。同样，西医及西药也通过西洋人的介绍，传入中国宫廷。

▲ 清代宫廷的西洋药物

武英殿露房

受西洋医学影响，中国人学会了用蒸馏法提取药露，还在宫中专门设立了露房，既用于制作和生产药露，也用来存储西洋药物。露房设立的时间不详，但已确知康熙六十一年（1722）时，露房位于武英殿东稍间。这里的人员从中药房修合药的人中抽调而来，专门负责药露的制作。不过，乾隆中期因药露活计太少，相应技艺在中药制作中又用不上，这些医生不得不被遣散或裁汰。制作药露虽少，但露房作为存储西洋药物的场所，持续到嘉庆十九年（1814）。这一年，宫廷对露房进行修缮，其中所存西洋药物种类众多，一部分交给造办处收存，一部分则赏给了内廷大臣，露房功能从此成为历史。

宫中自制西药

法国人洪若翰和刘应带来的"金鸡纳霜"治好了康熙皇帝的疟疾，西药的神奇疗效为宫廷所认知。除了进献药物，他们还按照法国国王的旨意，将制药和服药方法教给了中国人。1705年，康熙皇帝南巡时，遇上一名十分消瘦的提督，得知其反复生病难以治愈后，皇帝主动推荐了宫廷自制的"金鸡纳霜"，并强调此药效果显著。事实上，宫中自制的西药并非仅有"金鸡纳霜"。康熙三十五年（1696），皇帝亲征噶尔丹，途中所带药品即将用完，便命太子胤礽将养心殿造办处所造西洋御用药"如勒白白尔拉都"十两急送到御前。这说明，在养心殿造办处有专门制作西药的作坊。

▲ 武英殿

▲ 加急护送西洋御药

西药实验室

西洋药物多为化学制剂。很难想象,在皇宫内的西洋药物作坊是什么样子。康熙年间来自法国的传教士白晋,为我们留下了珍贵的文字描述。据他所述,皇上在宫内指定的房间里设置了类似的实验室设备,并且毫不吝惜地用白银制造实验用具。西洋人主导相应工作,用三个月时间制成了干燥剂、糖浆制剂、浸膏等。皇上还会时常亲临实验室观察制药过程。这些药剂都被皇帝留作御用药品。如今,虽然实验室所在的房屋已不可考,但宫廷使用的制药工具仍在,如各式蒸馏器、银药盒等。

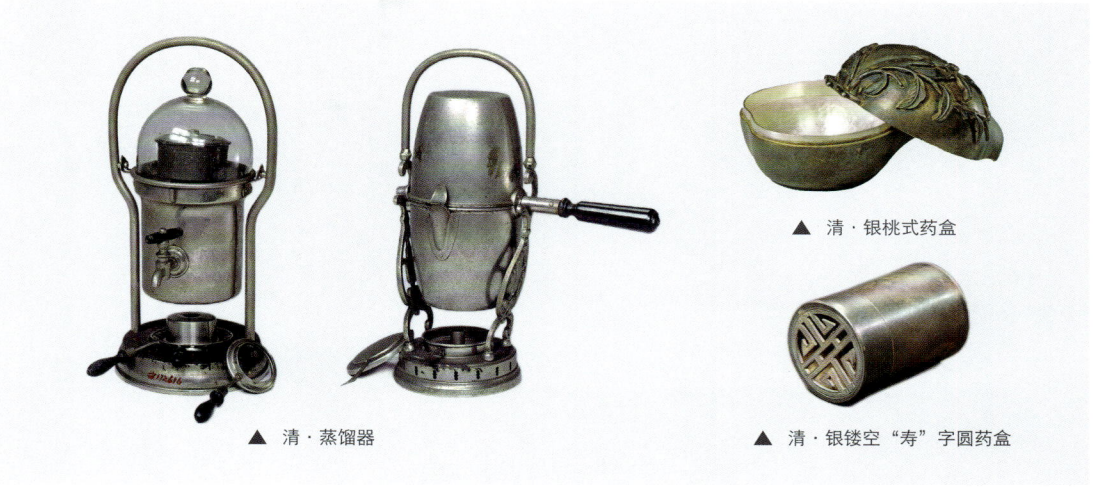

▲ 清·蒸馏器

▲ 清·银桃式药盒

▲ 清·银镂空"寿"字圆药盒

西洋药油送至军营

宫中所藏西洋药油种类繁多,有丁香油、桂皮油、琥珀油等。这些药油功能各异,有口服健胃止泻的,也有外用治跌打损伤的。西洋药油大多用玻璃瓶盛装,瓶上贴有标签,注明名称、时间、重量等信息。有一种药油叫"巴尔撒末油",为治疗刀伤的良药。雍正十二年(1734),喀尔喀副将军策凌请求朝廷赏赐此药油,用于治疗官兵刀伤,但鉴于往西北前线长途运输过程中玻璃瓶易碎,朝廷便命内务府造办处紧急制作大小锡瓶20余件,又从茶房挪用放茶用的锡罐,才将20斤药油运往前线。运输中包装很重要,锡罐盛装的药油被放入杉木箱内,又塞入棉花防止碰撞,箱外面再包裹上黑毡牛皮,才由军机处发往军营,可见对这项工作的重视。

珐琅彩与西洋药油

宫中所藏的西洋药油中,有一种名为"多尔门的那油",清人笔记中记载其可治小水不通兼内疼痛。然而在艺术史中,它还展现了其独特的妙用。康熙后期创烧的珐琅彩瓷器,据说就是以多尔门的那油与珐琅料调和烧制成的。雍正六年(1728)的养心殿造办处活计档中记载,怡亲王胤祥交来各种西洋珐琅料和造办处新炼珐琅料之后,提到皇帝听闻烧珐琅调色用多尔门的那油,下旨查明后回奏,给年希尧烧造瓷器用(年希尧在雍正时期担任景德镇御窑厂督陶官,其督造的瓷器被称为"年窑")。有研究认为,这种西洋药油可能是松节油,易挥发、低毒、易燃,可以降低彩料熔点,增强珐琅彩的附着力,使色彩在瓷器表面均匀分布,从而形成更好的艺术效果。

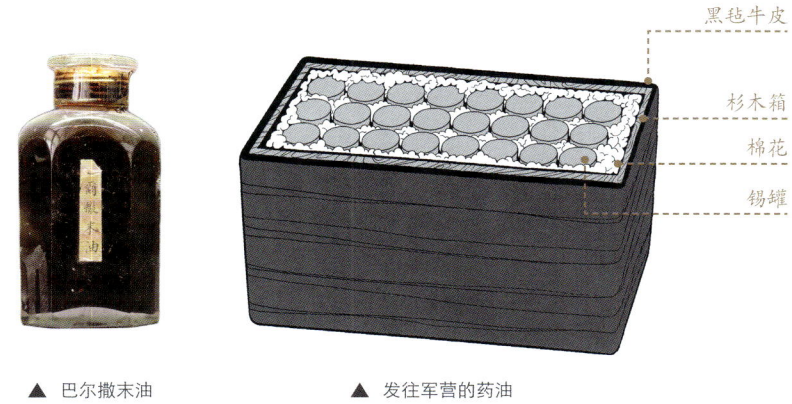

▲ 巴尔撒末油   ▲ 发往军营的药油

黑毡牛皮 / 杉木箱 / 棉花 / 锡罐

▲ 多尔门的那油

▲ 清康熙·胭脂紫地珐琅彩花卉纹碗

▲ 清康熙·黄地开光珐琅彩花卉图碗

推荐阅读:关雪玲,《清代宫廷医学与医学文物》,故宫出版社,2008年12月第1版。

红票与信票

17—18 世纪的中国宫廷，与欧洲有各种直接或间接的沟通。尤其以技艺人身份在宫里工作的西洋人，架起了中国与欧洲之间沟通的桥梁。

给教皇的公开信

在宫里服务的西洋人，分属于不同国家，但几乎都是服务于教会的传教士。随着天主教在中国的发展，教会礼仪与中国礼仪之间发生了严重冲突，罗马教廷甚至发布禁令，认为中国人祭祖和祀孔是非法的。这让康熙皇帝非常恼火，在多次派人赴欧洲沟通无果后，于康熙五十五年（1716）九月十七日颁布谕旨，表明与欧洲沟通的态度。这份谕旨是康熙皇帝写给罗马教皇的公开信，因其四周的五爪龙纹框和文字皆为红色，又称"红票"。红票长逾 95 厘米，宽近 50 厘米，由满文、汉字和拉丁文共同书写，由广东巡抚用印后交给返欧的西洋人，带给当时的罗马教皇。

谁在红票上签了名

康熙皇帝颁布红票时，特意召集在京传教士在红票上签名，之后才正式刊刻。那么，都有谁在红票上签了名呢？签名者一共16人，其中包括法国人6人，分别为白晋、傅圣泽、巴多明、汤尚贤、杜德美、陆伯嘉，此外还有意大利、葡萄牙、瑞士等国的马国贤、德里格、苏霖、纪理安、麦大成、穆敬远、鲍仲义、林济各、罗怀忠、郎世宁。这些人当中，有的已经在中国工作多年，比如法国人白晋，1688 年就来到了中国，但外科医生罗怀忠和画家郎世宁则是 1715 年 11 月才到中国，签名时他们来中国不足一年。

▶ 多位西洋人在红票上签名

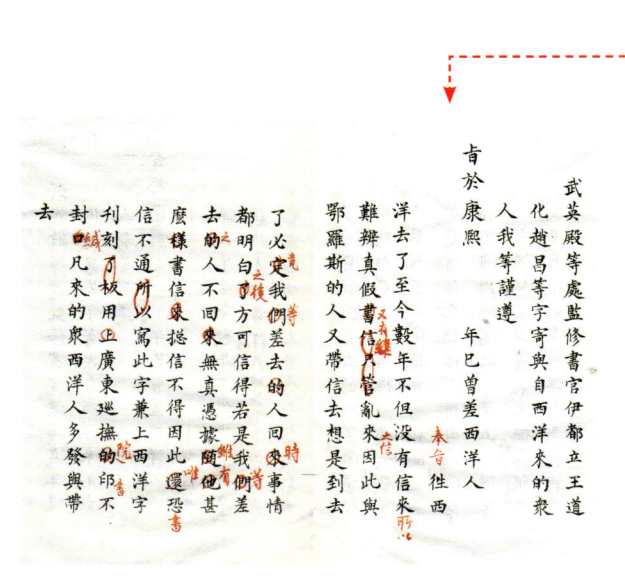

▲ 康熙修改的谕旨底稿

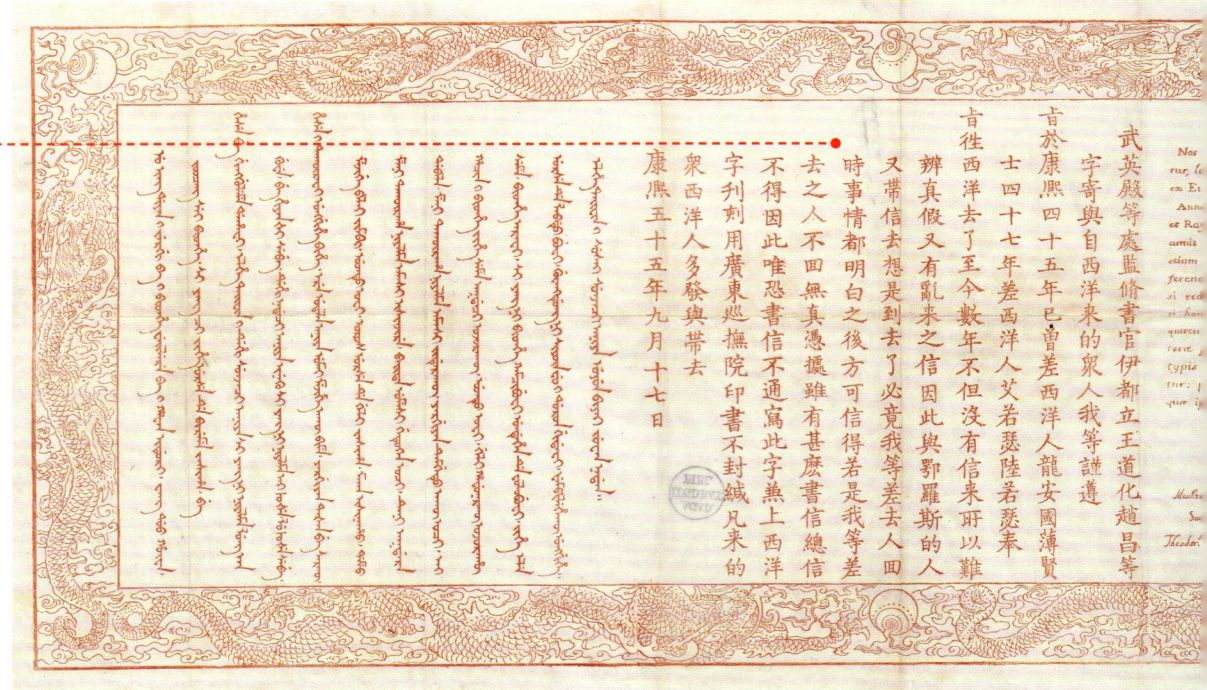

▲ 红票

被逮捕的西洋音乐师

康熙皇帝通过红票，实现了与罗马教廷的沟通。继多罗之后，教廷派特使嘉乐来华，期间双方沟通多有不快。意大利人德里格1710年来华，因通晓西方乐理，作为西洋音乐师出入宫廷。嘉乐在华期间，康熙皇帝曾多次召见众西洋人，让其对礼仪问题表态并在红票上签字，而德里格为了维护教会立场，不肯签字，被康熙皇帝怒斥为"无知光棍之类小人"。皇帝还派人绑了他双手，把他逮捕了。逮捕他的那一天是1720年2月8日下午，人们还沉浸在春节的喜庆氛围中。

▲ 因不肯签字而被逮捕的德里格

留中国，先领票

"礼仪之争"期间，西洋人想合法留在中国，必须申领传教信票。信票的发布始于教廷特使多罗来华期间。1706年冬，康熙召在京西洋人齐聚内殿，告知凡不回国的西洋人，须由内务府发给信票。信票用满汉文字注明国籍、名字、年龄、所属教会、来中国多少年等信息，以千字文编号，是西洋人在中国合法居留的身份证明。然而，雍正皇帝登基后，严厉禁教，传教信票被奏请销毁，仅存在并使用约17年。

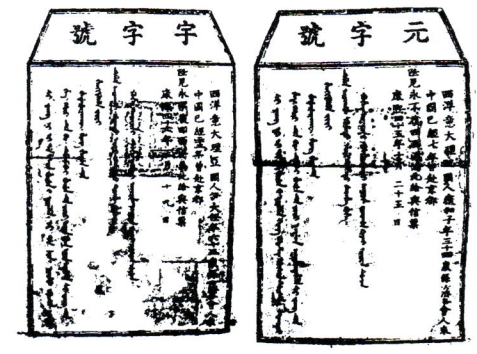

▲ 康熙年间向在华传教士颁发的信票

迟来的消息

康熙皇帝要求西洋人申领传教信票和颁布红票的十年间，先后派过两批人前往欧洲与教皇沟通。第一批于1706年出发，但不幸遭遇海难。1708年，康熙皇帝再次派意大利人艾若瑟、西班牙人陆若瑟携皇帝诏书前往，但直到1716年颁布红票时，也未收到任何来自欧洲的回复。康熙皇帝苦等十年，认为差去之人不回，其他来华西洋人所说的各种消息都不可信，这才颁布红票。事实上，艾若瑟于1709年就到了罗马，但滞留欧洲十年才于1719年得以启程经葡萄牙返华。但他不幸于1720年在行至好望角时病故，其尸体由与之同行的中国人樊守义运回并葬于广州。之后，樊守义受到了康熙皇帝的召见，将罗马教廷禁止中国礼仪的真实情况报告给了康熙皇帝。此时距离派艾若瑟出使欧洲，已经过去了12年。虽然是迟来的消息，但总归是"差去之人"带回的可信消息。如今，艾若瑟墓碑藏于广州博物馆。

▲ 意大利人艾若瑟的墓碑拓本（广州博物馆藏）

推荐阅读：果美侠，《康熙"红票"考——兼谈"传教信票"及康熙对传教士的集体召见》，刊发于《故宫博物院院刊》2018年第1期。

▲ 红票上的西洋人签名

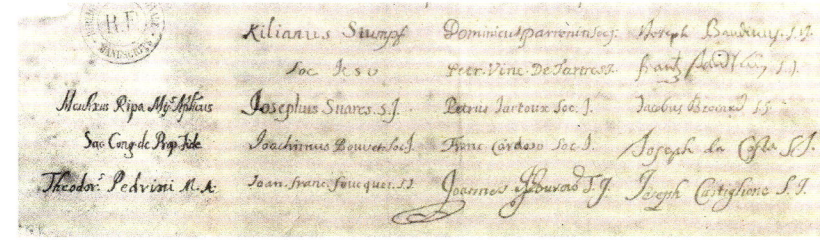

	Kilianus Stumpf	Dominicus Parrenin Soc.J.	Joseph Baudino S.J.
	纪理安 Soc.J.	巴多明 耶稣会 Petr. Vinc. De Tartre S.J.	鲍仲义 耶稣会 Frantz Stadlin S.J.
	耶稣会	汤尚贤 耶稣会	林济各 耶稣会
Mouhxus Ripa	Josephus Suares S.J.	Petrus Jartoux Soc.J.	Jacobus Brocard S.J.
马国贤	苏霖 耶稣会	杜德美 耶稣会	陆伯嘉 耶稣会
Sac. Cong. de Prop. Fide	Joachimus Bouvet Soc.J.	Franc. Cardoso Soc.J.	Joseph da Costa S.J.
传信部	白晋 耶稣会	麦大成 耶稣会	罗怀忠 耶稣会
Theodor. Pedrini	Jean. Franc. Foucquet S.J.	Joannes Mourao S.J.	Joseph Castiglione S.J.
德里格	傅圣泽 耶稣会	穆敬远 耶稣会	郎世宁 耶稣会

▲ 红票签名辨识结果

清宫与大象

故宫钟表馆，展览着一件清宫钟表的顶级收藏品——铜镀金象拉战车乐钟。该钟表产自英国，是康乾两朝中西交往的重要见证。这件钟表的主角是战车和大象，以此为题，我们聊一聊清宫与大象有关的事儿。

灵动的拉车象

铜镀金象拉战车乐钟由一头大象牵引战车，展现将士出征的场景。11名将士身着铠甲，手执武器，或位于大象之上，或立于战车之上，姿态各异，生动形象。这件钟表有发条6盘，用以控制战车的活动和钟表的走时、报时。战车前的铜筒上有鼓、号及兵器，筒内发条带动下方车轮运动；铜筒后面的方箱内有发条，可控制方箱上指挥官的动作；车后部是控制奏乐和后部车轮转动的乐厢。巧妙的是，大象肚子里也装有发条，能使大象的眼睛转动，鼻子、尾巴摆动，让这头金属质地的拉车象显得无比灵动。仔细观察，会发现这头象并不会走路。它的肚子下有一只轮子，象的四足并未着地，它要凭借轮子"行走"。光绪年间，这件钟表曾被放在养心殿东暖阁，大象"拉"着战车在宽敞的地面上缓缓划出优美的弧线轨迹。

▼ 18世纪英国·铜镀金象拉战车乐钟

匍匐的守门象

铜镀金象拉战车乐钟为英国制造,而御花园钦安殿后的一对铜镀金大象,却是地道的"中国制造"。故宫内的大门左右,多放置门前守门兽,比如太和门、乾清门前的狮子,天一门前的獬豸,慈宁门前的麒麟等。这对大象不在门前而在门后,所处之门,是从北往南经顺贞门进入御花园的承光门。大象最特别之处,是它的姿势不同于其他守门兽的蹲伏状,它们前腿趴伏,后腿跪倒,是"妥妥的跪拜姿势"。在中国文化中,这被称为"匍匐跪象",寓意"富贵吉祥"。

▲ 御花园承光门旁铜镀金大象

▲ 乾清门前铜狮

▲ 御花园天一门前獬豸

▲ 慈宁门前麒麟

▲ 清·《皇朝礼器图册》中的宝象与导象

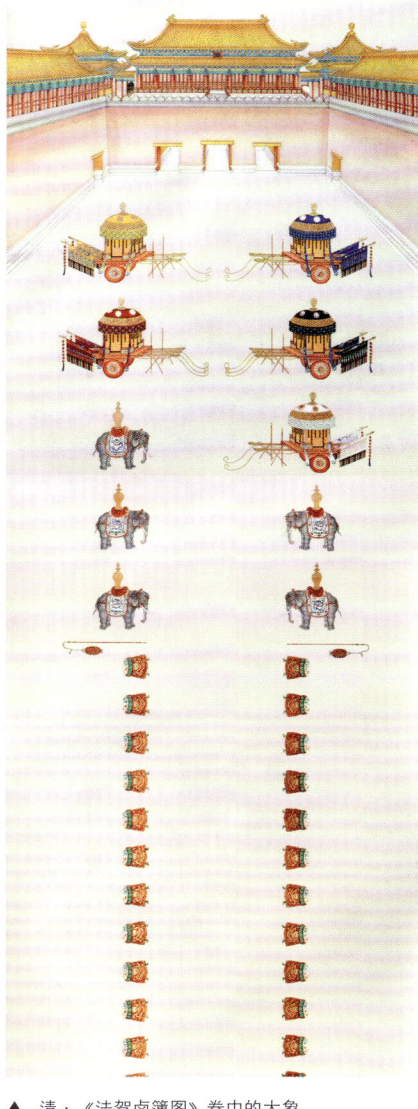

▲ 清·《法驾卤簿图》卷中的大象

华丽的仪仗象

宫廷里并不仅仅有以"象"为题材的器物。明清时期,皇宫饲养和使用大象不是新鲜事儿。利玛窦就曾描述,在北京饲养着很多大象,为的是给朝廷仪仗增添壮观。乾隆年间厘定的仪仗制度中,有作为仪仗的五头"宝象"和四头"导象"。二者从装饰上很容易辨别,宝象配饰华丽,背驮宝瓶,导象则比较朴素,只在背上放置有可随时取下的屉垫。清初在宫中服务的葡萄牙人安文思还记载,顺治年间与康熙初年的仪仗中有四头大象,每两头象拉一辆车,被称为"驾辇象"。

195

▲ 清·《万寿图》卷（局部）

驯养的娱乐象

　　除了仪仗，清宫大象也用于娱乐场合。1720年，俄国公使伊斯梅洛夫来华，康熙皇帝给予了热情接待，还邀请在京西洋人与其一起"联欢"。联欢的重要内容之一就是观看大象表演。驯养大象的象房在宣武门附近，宫内銮仪卫负责相应事宜。据说当时有大象33头，会表演各种各样的技艺。公使观看表演时，这些大象用它们的鼻子吹喇叭，还会跪下来博得观众喜欢，甚至可以随着驯养员的指令跳舞。

▲ 大象表演

各国的朝贡象

各国来朝,东南亚各国,如南掌、缅甸、安南、暹罗、廓尔喀等,往往贡象。另外,云贵总督也会购买大象贡给朝廷。故宫所藏各版本《万国来朝图》中,总能看到各种装饰华丽的贡象。乾隆五十七年(1792),清廷平定廓尔喀后,廓尔喀贡象5头,皇帝还下令赏给达赖喇嘛和班禅额尔德尼各一头。当时在宫中服务的意大利画师潘廷璋和法国画师贺清泰,用画笔真实生动地描绘出了廓尔喀所贡大象的面貌。

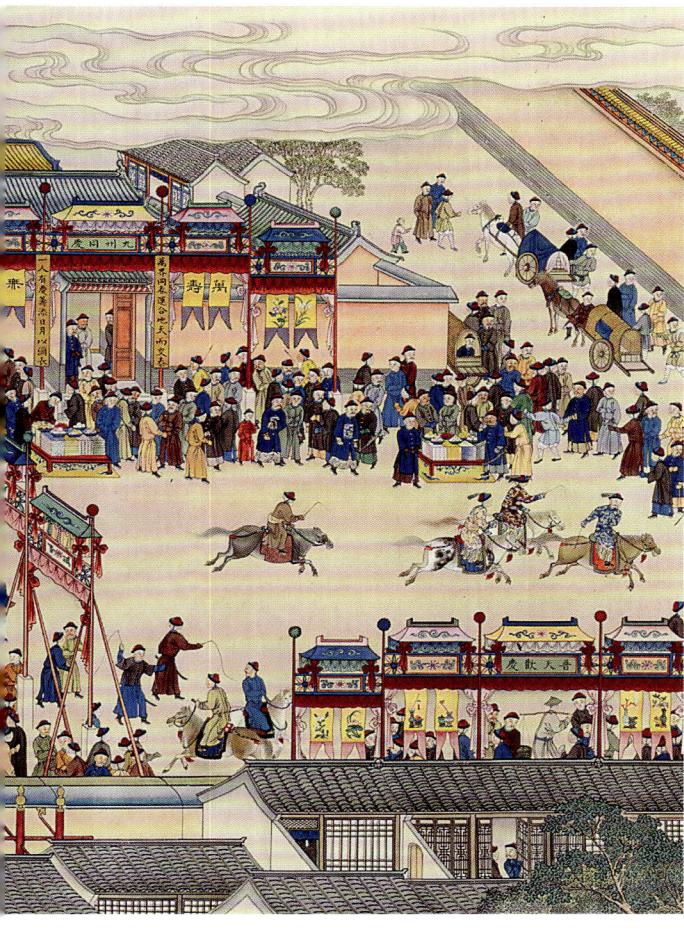

▲ 清·《万国来朝图》轴(绢本)(局部)

▲ 清·《万国来朝图》轴(局部)

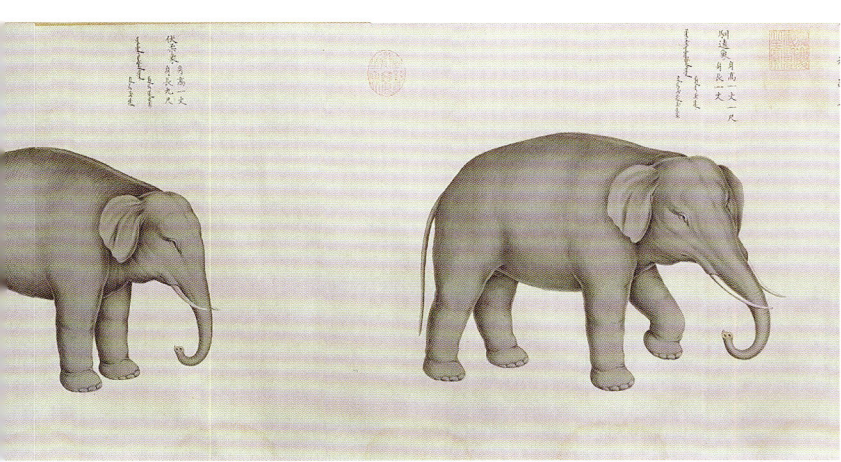

▲ 清·贺清泰、潘廷璋合作《贡象马图》卷(局部)

▲ 清·弘旿《廓尔喀进象马图》卷(局部)

推荐阅读:果美侠,《传教士笔下的清宫象事》,刊发于《文史知识》2018年第6期。

觐见礼的争论

1793年,英国以为乾隆皇帝祝寿为名,派出了著名的马戛尔尼访华使团。双方在礼仪上颇有争议,一方面是使团带来的"礼物"被认为是"贡品",另一方面,清廷要求英使行觐见礼仪而非平等的外交礼仪,这反映出中西方文化接触初期的礼仪冲突。

西洋人写汉字钟

据马戛尔尼描述,他在觐见乾隆皇帝时,采用了单膝下跪的姿势。故宫博物院收藏有一件呈现西洋人单膝下跪姿势的文物——铜镀金写字人钟。该钟表为四层楼阁式,最引人注目的是最底层的写字机械人:欧洲绅士模样,单膝跪姿,右手执毛笔,面前纸条上"八方向化,九土来王"八个汉字即由他写出。仔细观察,会发现他所跪之处,还特意放置了蒲团,细节刻画相当到位。乾隆皇帝对西洋人写汉字很感兴趣,还曾下令照它再做一件,并要求机械人能写满、汉、蒙、藏四种文字,可惜因为太过复杂并未制作成功。

使团的丰厚礼物

这件写字人钟虽是英国制造的钟表,却不是马戛尔尼使团送来的。不过,该使团所带"礼物"也非常丰厚,多达590余件。这些礼物被清廷认为是"贡品",包括一些大型钟表、天文仪器(如望远镜、天球仪等),还有一些新式武器,如连发枪、钢刀等。为了接收这批礼物,清廷甚至组建了一支负责调试这些钟表仪器的专业团队,主要由在宫中负责钟表制作的西洋人组成,法国人巴茂正就在其中。这些礼物经过整理,系上只有重要物品才用的白鹿皮标签,还配上专门的匣盒盛装,以便保存。不过,这些礼物的最终归宿并不限于宫廷,其中一些如面料、装饰材料等的物品会发给相关机构使用,还有一部分会用于赏赐臣工。

▲ 18世纪英国·铁镶西洋瓷黑绒带

▲ 18世纪英国·铁镶西洋瓷紫绸带

▲ 18世纪英国·铜镀金写字人钟

▲ 18世纪英国·木制六棱形天文望远镜

伦敦制作的自来火枪

目前，在故宫藏品中，明确标明为马戛尔尼使团所赠的礼物并不多。难得的是，在一件自来火枪上，系有一条白鹿皮签，签上用满、汉、蒙、藏四种文字写有"乾隆五十八年八月英吉利国王热沃尔日恭进自来火鸟枪一杆"，证明该枪是当年马戛尔尼使团赠送乾隆皇帝的。此枪枪管为铁质，枪托为木质髹漆，枪整体镶嵌金、银材质的花卉、铠甲、武器等图案。枪管正中镌刻有英文，表明该枪是东印度公司向伦敦"H.W. Mortiner"公司采购的。

单膝跪还是双膝跪

乾隆皇帝于1793年9月14日，在热河行宫（今承德避暑山庄）正式接见了马戛尔尼。接见之前，双方对礼仪的看法很不相同。马戛尔尼被清朝方面称为贡使，而乾隆皇帝看到其礼单时，对其中"遣钦差来朝"的表述已经很不满意，在关于如何行跪拜礼上，更不会退让。据和珅所说，马戛尔尼在觐见时行了三跪九叩大礼，但是英方则声称他们通过协商让清朝官员做出了让步，马戛尔尼仅行了单膝跪地礼，没有叩头。使团中一名会讲中文的男孩小斯当东向皇帝行了"得体的礼"后，还得到了皇帝的一只随身佩戴的黄色荷包。至于双方争议的跪拜姿势，双方说法不同，当时到底是单膝跪还是双膝跪，或许只能成为一宗迷案。

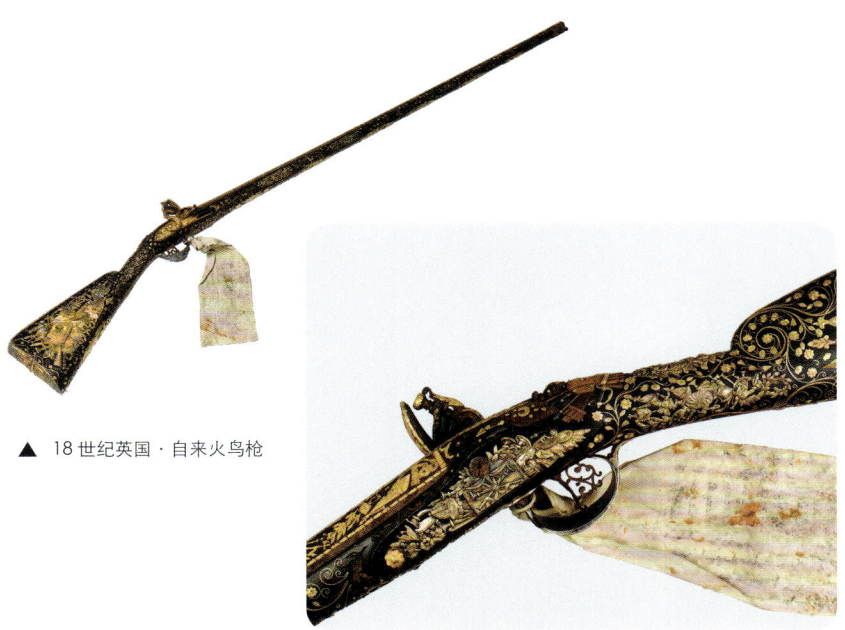

▲ 18世纪英国·自来火鸟枪

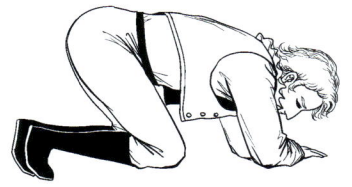

▲ 使团中小男孩的行礼

用脱帽礼换跪拜礼

英使来华时的觐见礼之争在清廷对外交往中并非特例。康熙末年，俄国公使伊斯梅洛夫来华时，就有过类似的情况。按照觐见礼仪，公使需行三跪九叩礼，国书要放在一张特定的桌案上，由中国官员转交给皇帝。但是公使认为自己代表沙皇，必须亲手递交国书。双方意见不统一。1720年12月9日，康熙皇帝特意把仪式场所由常规接见用的正殿，改为内殿。公使跪下，将沙皇国书双手递上，康熙皇帝特意让他保持这样的姿势片刻才接过国书。公使同意这种觐见礼，是意大利人马国贤"沟通"的结果。作为交换，中国官员答应将来派使节觐见沙皇时，也按俄国的礼节行脱帽礼。其实，脱帽礼很不符合中国传统。在中国，除了有罪的犯人脱帽露出头外，没人会这样做。

▲ 清·《康熙万寿图卷》中描绘的畅春园宫门

康熙的胡子与乾隆的眉毛

在"官员"都身着官服、头戴官帽的清代宫廷，西洋人与中国人最突出的相貌差异是胡子不同，即西洋人留络腮胡，而中国人留山羊胡。

络腮胡的"优待"

西洋人普遍留络腮胡，这也是在宫廷服务的西洋人的典型特征。马戛尔尼使团来华时，那些同样身着中国官服的西洋人，会因为其"络腮胡子"而格外引人注目。利玛窦易佛为儒后，与中国官员交往时，也是大家比较熟悉的大胡子形象。西洋人因其标志性的大胡子，偶尔也会获得一定的"优待"。如在清代，皇家人员因避暑或狩猎出入紫禁城时，往往会"清街"，要求沿途百姓关门闭户，不得在街道上活动。偶有不小心违规的，会受到巡逻人员的鞭打。然而，西洋人遇上这种情况，会因为巡逻人员远远地就能通过大胡子知道他们的西洋人身份而避免挨打。

▲ 清·《万国来朝图》轴（绢本）（局部）

乾隆皇帝的眉毛

皇帝的肖像画，似乎并不如其他绘画作品那样吸引人，但是和历史记录结合的话，也会让人想要一探究竟。意大利人潘廷璋刚到皇宫，就接到了为乾隆皇帝画像的任务。这时的乾隆皇帝已经64岁，他要求潘廷璋不要讨好他，要真实地画出他的面貌，包括皱纹。他还特意让潘廷璋走近些，仔细看他样貌上的一处"缺陷"，即左眉处一块2毫米多宽的空白。皇帝的左眉是断开的，本应长在那里的眉毛长到了上方的眉骨处，但又正好掩盖了空白处，使它很难被注意到。皇帝叮嘱说，可以将此画出来，让不知情的人看不出来，而知情的人一眼就能看出来。

▲ 清·聂云龙《康熙大帝肖像》（意大利乌菲兹美术馆藏）

▲ 清·《康熙朝服像》轴

▲ 清·《乾隆皇帝朝服像》轴

对山羊胡的珍视

中国人自古有"身体发肤，受之父母"的观念，因此对胡须也格外珍视，不敢有丝毫毁伤。官员如此，皇帝也不例外。曾参与中俄《尼布楚条约》谈判的葡萄牙人徐日升，曾在一名要好的中国官员脸上发现一根白色胡须，便好心帮他拔了下来。这名官员却极其懊恼，小心翼翼地将被拔下来的胡须包进纸包带回家。康熙皇帝唇上方曾长一疖子，法国外科医生罗德先为其手术切除。但为了敷药方便，需要剪掉周围的胡子。皇帝十分在意，照着镜子看了好久，才让一位伶俐的太监来剪。剪完后皇帝再次照镜子，却面露不满，斥责这位太监明明剪三根就可以了，他却剪了四根。

雍正皇帝的痣

清初西洋画师进入宫廷，使我们有机会欣赏到十分逼真写实的皇帝肖像。其中《雍正半身西服像》屏，皇帝头戴西洋卷曲假发，身着墨绿色外套，其上绣有传统的云纹与团龙纹，内里为浅绿色。左侧衣领上，一颗金色纽扣十分引人。衬衣花纹很"洋气"，宝蓝色扣子搭配浅蓝色领巾，透露出主人的英武气息。不过，最体现人物形象刻画得逼真之处，是雍正皇帝下巴上的那颗"痣"。或许受到西洋绘画写实风格的影响，雍正皇帝的传统肖像画《胤禛朝服像》轴中，画师同样细致地描绘出了这颗"痣"。

分不清的大胡子

西洋人因为普遍长着大胡子，在外貌上往往给人以相似之感。1715年11月，郎世宁和同伴罗怀忠到达北京，早来五年的意大利人马国贤作为翻译陪同他们觐见皇帝。在等待的间隙，一位太监对着新来的郎世宁说话，却得不到回应。马国贤意识到太监认错了人，把郎世宁当成了自己，赶紧解释郎世宁还听不懂中文。太监有点儿尴尬，说他们"长得太像"了，总是分不清。

▲ 清·《雍正半身西服像》屏

▲ 清·《胤禛朝服像》轴

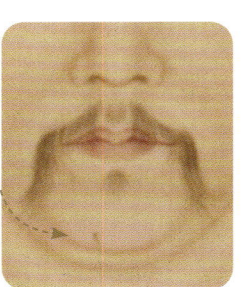

洋画师画皇帝

故宫的绘画收藏品中，皇帝肖像是一个较为特殊的类别。这其中既有中国传统的皇帝肖像画，也有西洋画师参与绘制的肖像画。

难画的正面像

康乾年间，宫中一直有专门服务的西洋画师，他们参与绘制的作品中，有一类就是皇帝肖像。与欧洲多画略微侧面的肖像不同，中国人更喜欢纯粹正面的肖像，这一审美偏好为西洋画师带来了很大挑战。因为正面肖像要求脸部两侧，除光线所造成的阴影不同外，在形态上必须呈现高度对称，并且要让画中人物始终直视观者。

▲ 清·《胤禛半身像》轴

▲ 清·《胤禛行乐图》册之"与兔共憩"页（局部）

▲ 潘廷璋为皇帝的侍从画像

画皇帝，先画侍从

一般来讲，新入宫的西洋画师，皇帝往往要通过画人物来测试其绘画水平，也就是以人物画得像不像来判定其水平高低。意大利画师潘廷璋初入宫廷，乾隆皇帝就派去一位年轻侍从，要求潘廷璋为其画像，在仅仅画了铅笔稿后，皇帝就命人将其取走观看。通过画稿，皇帝一下子就认出了这个人，很是满意。草稿送回后，画家进行完善并着色后，再将画作拿给皇帝看。通过这样的过程，皇帝对画家的技能有所了解，甚至还会与画家讨论有关中西绘画的阴影运用问题。

▲ 潘廷璋为皇帝画像

皇帝做模特

给皇帝画肖像，模特自然是皇帝本人。但是皇帝很忙，有时会要求画师根据以前的画像来画。潘廷璋在为乾隆皇帝画像时提出，为了使画像更真实，希望按照皇帝本人来画。皇帝觉得有道理，欣然同意了。不过，他很关心大约需要多长时间。在得知画初样需要两三个小时后，皇帝又关心这期间是否可以读书写字。画师潘廷璋答道，只要皇帝想，随时都可以，只要能看清楚皇帝的脸就行。皇帝也颇风趣，笑称若需要改变姿势，画师可别忘了告诉他。

中国工匠画龙袍

尽管穿上龙袍的太监尽职尽责地做好皇帝的替身,但是西洋画师潘廷璋画出的龙袍却并不能让皇帝满意。作为一位新来的西洋画师,他虽然绘画技法娴熟,但是对龙袍绘画的细节要求并不了解。比如龙的特定部位,必须画出规定数量的龙鳞,甚至龙袍上的衣褶,也有特殊要求。于是,皇帝便要求龙袍部分由中国画家事先画好,潘廷璋只需在其基础上照着描线和上色。作为画家,虽然总是难以割舍自己的创作构思,但潘廷璋不得不和以前的郎世宁一样,接受宫廷里的这些规矩。

▲ 龙袍绘制很严格

皇帝的替身

皇帝政务繁忙,不可能总有时间做模特,于是就会寻找替身。比如乾隆皇帝曾让潘廷璋为其画一幅肖像,这幅画中的他要和他真人一样大,画中皇帝身着龙袍坐在桌前,手里拿着一支笔。由于要画花纹繁复的龙袍,皇帝便找来一位身材与他相仿的太监,穿上龙袍,替他做模特。据当时在场的西洋人描述,画画的两个小时中,这位太监像雕像一般,一点儿也不敢改变画师让他摆好的姿势。

▲ 清·《乾隆皇帝写字像》

▲ 太监做模特

推荐阅读:果美侠,《论17-18世纪天主教对清宫西洋画家的选派》,刊发于《故宫博物院院刊》2016年第3期。

从插屏画到卷轴画

在故宫文华殿"紫禁城与凡尔赛宫——17、18世纪的中法交往"展中,与法国三位国王画像相呼应,展出了康熙、雍正、乾隆三位皇帝的画像。其中雍正皇帝画像为洋装像,乾隆皇帝画像则选了由西洋画师参与绘制的汉服像,以此来反映17—18世纪中西方之间的文化交流与文明互鉴。

处处龙纹的古装像

不同于朝服像,乾隆皇帝的这幅汉服像采用了西方肖像画中比较常见的微侧脸构图。尽管这幅画未署画家名款,但根据技法分析可知,皇帝脸像为宫廷西洋画师所绘,人物服饰及周围环境为宫廷画师金廷标所绘。画面为书房一角,乾隆皇帝正一手捻胡须,一手执毛笔,作落笔之前的思考状。细看画面,无论是皇帝的外披、椅披,还是桌案上的砚、花觚以及墙上壁纸,皆采用龙纹装饰,突显出主人的尊贵身份。该画为卷轴形式,高100.2厘米,宽95.7厘米,接近正方形。

相似尺幅的"弘历妃像"

故宫还收藏有一幅《乾隆帝妃古装像》轴,高101厘米,宽97.2厘米,与《乾隆帝写字像》轴的尺幅几乎一致。画中人物正在窗前对镜梳妆,屋外荷花开得正盛。画中人物穿汉服,头戴金累丝龙凤半环状首饰,花朵、蝴蝶穿插其间,镶嵌东珠,局部使用点翠工艺,耳饰与簪花步摇格外精致,珍珠粒粒可数,有跃出画面的感觉。从首饰的级别可知,画中人物并非妃子,而是乾隆皇帝的孝贤皇后。

▲ 清·《乾隆帝写字像》轴

▲ 清·《乾隆帝妃古装像》轴

两画原为一组

这两幅画像尺幅相近，同为卷轴画，并且共用相同的文物号，说明这两件藏品原本有关联。孝贤皇后于乾隆十三年（1748）去世。根据档案，乾隆十一年至十二年（1746—1747），皇帝曾多次命西洋画师郎世宁与宫廷画师共同绘画。这两幅画像应为这期间的作品。"弘历妃像"最早刊发于1935年的《故宫周刊》，而两幅画像一起刊发是在1965年以后。在1996年聂崇正先生主编的《故宫博物院藏文物珍品全集》中，二者对开呈现，并有文字明确指出它们是一组图像。但此后各种展览和图录，均忽略了其成套特性，都是单独展示和宣介。寻根溯源，工作人员发现这两幅画原本并非卷轴画，而是一座插屏中的插屏画。

插屏画南迁

1931年九一八事变后，故宫文物开始装箱南迁。插屏在装箱时，因体量过大，被分装为三箱。1934年，文物运抵上海，插屏心为文献馆文物的第2428箱，文物信息中有"正面乾隆像，背面女像，均系绢地，有霉伤"等记载。另外，上海点收文物的第2430箱中，为乾隆插屏座，并标明此件插屏原藏景山寿皇殿，原收藏地很可能是圆明园九州清晏的怡情书史。后来，此件插屏又随南迁文物一起转运重庆、宜宾、乐山等地，直至1950年1月26日才随首批北返文物重新回到故宫。

▲ 文物南迁时文物集中于库房准备装箱的情形

插屏画成为贴落画

"弘历像""弘历妃像"回宫时仍是插屏形式，最初被从插屏上揭下的时间已不可考。目前所知至迟在1964年，两幅画像已被从插屏上揭下，以贴落画形式保存。在文物库房有限、密封条件不佳、插屏体量过大的情况下，将绘画作品揭下，无疑是当时采取的最佳保管方法。档案显示，1964年为配合筹办"红楼梦"出国展览，"弘历妃像"需要修复，修复记录显示"原件贴落式"，经重新托裱更换了四周锦边。不同时期拍摄的图像显示，大约在1995年后，两幅画才成为现在的卷轴形式。

▲ 插屏画效果

▲ 贴落画效果

▲ 卷轴画效果

推荐阅读：林姝，《双面插屏:<弘历及妃古装像>新见——兼论弘历妃即孝贤皇后》，刊发于《故宫博物院院刊》，2024年第4期。

西洋画师笔下的中国人肖像

西洋画师供职宫廷,参与的绘画工作多种多样,比如绘制仪器与火炮设计图、舆地测绘图、花鸟动物图、建筑景观图等。此外还有一类就是绘制各种人物肖像,尤其是皇帝像或大臣像。

乌菲兹美术馆的康熙皇帝像

在意大利乌菲兹美术馆的艺术长廊中,有一幅中国康熙皇帝的油画肖像。该画由首位供职宫廷的意大利专职画家聂云龙所绘。他由法国传教士白晋带入清宫。据文献记载,他在宫中所画肖像画颇有盛名,经常有人专门求取。他也因出色的绘画才华,得到皇帝信任。皇帝每次出巡都有他随行。他在宫中有专门的画室,向中国人传授油画技法。故宫博物院收藏的《玄烨半身像》和《康熙帝读书像》,与这幅画很有渊源,都是以西方油画技法绘制的康熙皇帝肖像,非常写实,效果逼真。

▲ 塞弗尔瓷厂制造的乾隆白瓷雕像

凡尔赛宫里的乾隆皇帝瓷板画

凡尔赛宫收藏有一幅乾隆皇帝半身像瓷板画,画中皇帝身穿皮毛外套,头戴皮毛帽子,帽顶有一颗硕大的珍珠。肖像四周为一圈金带,有花卉图案,底部为一只奇异的鸟。该肖像由塞弗尔瓷厂的法国画师,根据在中国的意大利宫廷画师潘廷璋的水彩画画成。水彩画为路易十六的大臣贝尔坦所有,原作已不知所终。画中的乾隆皇帝像,曾被制作成铜版画,刊于1776年贝尔坦支持出版的《中国杂纂》第一卷的扉页。以这一形象为范本,还烧制了乾隆皇帝白瓷雕像,并于1776年销售给过王后和路易十六的姑姑。白瓷雕像目前在巴黎装饰艺术博物馆收藏有一件。瓷板画与白瓷雕像都曾被贝尔坦以法国国王的名义寄给乾隆皇帝作为礼物。

▲ 清·《康熙大帝肖像》(现收藏于意大利乌菲兹美术馆)

▲ 清·《玄烨半身像》屏

▲ 清·《康熙帝读书像》轴

▲ 乾隆皇帝半身像瓷板画

紫禁城里的《乾隆皇帝大阅图》

故宫里的《乾隆皇帝大阅图》,尺幅很大,高约3.3米,宽约2.3米,为绢本设色,虽无款印,但根据绘画风格可判定其为郎世宁作品。乾隆年间,每3年举行一次大阅仪式,以壮军威并鼓舞士气。1739年,时年29岁的皇帝弘历亲临南苑,检阅八旗队列及各种冷兵器、火器的操练,他一身戎装,精神焕发。创作此作品时,郎世宁51岁,在宫廷服务已24年。他虽是西洋画家,却用中国传统绘画工具和材料达到了西方细笔油画的艺术效果。图中远景云彩和近景植物采用西式绘画技法,远山的刻画则与清宫写实山水风格相近,说明郎世宁在绘制此图时,已在中西绘画技法融合方面做出了探索与实践。

德国柏林民族学博物馆的达瓦齐像

在德国柏林民族学博物馆,收藏有一幅清朝王爷油画像,其绘制者是曾经服务于宫廷的法国画师王致诚。他1738年来华,在宫中服务30年,于1768年去世。画中这位王爷是达瓦齐,原为准噶尔部首领,在乾隆二十年(1755)朝廷西征准噶尔部的战役中被俘后,以俘虏身份被押解至午门。乾隆皇帝亲临午门受俘,将其赦免,赐为亲王,并在西四北宝禅寺街为其赐宅。画中的达瓦齐身着团龙朝褂,与其所赐亲王身份相符。另据文献记载,达瓦齐人胖脸大,皇帝任命其为御前侍卫,其实是个闲差。达瓦齐并不适应北京的生活,在府中无所事事,每天以驱赶鹅鸭入池嬉水为乐。将文献记载与画像对照,可为画像平添别样的生动。

▲ 清·《达瓦齐像》

两位果亲王肖像

电视剧《甄嬛传》,让清朝王爷果亲王允礼为大众所熟知。允礼为雍正之弟,有郎世宁于1735年所绘画像传世。画中果亲王骑灰白斑的白色马匹,头戴毛帽,身着蓝色毛边短褂,背背箭囊,内装箭9支,英气十足。不幸的是,三年后允礼去世,年仅42岁。因其膝下无子,乾隆皇帝将自己的弟弟弘曕过继给果亲王为子并承袭爵位。故宫所藏另一幅果亲王像,即弘曕画像,画中果亲王年轻英武,25岁左右,题记记于1757年,追述其五年前跟随皇帝赴木兰围场,获赐雕鞍翠镫及黄毛菊花斑骏马的情形。

▲ 清·郎世宁《乾隆皇帝大阅图》轴

▲ 清·郎世宁《果亲王允礼像》轴　　▲ 清·郎世宁《果亲王行服像》轴

推荐阅读:果美侠,《论17-18世纪天主教会对清宫西洋画家的选派》,刊发于《故宫博物院院刊》2016年第3期。

铜版画入宫廷

故宫博物院的绘画收藏品中，除中国画和西洋油画外，还有一类为铜版画。如《圆明园铜版画》册，另如《乾隆内府舆图》等，都是著名的铜版画作品。

西洋人引进的铜版画

铜版画起源于十五世纪的欧洲，是在铜版上用腐蚀液，或直接用针、刀刻制而成的一种凹版印制的版画。法国为当时欧洲铜版画的中心，著名雕版师往往云集巴黎。铜版的制作方法一般是在版面上涂上一层防腐蚀材料，如黄蜡、松香、沥青等，形成一层防腐蚀膜，再用针或刀在版面上作画，画好后将铜版放在腐蚀液中腐蚀。此时，被刻去防腐蚀膜的地方会形成腐蚀凹线，腐蚀时间越长，线条越深。最后，除去所有防腐蚀膜，铜版即制作完成。印刷时，先用油墨涂布版面，使所有凹线都填满油墨，然后，擦去表面多余油墨，使用特制的铜版画纸经过压印，就形成了铜版画。

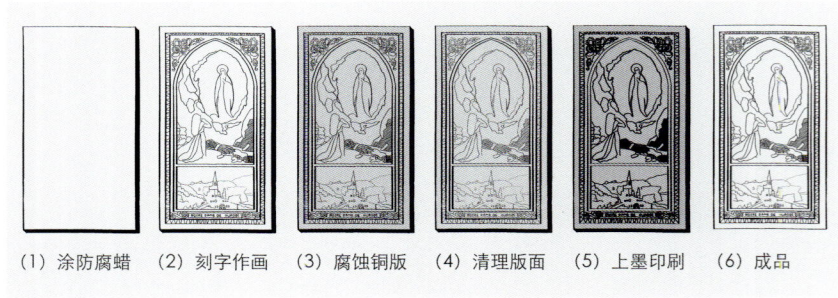
(1) 涂防腐蜡 (2) 刻字作画 (3) 腐蚀铜版 (4) 清理版面 (5) 上墨印刷 (6) 成品

▲ 铜版画制作过程

▲ 清·《平定伊犁回部战图》之"格登鄂拉斫营"（设色画）

四位洋画家共绘战图

乾隆二十年（1755）、二十三年（1758）和二十四年（1759），清政府先后平定厄鲁特蒙古准噶尔部叛乱和回部大小和卓叛乱，取得了最终胜利。为此，乾隆皇帝命人创作《平定伊犁回部战图》系列画作，用以记录平叛中作战、凯旋与庆功等场景。战图共16幅，由四位西洋宫廷画师合作完成。其中郎世宁创作2幅，王致诚创作3幅，艾启蒙创作1幅，安德义创作6幅，另有4幅未署名，不能确定为四人中哪位创作。郎世宁曾于1765年的书信中提到，他将4幅战图寄到巴黎并叮嘱名师雕刻铜版。其铜版画于1774年刻版完成后，印制了100份寄回中国，法国王室留存若干。铜版寄回中国后，在宫中服务的法国人蒋友仁又在北京重印过200份。遗憾的是，原铜版已经流失海外，现藏于德国柏林民族学博物馆。

▲ 清乾隆·《平定伊犁回部战图》之"格登鄂拉斫营"（铜版画）

马国贤研制铜版画

据说利玛窦于1602年来京时,就曾携带有铜版画,因此宫廷对铜版画有一些认知。清康熙年间,以西洋人杜德美领衔的舆地测绘成果斐然。康熙皇帝一直想将测绘成果以地图形式呈现出来。于是,当时服务宫中的意大利人马国贤,因为懂得一点儿光学原理,而且知道一点儿在铜版上用硝酸腐蚀刻版技术的原理,欣然接受了这份在皇宫中研制铜版画的工作。他所采用的大致方法是,在铜版上涂上灯烟炭黑,然后将地形图绘制在上面,用点阵法刻出图案后浸入硝酸腐蚀成图。据说皇帝是第一次看到在铜版上雕刻画,并对这样制作而出的地图相当满意,甚至很惊讶于它是如此接近于原图。

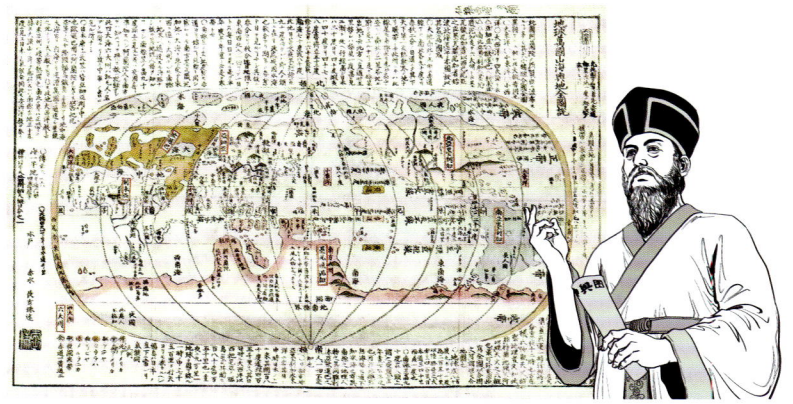

▲ 西洋传教士制作舆图

圆明园西洋景

圆明园为汇集东西方建筑艺术精华的璀璨之作,被誉为"万园之园"。尤其西洋楼景区,由通晓西方建筑艺术的意大利传教士郎世宁、法国传教士蒋友仁和王致诚等共同设计并指导中国工匠建造完成。史载蒋友仁本为天文学家,此时易为"喷水匠",在圆明园大水法建造中功不可没。可惜的是,这座园林于1860年英法联军攻入之后被大火焚毁,西洋楼景区仅余断壁残垣昭示着曾经的悲怆。不过,幸有故宫博物院留存的印制精美的圆明园铜版画,能够让我们一览圆明园西洋楼景的风采。这套铜版画由旗人宫廷画师伊兰泰奉旨为西洋楼建筑所绘,由中国工匠雕版,制作完成于乾隆五十一年(1786),绘制方法是习自西洋传教士的焦点透视法,为清代宫廷建筑绘画采用西方技法的代表作。这套铜版画共20幅,印制200套,分别存放于圆明园西洋楼、避暑山庄、盘山行宫以及内务府造办处等地。

▲ 清乾隆·《圆明园铜版画》册(部分)

高瞻远瞩政清明

清初宫廷与西方的交往,除绘画、音乐等艺术层面以外,科学往来也很频繁。故宫博物院收藏的多种天文仪器、测绘工具等,充分体现出17—18世纪中西方在科学技术领域交往的盛况。其中,望远镜不仅被皇帝赞叹神奇功效,还常与为政要"高瞻远瞩"相关联,引申出更深的政治哲学。

各式各样的望远镜

故宫博物院收藏有清宫望远镜150余架,为所藏科学仪器中的重要门类。这些望远镜材质各异,有铜镀金、银烧蓝、彩漆描金等尽显奢华的,也有由硬木甚至纸筒制成的,外观相对朴素的。在功能上,既有普通望远镜,也有天文望远镜。更有创意的是,有的望远镜与钟表结合,成为望远镜式表。下图这件铜镀金嵌珐琅望远镜,由可抽拉的四节构成,物镜前有盖,盖上装饰花卉纹,镜筒上有华丽的花卉鸟羽纹,并嵌有蓝色珐琅装饰的花草蝴蝶纹,透出宫廷特有的奢华。另一件铜镀金条纹望远镜的目镜管上镌刻有英文:GILBERT 和 LONDON,表明该件藏品为工匠吉尔伯特制作于伦敦。还有一件铜制望远镜的镜筒上,包裹了一层织绣,上面描绘了精美的植物图案,那是18世纪欧洲洛可可艺术的体现。

▲ 18世纪欧洲·银嵌珐琅二节望远镜

▲ 18世纪英国·铜镀金饰玛瑙望远镜式表

▲ 18世纪·铜镀金嵌珐琅望远镜

▲ 清·铜镀金条纹望远镜

▲ 清·铜贴绣望远镜

从西洋进献到宫廷造办

最初的望远镜是随着西洋人与宫廷的接触而进入皇宫的。汤若望为保护历局的天文仪器获准留在北京后,就向摄政王多尔衮进献过望远镜。1686年,荷兰使团向康熙皇帝进贡方物,其中就包括"照星月水镜"和"照江河水镜",分别为天文望远镜和航海望远镜。1793年,英使马戛尔尼送的礼物中也有望远镜,被称为"千里眼"。除了外国人进献,各地官员也会搜罗各种望远镜,进贡给皇帝。随着中国人对望远镜的了解,中国制造成为必然。早在南怀仁服务宫廷时,他就注意到中国人可以自己制造望远镜、自鸣钟等欧洲商品,而且为了卖个好价钱,还在商品上贴上虚假的欧洲商标。此外,葡萄牙人苏霖为望远镜专家,在他的指导下,内务府造办处也制造了望远镜。

▲ 清·《多尔衮像》

测天、观景、究原理

通过各种途径进入宫廷的望远镜,除用作赏赐以外,有不少是皇帝亲自使用的。康熙皇帝对科学有极浓的兴趣,常借助望远镜来观测日食、月食。1677年,康熙皇帝用南怀仁进献的望远镜在乾清宫进行观测,胤禛和诸兄弟皆陪同。雍正皇帝将望远镜作为观景工具,在圆明园重要景观的对面,都放置望远镜,以便欣赏美景。乾隆皇帝不仅喜欢望远镜,还常与西洋人讨论其原理。1773年,新来的西洋钟表师李俊贤和画师潘廷璋带给乾隆皇帝的礼物中,就有"一架新发明的漂亮的望远镜"。法国人蒋友仁演示其使用方法后,一位太监试着观测,发现最远处的宫殿变得既近又清楚,惊诧不已。乾隆皇帝看过,也觉得这架望远镜比之前的更好、更清楚。但是,他也能指出这架反射式望远镜的一些问题,从而在与西洋人的探讨中,获得西方有关望远镜的最新信息。

▲ 皇帝与西洋人讨论

不重西来巧,清明在本躬

皇帝将望远镜当作科学仪器用作观景、观天象的同时,也时刻不忘一国之君治国理政与教化民心的职责。康熙皇帝在《戏题千里眼》中写道:"虽依双镜力,独用一瞳功。不重西来巧,清明在本躬。"前一句描述事实,即物镜和目镜虽为双镜,但观测时只需一目,生动形象。后一句则借物明理,强调西学虽巧,不可过分看重,真正做到政治清明,还要靠自己。治国堪与康熙皇帝相比的乾隆皇帝,对望远镜也有自己的见解:"巧制传西海,佳名赐上京。欲穷千里胜,先办寸心平……商书精论政,日视远惟明。"他强调来自西洋的器物,进贡入京后享有盛誉;观测千里以外的事物,首先要心气平和持镜端正。依古书所讲,必须看得远看得清,政事才能办得精明。这既是对望远镜使用的感悟,也是对治国理政道理的深刻阐述。

▲ 皇帝书写

清宫玻璃器与皇家玻璃厂

1735 年,法国耶稣会士杜赫德根据在中国服务的耶稣会士有关"中国知识"的描述,汇集出版了《中华帝国全志》。伏尔泰称这部作品为"世界范围内对中华帝国最丰富、最精彩的描述"。这部著作中提及中国的玻璃生产迟滞落后,作者给出的分析是:因为中国的瓷器太好了。

瓷器与玻璃器

十七、十八世纪,中国人对欧洲玻璃的好奇,不亚于欧洲人对中国瓷器的好奇。不过,不像欧洲人漂洋过海来寻求中国瓷器那样,中国人对玻璃器的期待,似乎并不强烈。杜赫德认为,这是因为中国瓷器更有妙用:瓷器可以盛滚烫的液体,手捧一杯热茶,并不会太烫手,饮茶的国度自然也就对盛行于罗马的玻璃酒具不感兴趣了;瓷器的光泽莹润不输玻璃,虽然透明度逊色,但玻璃易碎,坚固度不如瓷器;中国有相当不错的油纸,似乎没有制造玻璃窗的需求压力。杜赫德的分析也不尽然,因为适合用在窗户上的平板玻璃,长途运输易碎、成本高,商人为了追求利润,往往不会把其当作商品运往中国。

▲ 西洋人送上玻璃球与玻璃瓶

皇家玻璃厂

其实,中国早在公元前 6 世纪就已经生产玻璃,且是独立发明的,主要采用铸造方式生产祭器或首饰。公元 5 世纪中叶,中东的玻璃吹制技术传入中国,改变了玻璃制造的局面,但发展十分缓慢。西洋人向皇帝进献精美玻璃制品,使玻璃引起了清宫的注意。1689 年,康熙皇帝南巡,杭州的耶稣会士殷铎泽向他进献了一只彩绘玻璃球,而苏州的意大利传教士潘国良,则献给皇帝两只玻璃瓶。作为来自西洋的特殊礼物,康熙皇帝不仅喜欢,还萌生出建立皇家玻璃厂的想法,以便制作如欧洲产的一样精美的玻璃器皿。1696 年,德国人纪里安负责设计与监督筹建皇家玻璃厂,该厂于 1700 年正式建成,位于皇宫外的蚕池口,其东面即当时法国传教士的北堂。

▲ 瓷器与玻璃器

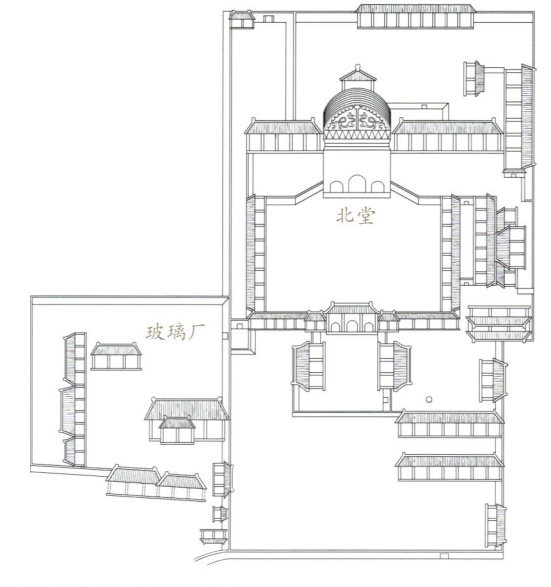

▲ 皇家玻璃厂位置示意图

最美玻璃器

　　康熙皇帝建造的皇家玻璃厂,主要用于制作漂亮的装饰品和礼品,其中包括技术难度很高的画珐琅器皿和金星玻璃制品。到乾隆年间,玻璃厂依然具备持续生产能力。现故宫博物院收藏的康乾时期玻璃器皿造型精美、色彩丰富、工艺精湛。康熙年间的白色透明玻璃水丞虽然朴素,却绝非一般技术可以完成。雍正款蓝色透明玻璃尊器形端庄,色彩十分柔和。乾隆年间的喇叭状开口绿色透明玻璃渣斗,以六边形装饰,透明度极佳;玻璃胎画珐琅花鸟小瓶,堪与画珐琅瓷器相媲美;而金星玻璃冰裂纹笔筒,则是对皇家玻璃厂生产技艺最好的诠释,如不加注意,很难让人们相信它是玻璃器。

玻璃厂里的"科学实践"

　　皇家玻璃厂不仅仅是一座制作玻璃器的"艺术工坊",更是一个集玻璃工艺、光学研究甚至化学实验于一体的"科学实践"场所。其设计建造者纪里安,是一位科学家,在宫中担任钦天监监正达10年之久。玻璃厂的制品,除了供欣赏的艺术品,还包括与天文仪器相关的玻璃镜片,比如纪里安就在皇家玻璃厂成功制作出望远镜的镜片。此外,玻璃制造本身也是化工实践,玻璃的雕刻、抛光、着色,玻璃熔炉的建造、温度的掌握,模具和车床的制造等,都是在皇帝支持下,由西洋人带领中国工匠开展的科学实践。

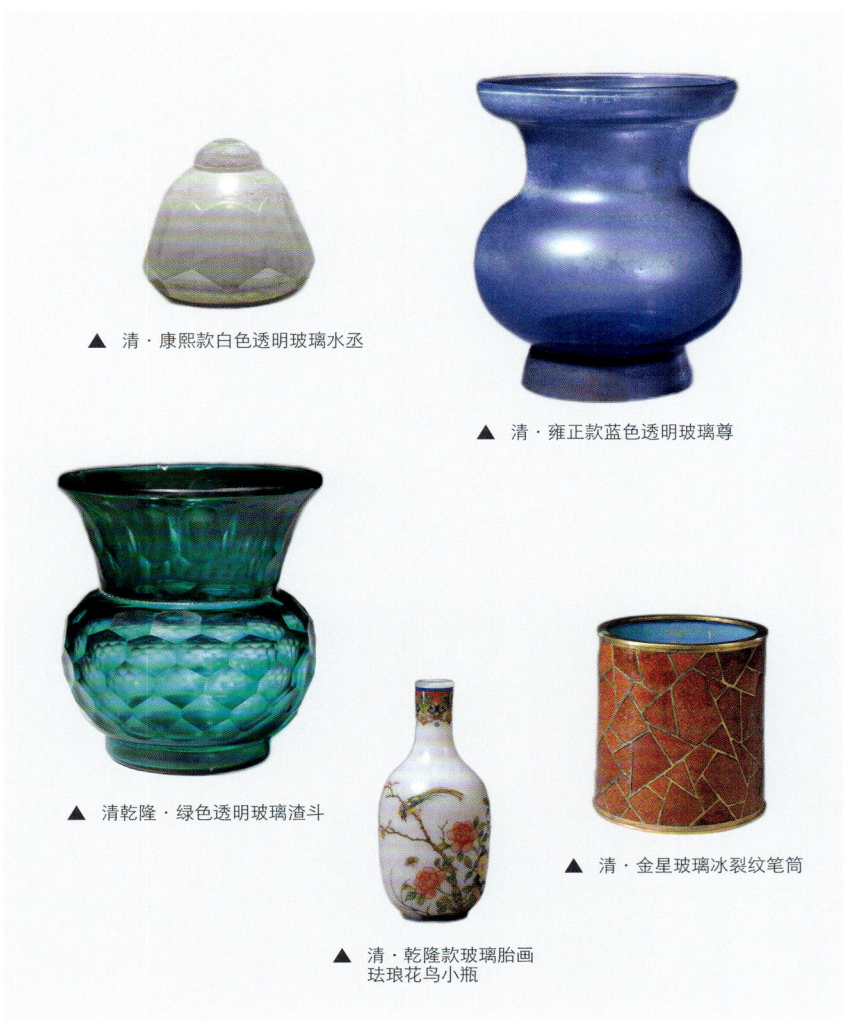

▲ 清·康熙款白色透明玻璃水丞

▲ 清·雍正款蓝色透明玻璃尊

▲ 清乾隆·绿色透明玻璃渣斗

▲ 清·乾隆款玻璃胎画珐琅花鸟小瓶

▲ 清·金星玻璃冰裂纹笔筒

▲ 18世纪法国·《皇帝与天文学家》挂毯

眼镜中的大不同

末代皇帝溥仪戴眼镜的形象广为人知。退位后,他摒弃了昔日的皇帝形象,开始体验民国的新式生活,包括剪辫子、穿西装、骑单车和戴眼镜等。不仅是他,其皇后婉容也留下了戴眼镜的倩影。说到眼镜,清代皇宫制作和使用眼镜的历史要早得多,可以追溯到康熙年间建立皇家玻璃厂的时代。

▲ 溥仪

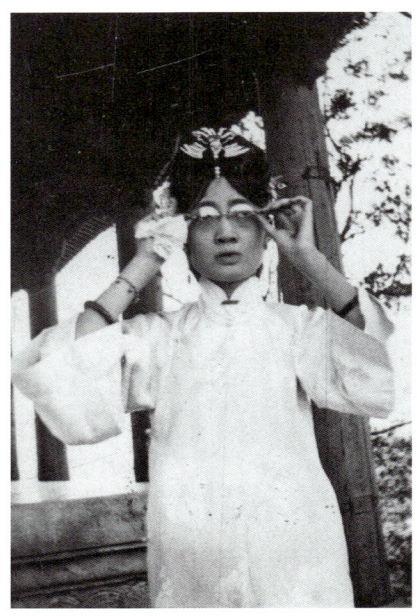
▲ 婉容

玻璃厂分出眼镜作

如前所述,皇家玻璃厂建成于康熙时期,除制作玻璃艺术品外,生产光学镜片也是其重要任务。这些镜片既用于望远镜,也用于眼镜。雍正年间,随着宫廷对眼镜使用需求的增加,镜片可能不再依赖进口,而是由宫廷独自生产。雍正九年(1731)前后,皇帝下令在玻璃厂之外专门成立了"眼镜作",其中有专门的"磨眼镜"管事人员,但整体功能似乎以制作各类"千里眼"(即望远镜)为主。从清宫内务府档案来看,当时也有"玻璃作"。三者之间有所分工,玻璃厂的任务多与西洋玻璃、玻璃艺术品相关,玻璃作负责制作各种玻璃罩,眼镜作所出之物则与"用眼观看之镜"相关。

▲ 故宫博物院收藏的各式眼镜

雍正皇帝爱眼镜

　　康熙年间，在西洋人指导下清宫已经能够生产质量较佳的玻璃器皿和光学镜片，但是关于康熙皇帝本人是否使用眼镜的记载并不多见。不过，可以确定的是，雍正皇帝对眼镜情有独钟。就像他喜欢在各处摆放望远镜一样，雍正皇帝的眼镜也遍布紫禁城内廷宫殿和圆明园等地，便于他随时随地取用。负责建造皇家玻璃厂的德国人纪里安于1720年去世，而葡萄牙人苏霖作为望远镜和眼镜专家，在雍正年间的眼镜制作工作中发挥了重要作用。

眼镜作赏赐

　　雍正皇帝不仅本人喜欢眼镜，还常将眼镜作为礼物赏赐王公大臣。他甚至下旨，将眼镜赏给在宫里劳动的"泼灰人"，以保护其眼睛不被石灰灼伤。关于王公大臣使用眼镜的情况，在1727年于宫中服务的法国人巴多明寄往法国的一封信中有所提及：一位因信教被囚禁的亲王，托狱中看守带信给家人，称自己的眼镜断了，没有眼镜无法看书，希望能让家人送一副眼镜过来。后来，其家人不仅送来了眼镜，还夹带了一些银两用作打点。

眼镜也奢华

　　故宫博物院收藏的清宫眼镜，处处彰显其作为宫廷用品的奢华。镜片材质除茶色或绿色玻璃外，更有珍贵的水晶。乾隆皇帝认为玻璃镜片有"火气"，不如水晶镜片温润。至于镜框，则有骨框、铜框或牛角框等。有的眼镜只有镜框没有镜腿，与现在普遍使用的眼镜不同。最为讲究的，当属盛放眼镜的盒或套。其中金漆彩绘梅竹纹的眼镜盒，寓意高雅，让人爱不释手。而与表套类似的眼镜套，不仅是精致的手工刺绣工艺品，更是当时宫廷艺术审美与生活品位的展现。

乾隆皇帝不戴眼镜

　　与雍正皇帝喜爱眼镜不同，乾隆皇帝热衷于玻璃艺术，他在法国人汤执中和纪文的协助下，建造大型熔窑，成功生产出可与欧洲玻璃相媲美的雕花玻璃和画珐琅玻璃。然而，乾隆皇帝对眼镜却兴致缺缺，甚至认为玻璃镜片对人体有害。他尤其认为眼镜一旦用上了，人就会对其产生依赖，这就相当于人被眼镜操控了。他年逾八旬之后，仍然坚持这一原则。与雍正皇帝自己用眼镜还赏赐别人用相反，乾隆皇帝自己不用，也规劝别人不要用眼镜。

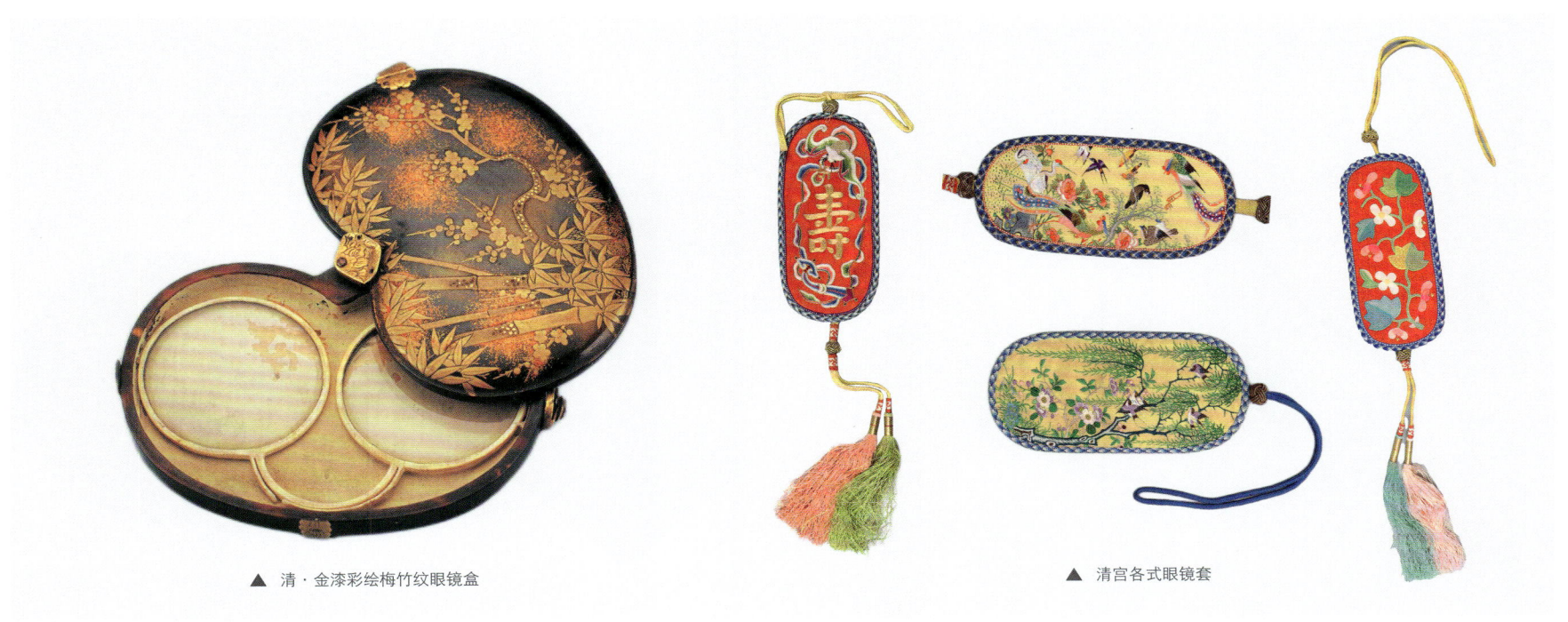

▲ 清·金漆彩绘梅竹纹眼镜盒　　　　▲ 清宫各式眼镜套

扇子中的中西交流

故宫博物院收藏有各类团扇和折扇。团扇往往取材丰富，工艺精湛，有织绣的，也有牙雕的。折扇则往往以画工精致、书法俊逸为特色，有名家绘画的，也有皇帝题字的。除却这些一眼可见的奢华，小小扇子竟也在中西文化交流中扮演着重要角色。

▲ 故宫博物院藏各类团扇

▲ 清·郎世宁画松竹梅图胤禛题诗成扇（反面）

精致的团扇

熟悉清宫钟表的人，大抵知道清宫造办处所制钟表，往往集多种材质和工艺于一身。这一特点，在宫中所藏团扇上也有体现。下面这件团扇看似平常，实则用料讲究，工艺卓绝。扇面用象牙劈丝经软化后编织而成，边缘则以玳瑁镶嵌包边，其上装饰的菊花、兰花、佛手等，皆用象牙雕刻染色而成，果实的纹理、花朵的层次、兰叶的纤细，都表现得恰到好处。扇柄采用硬柄珐琅，突显出宫廷制品用料和工艺之讲究。

名贵的折扇

团扇珍贵，往往在于用料讲究、工艺精湛。而折扇名贵，则往往与扇面的名人画作或名人题字相关。故宫博物院收藏有一把折扇，扇面为泥金笺，上绘松竹梅图。折扇及其图案，都是典型的中国文化题材，但是折扇右下角"臣郎世宁恭画"几个字，却揭示出此扇面的绘画者为当时在宫中服务的意大利画家郎世宁。他于康熙晚年（1715）来华，服务了康、雍、乾三位帝王。目前所知，郎氏绘画作品最早见于雍正元年（1723）。此折扇背面有雍正二年御笔题字，表明此扇是其来华较早期的作品，十分珍贵。

▲ 清·牙丝编地染象牙佛手花卉图面玳瑁边珐琅柄团扇

▲ 清·郎世宁画松竹梅图胤禛题诗成扇（正面）

清宫执扇照

郎世宁的西洋绘画作品，让一把折扇成为中西交流的"真实物件"。随着近代摄影技术的传入，扇子作为拍照道具，时常出现在老照片中。这让我们能从历史的细节，感受到独特的时代气息。无论宫中的婉容、文绣，还是某个不知名的晚清女士甚至先生，都有手执团扇的照片。就连慈禧皇太后，也有手执团扇或折扇的正襟危坐照片。如果扇子呈现的是中国传统文化，那么拿着扇子拍摄的照片，则是西洋拍照技术的产物，是西洋技术记录下的中国文化风貌。

▲ 慈禧、婉容等人手持扇子的照片

执折扇的法国夫人

历史总是有某种巧合。大清的慈禧皇太后手执折扇拍照，而在遥远的法国宫廷，贵妇们也有手执折扇的肖像画。在故宫文华殿举办的"紫禁城与凡尔赛宫"主题展中，阿黛拉伊德夫人的执扇肖像格外引人注目。她是法国国王路易十五的女儿，她的姐姐为西班牙王子妃时，命王室御用画师为她画了这幅肖像。这时的阿黛拉伊德夫人年仅17岁，身着轻盈的珍珠灰纱质宫廷裙，右手执一把收拢的折扇，食指轻搭于扇骨的一端，扇面端向下置于纱裙之上，她的优雅呼之欲出。18世纪的欧洲，以东方折扇为高雅之物，往往用其搭配宫廷服饰。不过受西方宫廷礼仪约束，扇子除了作为茶托向王后献礼外，其他时候是不可以随意打开使用的。

▲ 阿黛拉伊德夫人执扇肖像（现藏于凡尔赛宫与特里亚农宫国立博物馆）

利玛窦的折扇收藏

折扇早在利玛窦在华时期就已成为中西文化交流的重要物件。以利玛窦为代表的西洋传教士与当时中国的文人、官员往来，常常赠送西洋新奇之物，如西洋地图、钟表、三棱镜等。中国人最讲究"礼尚往来"，往往需要回赠礼物。而折扇就是明末文人、官员给西洋人最重要的回礼之一。比如有"明代第一狂人"之称的思想家李贽，就曾亲自送利玛窦两把折扇，上面有他亲笔题给利玛窦的诗。据说利玛窦辗转各地所携带的行李中，除了准备进献的西洋礼物，还有若干箱文人送给他的折扇。这些折扇是他与不同文人、官员往来的凭证，被他格外珍视。

▲ 行李中的折扇

宫廷里的西洋翻译

明清之际，以耶稣会传教士为主体的西洋人行走于宫廷，在中西方艺术与技艺交流方面，为我们留下了宝贵财富。无论绘画、钟表，还是琳琅满目的珐琅、玻璃器等，都是明末清初中西文明交流互鉴的物证。不过，说到交流，语言翻译至关重要。西洋人作为技艺人的同时，也在宫廷中承担着重要的翻译角色。

翻译和贡品同等重要

1793 年，英国马戛尔尼使团访华，所乘船只分别为"狮子"号、"印度斯坦"号和小型护卫舰"豺狼"号。路上并不顺利，风浪损毁了"狮子"号的桅杆，还将"豺狼"号吹得不见踪影了。马戛尔尼非常庆幸，说幸亏舰上没有必不可少的翻译，也没有给中国皇帝的贵重礼品。可见翻译和送给皇帝的礼品一样重要。随团的两位翻译都是中国人，来自那不勒斯中国学院，他们不会英语，但拉丁语非常好。这所学院正是曾在清宫服务了 13 年的马国贤回到意大利后创办的。

清宫里的拉丁语学校

拉丁语在明清宫廷的对外交往中十分重要。在宫中服务的西洋人，所讲语言各有不同，有意大利语、法语、西班牙语等。但作为传教士，他们共通的语言为拉丁语。清廷于雍正七年（1729），专门建立了一所西洋学馆，培养拉丁语翻译人才，学员 20 名，饭食供应与宫内咸安宫官学学生相同。在宫中供职的法国人巴多明和宋君荣分别为正、副"校长"。首批学员中，7 人被陆续淘汰，余下的 13 人于 7 年后基本完成了学业，可以应对拉丁语书写和基本交流。其中万保等 6 人成绩优异，成为助教。该学馆于乾隆八年（1743）被裁撤，仅存在约 15 年。

▲ "狮子"号船只

▲ 咸安门外景和匾额

内阁翻译与军机处翻译

中国古代称翻译为"通事",与之相关的业务往往在"理藩院"。清沿明制,在明代四夷馆基础上,于翰林院设四译馆,专门翻译远方朝贡文件,但所涉为周边回部、缅甸、暹罗等的语言,不包括任何欧洲国家语言。不过,清廷在内阁专设由西洋人供职的翻译,与钦天监官员一样,为实职官员。如嘉庆十六年(1811),法国人南弥德即任内阁翻译。此外,军机处有内翻书房,有翻译40人,主要承担中外往来文件的笔译工作。如乾隆年间,在法国印制铜版画时,蒋友仁和钱德明就被叫到军机处,翻译从广州来的相关文件。

▲ 内阁

▲ 军机处

为初入宫的西洋人翻译

著名的西洋画师郎世宁在华51年,对中国语言和文化相当熟悉。不过,与其他西洋人一样,他们来京前虽然在濠镜澳(今澳门)学习过中文,但来京初期并不能熟练使用。因而初入宫廷的西洋人,都由更早来华的西洋人为其翻译。郎世宁与外科医生罗怀忠一同进宫,为其翻译的是已在宫中服务5年的意大利人马国贤。而马国贤刚入宫时,随皇上到畅春园,也需要翻译协助。比他早9年来华的法国人杜德美为他翻译。逐渐地,马国贤才可以边说边比画地进行交流,有时候他还会通过画画来表达自己的意思,以此与皇帝沟通。

▲ 马国贤画像

▲ 马国贤比画着与皇帝沟通

"复杂"的多语种翻译

西洋人来自不同国家,本就语言不同。康熙年间,朝廷与俄国多有往来,再加上清廷使用满语和汉语,使得西洋人的翻译工作异常"复杂"。1720年,沙皇彼得大帝派伊斯梅洛夫伯爵作为公使拜见康熙皇帝,随行人员多达90余人。中国为此派出了由5位欧洲人和1位中国通事组成的翻译团队。沙皇给康熙皇帝的信是拉丁语的,公使本人喜欢讲意大利语和法语,不懂拉丁语,而朝廷下达的谕令是用满语写的,这就需要担任翻译的西洋人要随时根据不同场景,在不同的语言之间以及笔译、口译之间切换,共同配合完成"复杂"的翻译工作。

▲ 会多国语言的西洋人巴多明

推荐阅读:果美侠,《康乾宫廷里的西洋传教士翻译》,刊发于《文化杂志》(中文版)2022年第115期。

藤萝通景满屋开

乾隆花园位于紫禁城东北部，为宫内四大花园之一。花园最北部，即著名的倦勤斋，为乾隆皇帝退位后的憩息之所，取"耄期倦于勤，颐养谢喧尘"之意。倦勤斋在中西文化交流中声名显赫，主要缘于斋内华丽惊艳的藤萝通景画。

藤萝朵朵天顶悬

通景画是指采用西方焦点透视技法创作的绘画作品。清朝有多位西洋画师供职宫廷，使得这种绘画技法在宫中被普遍使用。藤萝通景画位于倦勤斋西四间，由顶棚的天顶画和墙面的全景画构成。屋内整个顶棚画满了藤萝，一朵朵的紫色藤萝花悬垂而下，花叶空隙间为湛蓝的天空。站在室内戏台前中央的特定位置，仰头便可见一串正悬于头顶的藤萝花，以它为中心，其余花朵按透视关系向四周延伸，花朵也逐渐变为倾斜，最远处的几乎为"平躺"的状态。但是从观看者的视角，这些花却又是朵朵下垂、随风摇曳的样子，实在令人惊叹。

画内画外景相映

与天顶画相接的，是室内墙面上的全景画。倦勤斋西墙上所绘为斑竹搭架的隔断墙，墙后有建筑、有远山，建筑与隔断墙之间山石耸立，松柏掩映，让人以为看到的是室外天地。北墙所绘更是别有洞天。圆形月亮门外为一处建筑院落，院内一只丹顶鹤正低头觅食，另一只振翅欲飞。两只喜鹊更是生动逼真，一只飞翔于空中，一只栖息在竹篱笆上。巧妙的是，与画中月亮门相对的，为在室内营建的仿竹实景月亮门，沿此门向南望去，恰好可看到窗外院落。画内与画外景致相互辉映，让人生出一种真真假假的时空穿越之感。

▲ 倦勤斋内景图　　　　　　　　　　　▲ 倦勤斋北墙丹顶鹤　　　　　▲ 倦勤斋仿竹木实景月亮门

谁画了藤萝

倦勤斋通景画的精妙之处，在于如此大规模西洋透视画法的应用。尤其天顶画，虽只画风景不画人物，但与西方教堂穹顶画的技法如出一辙。这不禁让人猜测，是不是在宫中服务的西洋画师，如最出色的意大利画师郎世宁或者法国画师王致诚，亲自绘制了这处藤萝？但是倦勤斋建造于1772年，而这两位画师已分别于1766年和1768年去世，不可能亲自参与绘制。档案显示，1774年宫廷曾传旨由郎世宁的中国学生王幼学，按建福宫敬胜斋的通景画样式完成此处绘画。而1742年，正是郎世宁本人在敬胜斋西四间内绘制了藤萝通景画。这也与倦勤斋仿建于敬胜斋的历史背景相吻合。

仙鹤、喜鹊来点睛

文献显示，王幼学作为郎世宁的徒弟，按照敬胜斋的样式临摹了天顶画和全景画。但有学者认为，倦勤斋北墙上的丹顶鹤和喜鹊，绘画技法极为高超。对比郎世宁的《六鹤同春图》和《松鹤图》，学者认为北墙上画中仙鹤出自郎世宁之手，于是有了仙鹤和喜鹊由郎世宁所绘的结论。这就奇怪了，已经去世的郎世宁，怎么可能在倦勤斋绘制仙鹤与喜鹊？对此，学者推测，按照清朝惯例，画家作画皆须"画样呈览"，皇帝允准后才可正式绘制。而画样往往不止一份，郎世宁在绘制敬胜斋全景画时留下的仙鹤和喜鹊画稿，保存在王幼学手中，正好应用在了倦勤斋的通景画中。

▲ 倦勤斋烫样（复制品）

▲ 倦勤斋北墙上的喜鹊

巧妙的贴落画

采用西洋技法绘制而成的倦勤斋藤萝，令我们赞叹不已。但在中西文化交流与融合的过程中，中国本土的文化传统同样值得我们骄傲。藤萝通景画，也是中国最传统的贴落画。清宫室内装饰中，贴落的使用随处可见，多裱糊在墙壁或隔扇上，便于随时令更换。大幅的贴落，往往铺满整面墙，如同壁画一般。倦勤斋的天顶画和全景画，就属于这种大幅的贴落，它们由多个局部画面拼接而成，屋顶与墙面在视觉上融为一体。与西洋穹顶壁画不同的是，这些画可以先画好再贴上去，在制作和更换方面都比直接画在墙上的壁画要简易、方便，而这也恰恰为倦勤斋通景画的修复提供了便利。

▲ 倦勤斋天顶贴落

▲ 倦勤斋通景画回贴过程

推荐阅读：聂崇正，《清宫绘画与"西画东渐"》，紫禁城出版社，2008年12月第1版。

清初也有"留洋人"

谈到明末清初的中西文化交流,人们大多时候想到的是来到中国的西洋人,却很少会想到,那时候也有中国人走出国门,前往欧洲去见识完全不同的西方文化,成为那个时代的"留洋人"。

洋人身边的中国人

中国人赴欧洲旅行,源于在西洋人身边服务的中国人。利玛窦等西洋人到达中国后,并非仅与文人或官员接触。在日常生活中,他们身边一直有中国人陪伴。比如,一位叫游文辉的濠镜澳(今澳门)人,一直陪伴利玛窦从广东到南京,又从南京到北京。利玛窦的著名油画像,就是游文辉为他画的。与他们一起来京的,还有一位广东人钟鸣仁。他们辅助利玛窦从事一些与传教相关的工作。与游文辉、钟鸣仁有相似经历的中国人,是最早具备"留洋"条件的群体。

到了凡尔赛宫的南京人沈福宗

康熙年间,比利时神父柏应理因对中国哲学感兴趣,于1684年携带了400余种中国书籍返回欧洲。这时他62岁,一位27岁的南京小伙儿沈福宗,竟然和他一起到了欧洲,成为清朝到达欧洲的第一人。沈福宗受路易十四邀请,到了凡尔赛宫,还参加了路易十四的招待晚宴。在宴会上,他用中文做祷告,并演示如何使用筷子。作为柏应理的助手,他用拉丁文向欧洲人解释了中文的书写系统,还指导法国工人在报纸上刻印汉字。他在欧洲四年,协助柏应理完成了《中国哲学家孔子》的出版工作。遗憾的是,1692年二人返华途中,于海上遇难丧生。

▲ 游文辉画利玛窦画像

▲ 沈福宗画像

写下旅欧游记的山西人樊守义

1708年,为与教皇沟通中国礼仪问题,康熙皇帝命意大利神父艾若瑟等人赴罗马教廷,山西人樊守义与其同行。他们先抵达葡萄牙,1709年到了罗马,曾游那不勒斯、佛罗伦萨、米兰、都灵等地。1720年,两人于里斯本登舟返华。艾若瑟在好望角病逝,樊守义将其灵柩运回广州后,受到康熙皇帝召见。樊守义追记旅途见闻,写成欧洲行记《身见录》(现收藏于罗马国立图书馆)。

被伏尔泰写进作品的江西人胡若望

胡若望为江西人,40岁左右在广州"打工",帮着教会看门。他有点儿文化,曾做过帮别人抄写文书的工作。此时他没什么家庭负担,老婆过世,儿子成家。于是,他以助手的身份,跟着法国人傅圣泽,于1722年去了欧洲。傅圣泽本想让他帮忙翻译《易经》,不料他在欧洲的三年多时间里,表现出诸多"怪异"举止,比如有床不睡打地铺、拒绝与女管家一起用餐、偷别人的马骑等。他被囚禁在了疯人院,傅圣泽因此被指责对助手过于苛刻,为此还做过各种解释,这使得胡若望的事情在欧洲迅速传开,甚至被伏尔泰写进其作品。1726年,经历了一番波折后的胡若望返回了自己的家乡。

▲ 胡若望打地铺

那不勒斯中国学院的翻译

雍正初年,在宫中服务了13年的意大利人马国贤获准回国。他在得到丝绸、瓷器等贵重礼物的同时,还经过特批,成功地将5名中国人带到欧洲。他们在伦敦参观了哥特式教堂和皇家海员医院,后来到了意大利,成为1732年那不勒斯中国学院(那不勒斯东方大学前身)的首批学员。该学院以培养中国神职人员为目标。1793年马戛尔尼使团访华前,在找遍了瑞典和里斯本都没有合适翻译人选的情况下,最终在那不勒斯中国学院招募了两名愿意回国的中国翻译。他们不会英文,拉丁文却很好,这样就可以与为皇帝服务的西洋人沟通,实现双方的文化交流。

▲ 那不勒斯东方大学建筑

▲ 那不勒斯东方大学的标识

秘闻见证者

中国史籍对于宫廷秘闻,鲜有记载。但长期服务于宫廷的西洋人,却在其寄往欧洲的各种书信中,提及不少宫廷秘闻。这些西洋人,无疑成为当时的"秘闻见证者"。

看到后妃

康熙皇帝居住的畅春园,前朝办公区与后廷生活区以湖水相隔。皇帝上朝召见官员,通常坐船去,船上通常有几名妃子陪伴,但是当船行到一扇秘密的门前时,皇帝会把妃子们留下,由太监照看,只有他本人去召见大臣。皇帝乘船上朝,会经过西洋人马国贤的工作间,这使得马国贤成为宫中为数不多的见到皇帝与后妃一起出行的人。按照规定,帝后、妃嫔在园中游赏时,马国贤等人必须待在屋里,且有太监专门看管。一般要等后妃回到寝宫后,他们才可以出来。在炎热的夏天,后妃往往要在户外待到深夜。马国贤等人就只好一直待在房间不能出屋,食物会有人专门送到房间。

皇帝的床

1720年底至1721年初,俄国使节伊斯梅洛夫来华,同行的有一位米兰医生佛奥塔。康熙皇帝居住在畅春园会见俄国使节期间,曾请佛奥塔医生为其诊病。由于这位医生刚刚来华,不通中国语言,便由已在宫中服务多年的传教士马国贤陪同前往。为了诊断准确,医生提出需要晚上和次日早上分别号脉。于是,马国贤就有机会接触到就寝前后的皇帝。他看到了皇帝的床,这张床宽得足以容纳五六个人,而且没有床单。床褥的上下两部分都是羊皮的,皇帝不穿任何睡衣,就躺在两层褥子中间。事实上,很少有陌生人能看见皇帝躺在床上。皇帝对此颇"羞涩",说:你们是外国人,倒是看见我这样。我认你们是自己的家人,很近的亲戚。

▲ 太监看管关在屋中的马国贤等人

▲ 马国贤陪同米兰医生给皇帝看病

康熙去世

康熙皇帝晚年身体不适，在畅春园居住休养。1722年12月20日，居住在畅春园附近的马国贤和钟表匠安吉洛神父吃完晚饭后，突然听到一种不同寻常的嘈杂声。马国贤马上去锁门，按他的经验，要不是皇帝死了，要不就是发生了叛乱。为了弄清楚原因，他爬到住处的墙头上瞭望，墙角下就是一条马路，他吃惊地看到数不清的骑兵，相互之间不说话，骑着马疯狂地往四面八方飞奔而去。

▲ 爬上墙头观望的马国贤

谁来继位

康熙皇帝去世，胤禛即位，一直是清史中备受关注和热议的"故事"之一。当时民间就有雍正皇帝"改诏继位"的说法，认为他将"传位十四子"改成"传位于四子"即位。但是从马国贤的记载来看，他当时就在海淀，是事件的"亲历者"。他被告知，"御医们断定皇帝不治后，陛下指定了第四子雍正为继承人"。如果说实录会因某些原因有所删改，但马国贤作为外国人，相关文字又在国外发表，显然没必要为雍正皇帝即位的事有所遮掩。所以，马国贤的回忆录，也算雍正皇帝即位事件的一手历史资料了。

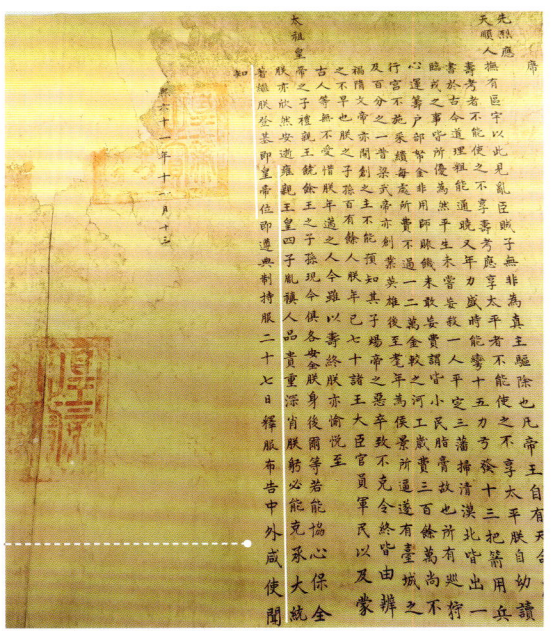

雍亲王皇四子胤禛人品贵重，深肖朕躬，必能克承大统。著继朕登基，即皇帝位。

▲ 康熙遗诏（局部）

秘密建储

康熙末年，因太子继位问题导致政局动荡，雍正皇帝曾身陷其中，感触颇深。他一登基，即宣布实施秘密建储制，皇帝亲自书写立储诏书，密封于建储匣中，当着王公大臣的面，放在乾清宫"正大光明"匾后。皇帝驾崩后，诏书被取出，上面的指定人选登基即位。由此可知，清朝通过秘密建储制即位的首位皇帝是乾隆皇帝，而非雍正皇帝。

▲ 建储匣

▲ 正大光明匾

附录

明代皇帝纪年表

帝王姓名	年号	庙号	谥号	在位年限
朱元璋	洪武	太祖	高皇帝	1368—1398
朱允炆	建文		恭闵惠皇帝	1398—1402
朱棣	永乐	成祖	文皇帝	1402—1424
朱高炽	洪熙	仁宗	昭皇帝	1424—1425
朱瞻基	宣德	宣宗	章皇帝	1425—1435
朱祁镇	正统	英宗	睿皇帝	1435—1449
朱祁钰	景泰	代宗	景皇帝	1449—1457
朱祁镇（复辟）	天顺	英宗	睿皇帝	1457—1464
朱见深	成化	宪宗	纯皇帝	1464—1487
朱佑樘	弘治	孝宗	敬皇帝	1487—1505
朱厚照	正德	武宗	毅皇帝	1505—1521
朱厚熜	嘉靖	世宗	肃皇帝	1521—1566
朱载垕	隆庆	穆宗	庄皇帝	1566—1572
朱翊钧	万历	神宗	显皇帝	1572—1620
朱常洛	泰昌	光宗	贞皇帝	1620
朱由校	天启	熹宗	悊皇帝	1620—1627
朱由检	崇祯	思宗	愍皇帝	1627—1644

清代皇帝纪年表

帝王姓名	年号	庙号	谥号	在位年限
爱新觉罗·福临	顺治	世祖	章皇帝	1643—1661
爱新觉罗·玄烨	康熙	圣祖	仁皇帝	1661—1722
爱新觉罗·胤禛	雍正	世宗	宪皇帝	1722—1735
爱新觉罗·弘历	乾隆	高宗	纯皇帝	1735—1796
爱新觉罗·颙琰	嘉庆	仁宗	睿皇帝	1796—1820
爱新觉罗·旻宁	道光	宣宗	成皇帝	1820—1850
爱新觉罗·奕詝	咸丰	文宗	显皇帝	1850—1861
爱新觉罗·载淳	同治	穆宗	毅皇帝	1861—1874
爱新觉罗·载湉	光绪	德宗	景皇帝	1874—1908
爱新觉罗·溥仪	宣统			1908—1911